普通高等教育“十二五”规划教材

数字电子技术学习指导与习题详解

杨冶杰　主　编　　姜　丽　副主编

中国石化出版社

内 容 提 要

本书是为配合《数字电子技术基础》(第五版)教学而编写的辅助教材。全书针对数字电子技术课程的教学特点，根据教学要求、结合多年教学实践编写而成。全书按照《数字电子技术基础》(第五版)的原有章节编写，明确了各章的教学要求；对相关教学内容进行了综述；列举了典型的例题，对解题思路、容易产生的错误加以分析，并给出了详尽的解答；并在每章后附有习题与答案。

本书适合于普通高等院校工科各专业学生学习使用，也可作为其他相关人员教学参考。

图书在版编目(CIP)数据

数字电子技术学习指导与习题详解 / 杨冶杰主编.
—北京：中国石化出版社，2015.1(2017年3月重印)
普通高等教育"十二五"规划教材
ISBN 978-7-5114-3131-8

Ⅰ.①数… Ⅱ.①杨… Ⅲ.①数字电路-电子技术-高等学校-教学参考资料 Ⅳ.①TN79

中国版本图书馆CIP数据核字(2014)第288957号

中国石化出版社出版发行

地址:北京市朝阳区吉市口路9号
邮编:100020 电话:(010)59964500
发行部电话:(010)59964526
http://www.sinopec-press.com
E-mail:press@sinopec.com
北京科信印刷有限公司印刷
全国各地新华书店经销

*

787×1092毫米 16开本 14.25印张 354千字
2015年1月第1版 2017年3月第2次印刷
定价:32.00元

前　言

本书是为配合《数字电子技术基础》(第五版)教学而编写的辅助教材。本书与教材原有的章节顺序呼应，对各章涉及的知识点逐一进行了阐述、归纳，简要总结了各章的主要内容及学习本章应注意的问题，并根据教育部制订的课程教学基本要求，对教学内容提出了“掌握”、“理解”、“了解”三个层次的不同要求。其中掌握的内容是本课程最基本、最重要的概念和方法，要求牢固把握。

本书挑选了若干典型的例题，并对典型例题的解题思路和容易产生的错误加以分析，并给出了详尽的解答。通过对典型例题的学习，帮助学生尽快掌握各种类型题目解题的思路，明确解题的步骤和方法。各章均编写了填空题、选择题、判断题、计算题、分析题、设计题等不同题型的习题，并给出了习题的参考答案。考虑到对学生综合应用能力的培养，书中设计性习题的比重较大，由于设计性习题的答案并不唯一，所以这里给出的解答仅供参考，希望对读者有所启发。读者可以根据题目的具体要求和条件，适当省略其中的某些步骤或提出其他更为简单的解题方法。

本书由辽宁石油化工大学杨冶杰、穆克、祁军、姜丽、陆冬梅、冯爱伟、李敏撰稿，全书由杨冶杰统稿。限于编者的能力和水平，书中若有错误和不当之处，恳请广大读者批评指正。

目　录

第1章　数制和码制 …………………………………………………………… (1)

1.1　教学内容及要求 …………………………………………………………… (1)

1.2　内容综述 …………………………………………………………… (1)

1.2.1　几种常用的数制 …………………………………………………………… (1)

1.2.2　不同数制间的转换 …………………………………………………………… (2)

1.2.3　二进制算术运算 …………………………………………………………… (4)

1.2.4　几种常用的编码 …………………………………………………………… (4)

1.3　典型题型及例题精解 …………………………………………………………… (6)

习题与答案 …………………………………………………………… (8)

第2章　逻辑代数基础 …………………………………………………………… (17)

2.1　教学内容及要求 …………………………………………………………… (17)

2.2　内容综述 …………………………………………………………… (17)

2.2.1　逻辑代数中的三种基本运算 …………………………………………………………… (17)

2.2.2　逻辑代数的基本公式和常用公式 …………………………………………………………… (19)

2.2.3　逻辑代数的基本定理 …………………………………………………………… (20)

2.2.4　逻辑函数及其表示方法 …………………………………………………………… (20)

2.2.5　逻辑函数的化简方法 …………………………………………………………… (23)

2.2.6　具有无关项的逻辑函数及其化简 …………………………………………………………… (24)

2.3　典型题型及例题精解 …………………………………………………………… (25)

习题与答案 …………………………………………………………… (28)

第3章　门电路 …………………………………………………………… (33)

3.1　教学内容及要求 …………………………………………………………… (33)

3.2　内容综述 …………………………………………………………… (33)

3.2.1　晶体管开关特性 …………………………………………………………… (33)

3.2.2　TTL 逻辑门电路 …………………………………………………………… (35)

3.2.3　MOS 门电路 …………………………………………………………… (37)

3.2.4　各种参数计算 …………………………………………………………… (38)

3.3　典型题型及例题精解 …………………………………………………………… (42)

习题与答案 …………………………………………………………… (49)

第4章　组合逻辑电路 …………………………………………………………… (60)

4.1　教学内容及要求 …………………………………………………………… (60)

4.2　内容综述 …………………………………………………………… (60)

4.2.1 组合逻辑电路的工作特点 …… (60)
4.2.2 组合电路分析方法 …… (60)
4.2.3 组合电路设计方法 …… (61)
4.2.4 中规模组合逻辑电路分析与设计 …… (61)
4.2.5 竞争与冒险 …… (65)
4.3 典型题型及例题精解 …… (65)
习题与答案 …… (73)
第5章 触发器 …… (85)
5.1 教学内容及要求 …… (85)
5.2 内容综述 …… (85)
5.2.1 *SR* 锁存器 …… (85)
5.2.2 电平触发的触发器(同步 *SR* 触发器) …… (85)
5.2.3 脉冲触发的触发器 …… (86)
5.2.4 边沿触发的触发器(*D* 触发器) …… (87)
5.2.5 触发器逻辑功能及其描述方法 …… (87)
5.3 典型题型及例题精解 …… (89)
习题与答案 …… (91)
第6章 时序逻辑电路 …… (103)
6.1 教学内容及要求 …… (103)
6.2 内容综述 …… (103)
6.2.1 时序逻辑电路特点 …… (103)
6.2.2 时序逻辑电路分析 …… (104)
6.2.3 时序逻辑电路设计 …… (105)
6.2.4 常用集成芯片 …… (106)
6.3 典型题型及例题精解 …… (113)
习题与答案 …… (129)
第7章 半导体存储器 …… (146)
7.1 教学内容及要求 …… (146)
7.2 内容综述 …… (147)
7.2.1 只读存储器 …… (147)
7.2.2 随机存取存储器(RAM) …… (149)
7.2.3 存储容量的扩展方式 …… (150)
7.3 典型题型及例题精解 …… (151)
习题与答案 …… (157)
第8章 可编程逻辑器件 …… (171)

8.1 教学内容与教学要求 …… (171)
8.2 内容综述 …… (172)
8.2.1 现场可编程逻辑阵列(FPLA) …… (172)
8.2.2 可编程阵列逻辑(PAL) …… (172)
8.2.3 通用阵列逻辑(GAL) …… (172)
8.2.4 可擦除的可编程逻辑器件(EPLD) …… (172)
8.2.5 复杂的可编程逻辑器件(CPLD) …… (172)
8.2.6 现场可编程门阵列电路(FPGA) …… (173)
8.2.7 在系统可编程逻辑器件(In-System PLD) …… (173)
8.3 典型题型及例题精解 …… (173)
习题与答案 …… (177)
第9章 脉冲波形的产生和整形 …… (183)
9.1 教学内容及要求 …… (183)
9.2 内容综述 …… (183)
9.2.1 施密特触发器 …… (183)
9.2.2 单稳态触发器 …… (184)
9.2.3 多谐振荡器 …… (185)
9.2.4 555定时器及其应用 …… (186)
9.3 典型题型及例题精解 …… (188)
习题与答案 …… (192)
第10章 数-模和模-数转换 …… (204)
10.1 教学内容及要求 …… (204)
10.2 内容综述 …… (205)
10.2.1 D/A转换器 …… (205)
10.2.2 A/D转换器 …… (207)
10.3 典型题型及例题精解 …… (209)
习题与答案 …… (210)
参考文献 …… (219)

❖第 1 章　数制和码制❖

1.1　教学内容及要求

本章主要介绍有关数制和码制的基本概念、常用的计数进位制及其互相转换、几种常见的标准代码以及二进制算术运算。

用数码表示数量大小时，最常用的数制是十进制、二进制、十六进制。同一个数值可以用不同进制的数表示，因而它们之间可以互相转换。

用数码表示不同事物时，它们已经不再是数量大小，则称这些数码为代码。所谓代码，就是规定每一组数码的含义。为便于信息交换，还制定了一些通用的标准代码。

算术运算和逻辑运算是数字电路中两种不同的运算方法。算术运算是表示数量大小的两个数码之间的数值运算，本章重点介绍二进制的算术运算；逻辑运算的规则与算术运算不同，它是指事物因果关系之间的推理运算，这是后面章节将要深入讨论的内容。

二进制数的正、负是用附加在有效数字前面的符号位表示的。通常用 0 表示正数，用 1 表示负数。这种数码称为原码。在数字电路中，两数的减法运算是用补码相加完成的。正数的补码与原码相同，负数的补码等于它的反码加 1。而负数的反码是将原码的每一位求反得到的(符号位不变)。

本章要求掌握：常用的计数进制和不同进制的互相转换、编码的概念和几种常用的代码；正、负数的原码、反码、补码以及二进制算术运算、8421 码。

本章要求理解：数字信号、模拟信号、几种常用的数制、二进制算术运算的特点、格雷码、余 3 码。

1.2　内容综述

模拟信号：连续的信号。如正弦信号。

数字信号：离散的信号。如矩形脉冲。

离散：在时间和数值上都是不连续的。

数字电子技术就是研究处理这类离散信号电路的。

1.2.1　几种常用的数制

不同的数码可以表示不同数量的大小，也可以表示不同的事物。在用数码表示数量的大小时，采用的各种计数进位规则称为数制。常用的数制有十进制、二进制、八进制和十六进制几种。数制包括：每一位的构成；从低位向高位的进位规则。

(1)十进制数(Decimal)

① 采用 10 个不同的数码 0、1、2、……9；

② 进位规则是“逢十进一”；

③ 基数是 10。

例如：$435.86 = 4 \times 10^2 + 3 \times 10^1 + 5 \times 10^0 + 8 \times 10^{-1} + 6 \times 10^{-2}$

上式等号左边称为位置记数法，右边称为多项式表示法或按权展开法。

一般，对于任何一个十进制数 N，都可以用位置记数法和多项式表示法写为

$$D = \sum_{i=-m}^{n-1} k_i \times 10^i \tag{1.1}$$

式中，n 代表整数位数；m 代表小数位数；$k_i(-m \leqslant i \leqslant n-1)$ 表示第 i 位数码，它可以是 0、1、2、3、…、9 中的任意一个，10^i为第 i 位数码的权。

上述十进制数的表示方法也可以推广到任意进制数。对于一个基数为 $N(N \geqslant 2)$ 的 N 进制计数制，可以写为

$$D = \sum_{i=-m}^{n-1} k_i N^i \tag{1.2}$$

式中，n 代表整数位数；m 代表小数位数；k_i 为第 i 位数码，它可以是 0、1、……、$(N-1)$ 个不同数码中的任何一个，N^i为第 i 位数码的权。

(2) 二进制数(Binary)

二进制数的进位规则是“逢二进一”，基数 $N=2$，每位数码的取值只能是 0 或 1，每位的权是 2 的幂。

任何一个二进制数，可表示为

$$D = \sum_{i=-m}^{n-1} k_i 2^i \tag{1.3}$$

例如：$(1011.011)_2 = 1\times2^3+0\times2^2+1\times2^1+1\times2^0+0\times2^{-1}+1\times2^{-2}+1\times2^{-3} = (11.375)_{10}$

可见，一个数若用二进制数表示要比相应的十进制数的位数长得多，但采用二进制数却有以下优点：

① 因为它只有 0、1 两个数码，在数字电路中利用一个具有两个稳定状态且能相互转换的开关器件就可以表示 1 位二进制数，因此采用二进制数的电路容易实现，且工作稳定可靠。

② 算术运算规则简单。

(3) 八进制数(Octal)

八进制数的进位规则是“逢八进一”，其基数 $N=8$，采用的数码是 0、1、2、3、4、5、6、7，每位的权是 8 的幂。任何一个八进制数也可以表示为

$$D = \sum_{i=-m}^{n-1} k_i 8^i \tag{1.4}$$

例如：$(376.4)_8 = 3\times8^2+7\times8^1+6\times8^0+4\times8^{-1} = 3\times64+7\times8+6+0.5 = (254.5)_{10}$

(4) 十六进制数(Hexadecimal)

十六进制数采用的 16 个数码为 0、1、2、…、9、A、B、C、D、E、F。符号 A~F 分别代表十进制数的 10~15。进位规则是“逢十六进一”，基数 $N=16$，每位的权是 16 的幂。

任何一个十六进制数，也可以表示为

$$D = \sum_{i=-m}^{n-1} k_i 16^i \tag{1.5}$$

例如：$(3AB.11)_{16} = 3\times16^2+10\times16^1+11\times16^0+1\times16^{-1}+1\times16^{-2} = (939.0664)_{10}$

1.2.2 不同数制间的转换

(1) 二进制数与十进制数之间的转换

① 二进制数转换成十进制数——按权展开法

二进制数转换成十进制数时，只要将二进制数按权展开，然后将各项数值按十进制数相加，便可得到等值的十进制数。

例如：$(10110.11)_2=1\times2^4+1\times2^2+1\times2^1+1\times2^{-1}+1\times2^{-2}=(22.75)_{10}$

同理，若将任意进制数转换为十进制数，只需将数 D 写成按权展开的多项式表示式，并按十进制规则进行运算，便可求得相应的十进制数。

② 十进制数转换成二进制数

整数转换——除以 2 取余法，第一个余数为最低位。例如：将$(57)_{10}$转换为二进制数。

小数转换——乘以 2 取整法，第一个整数为最高位。例如：将$(0.724)_{10}$转换成二进制小数。

除数	被除数/商	余数
2	57	
2	28	$1=a_0$
2	14	$0=a_1$
2	7	$0=a_2$
2	3	$1=a_3$
2	1	$1=a_4$
	0	$1=a_5$

$(57)_{10}=(111001)_2$

运算	整数
0.724 × 2 = 1.448	$1=a_{-1}$
0.448 × 2 = 0.896	$0=a_{-2}$
0.896 × 2 = 1.792	$1-a_{-3}$
0.792 × 2 = 1.584	$1=a_{-4}$

$(0.724)_{10}=(0.1011)_2$

可见，小数部分乘以 2 取整的过程，不一定能使最后乘积为 0，因此转换值存在误差。通常在二进制小数的精度已达到预定的要求时，运算便可结束。

同理，若将十进制数转换成任意 N 进制数，则整数部分转换采用除 N 取余法；小数部分转换采用乘 N 取整法。

（2）二进制数与八进制数、十六进制数之间的相互转换

八进制数和十六进制数的基数分别为 $8=2^3$，$16=2^4$，所以 3 位二进制数恰好相当 1 位八进制数，4 位二进制数相当 1 位十六进制数，它们之间的相互转换是很方便的。

二进制数转换成八进制数的方法是从小数点开始，分别向左、向右，将二进制数按每 3 位一组分组(不足 3 位的补 0)，然后写出每一组等值的八进制数。

例如，求$(01101111010.1011)^2$的等值八进制数。

二进制	001	101	111	010	.	101	100
八进制	1	5	7	2	.	5	4

所以 $(01101111010.1011)_2=(1572.54)_8$

二进制数转换成十六进制数的方法和二进制数与八进制数的转换相似，从小数点开始分别向左、向右将二进制数按每 4 位一组分组(不足 4 位补 0)，然后写出每一组等值的十六进制数。

例如，将(1101101011. 101)转换为十六进制数。

二进制	0011	0110	1011	.	1010
十六进制	3	6	B	.	A

所以$(1101101011.101)_2=(36B.A)_{16}$

八进制数、十六进制数转换为二进制数的方法可以采用与前面相反的步骤，即只要按原来顺序将每一位八进制数(或十六进制数)用相应的 3 位(或 4 位)二进制数代替即可。

例如，分别求出$(375.46)_8$、$(678.A5)_{16}$的等值二进制数：

八进制-二进制	011	111	101	.	100	110
十六进制-二进制	0110	0111	1000	.	1010	0101

所以$(375.46)_8=(011111101.100110)_2$，

$(678.A5)_{16}=(011001111000.10100101)_2$

1.2.3 二进制算术运算

(1)基本运算

二进制数的算术运算和十进制数的算术运算规则基本相同，唯一区别在于二进制数是“逢二进一”及“借一当二”，而不是“逢十进一”及“借一当十”。

例如：

加法运算

```
  1101.01
+ 1001.11
---------
 10111.00
```

减法运算

```
  1101.01
- 1001.11
---------
  0011.10
```

乘法运算

```
     1101
 ×    110
---------
     0000
    1101
   1101
---------
  1001110
```

除法运算

```
          101…商
     ________
101 / 11011
      101
    ---------
        111
        101
    ---------
         10…余数
```

二进制乘法：被乘数左移和加法操作。

二进制除法：除数右移一位，从被除数或余数中减去除数两种操作。

(2)反码、补码和补码运算

原码：符号位用 0、1 表示，0 表示正数，1 表示负数，以下各位表示数值。

反码：正数的反码等于原码，负数的反码：符号位不变，以下各位按位取反。

补码：正数的补码等于原码，负数的补码：符号位不变，以下各位按位取反，加 1。

1.2.4 几种常用的编码

码制：不同的数码不仅可以表示数量的大小，而且还可以表示不同事物或事物的不同状态，这些数码叫代码，编制代码时所遵循的规则叫码制。

常用的通用代码有十进制代码、格雷码、ASCⅡ码。也可以根据需要，自行编制专用的代码。

(1) 十进制代码

十进制代码是用 4 位二进制码的 10 种组合表示十进制数 0~9，简称 BCD 码(Binary Coded Decimal)。

这种编码至少需要用 4 位二进制码元，而 4 位二进制码元可以有 16 种组合。当用这些组合表示十进制数 0~9 时，有 6 种组合不用。由 16 种组合中选用 10 种组合，表 1.1 为几种常见的十进制代码。

表 1.1　几种常用的十进制代码

十进制数	8421 码	5211 码	2421 码	余 3 码	余 3 循环码
0	0000	0000	0000	0011	0010
1	0001	0001	0001	0100	0110
2	0010	0100	0010	0101	0111
3	0011	0101	0011	0110	0101
4	0100	0111	0100	0111	0100
5	0101	1000	1011	1000	1100
6	0110	1001	1100	1001	1101
7	0111	1100	1101	1010	1111
8	1000	1101	1110	1011	1110
9	1001	1111	1111	1100	1010

① 8421 码

8421 码是最基本和最常用的 BCD 码，它和 4 位自然二进制码相似，各位的权值为 8、4、2、1，故称为有权 BCD 码。和 4 位自然二进制码不同的是，它只选用了 4 位二进制码中前 10 组代码，即用 0000~1001 分别代表它所对应的十进制数，余下的 6 组代码不用。

② 5211 码和 2421 码

5421 码和 2421 码为有权 BCD 码，它们从高位到低位的权值分别为 5、2、1、1 和 2、4、2、1。

表中 2421 码的 10 个数码中，0 和 9、1 和 8、2 和 7、3 和 6、4 和 5 的代码的对应位恰好一个是 0 时，另一个就是 1。我们称 0 和 9、1 和 8 互为反码。因此 2421 码具有对 9 互补的特点，它是一种对 9 的自补代码(即只要对某一组代码各位取反就可以得到 9 的补码)，在运算电路中使用比较方便。

③ 余 3 码

余 3 码是 8421 码的每个码组加 3 (0011)形成的。余 3 码也具有对 9 互补的特点，即它也是一种 9 的自补码，所以也常用于 BCD 码的运算电路中。

用 BCD 码可以方便地表示多位十进制数，例如，十进制数$(579.8)_{10}$可以分别用 8421 码、余 3 码表示为

$$(579.8)_{10}=(0101\quad 0111\quad 1001.1000)_{8421码}$$
$$=(1000\quad 1010\quad 1100.1011)_{余3码}$$

④ 余 3 循环码

余 3 循环码是一种变权码，相邻的两个代码之间仅有一位的状态不同，因此，按余 3 循环码接成计数器时，每次状态转换过程中只有一个触发器翻转，译码时不会产生竞争冒险现象。

(2) 格雷码

特点：① 每一位的状态变化都按一定的顺序循环；

② 编码顺序依次变化，按表中顺序变化时，相邻代码只有一位改变状态。

应用：减少过渡噪声。

(3) 美国信息交换标准代码(ASCⅡ)

ASCⅡ是一组 7 位二进制代码，共 128 个。

应用：计算机和通讯领域。

1.3 典型题型及例题精解

【例 1.1】将下列二进制数转换为等值的十六进制数和等值的十进制数。

(1) $(10010111)_2$

(2) $(1101101)_2$

(3) $(0.01011111)_2$

(4) $(11.001)_2$

【解题思路】

(1) $(10010111)_2=(97)_{16}=(151)_{10}$

(2) $(1101101)_2=(6D)_{16}=(109)_{10}$

(3) $(0.01011111)_2=(0.5F)_{16}=(0.37109375)_{10}$

(4) $(11.001)_2=(3.2)_{16}=(3.125)_{10}$

【例 1.2】将下列十六进制数转换为等值的二进制数和等值的十进制数。

(1) $(8C)_{16}$

(2) $(3D.BE)_{16}$

(3) $(8F.FF)_{16}$

(4) $(10.00)_{16}$

【解题思路】

(1) $(8C)_{16}=(10001100)_2=(140)_{10}$

(2) $(3D.BE)_{16}=(111101.10111110)_2=(61.7421875)_{10}$

(3) $(8F.FF)_{16}=(10001111.11111111)_2=(143.99609375)_{10}$

(4) $(10.00)_{16}=(10000.00000000)_2=(16.00000000)_{10}$

【例 1.3】将下列十进制数转换为等值的二进制数和等值的十六进制数。要求二进制数保留小数点以后 4 位有效数字。

(1) $(17)_{10}$

(2) $(127)_{10}$

(3) $(0.39)_{10}$

(4) $(25.7)_{10}$

【解题思路】

(1) $(17)_{10}=(10001)_2=(11)_{16}$

(2) $(127)_{10}=(1111111)_2=(7F)_{16}$

(3) $(0.39)_{10}=(0.0110)_2=(0.6)_{16}$

(4) $(25.7)_{10}=(11001.1011)_2=(19.B)_{16}$

【**例 1.4**】写出带符号位二进制数 00011010(+26)、10011010(−26)、00101101(+45)、和 10101101(−45)的反码和补码。

【**解题思路**】

原码	反码	补码
00011010	00011010	00011010
10011010	11100101	11100110
00101101	00101101	00101101
10101101	11010010	11010011

【**例 1.5**】试用补码运算的方法计算下列各式。

(1)1101+0101　(2)1110−0111　(3)0111−1110　(4)−1011−1010

【**解题思路**】

(1)因两数相加之和的绝对值为 10010，所以补码的数值部分至少应取 5 位。加上 1 位符号位，补码一共为 6 位。于是得到两数的补码相加结果

$$\begin{array}{r} 001101 \\ +000101 \\ \hline 010010 \end{array}$$

和的符号位仍为 0，表示和为正数(+18)。

(2)因两数符号不同，和的绝对值一定小于加数当中绝对值较大一个的绝对值，所以补码的数值部分不需要增加位数。由此可得两数的补码相加结果

$$\begin{array}{r} 01110 \\ +11001 \\ \hline 00111 \end{array}$$

和的符号位为 0，表示和为正数(+7)。

(3)同上，因两数异号，所以补码的数值部分取 4 位即可。两数的补码相加结果为

$$\begin{array}{r} 00111 \\ +10010 \\ \hline 11001 \end{array}$$

和的符号位为 1，表示和为负数。

如果将和的补码再求补，则得到的和的原码为 10111(−7)。

(4)因两数绝对值之和为 5 位二进制数 10101，所以补码的数值部分至少需要用五位表示，加上 1 位符号位以后，补码一共为 6 位，由此可得到两数原码和补码为

原码	补码
101011	110101
101010	110110

将上面的两个补码相加后得到

$$\begin{array}{r} 110101 \\ +110110 \\ \hline 101011 \end{array}$$

和的符号位为 1，表示和为负。

如果将和的补码再求补码，就得到了和的原码为 110101(-21)。

【例 1.6】将十进制数 3692 转换成二进制数码及 8421 码。

【解题思路】

$(3692)_{10}=(111001101100)_2=(0011\ 0110\ 1001\ 0010)_{8421}$

习题与答案

习题

一、单项选择题

1. 将十进制数的整数化为 N 进制整数的方法是(　　)。
   A. 乘 N 取整法　B. 除 N 取整法　C. 乘 N 取余法　D. 除 N 取余法
2. 把十进制数 511 转换成相应的二进制数是(　　)。
   A. 11101110　B. 111111111　C. 100000000　D. 10000001
3. 把十进制数 193 转换成相应的八进制数是(　　)。
   A. 303　B. 304　C. 302　D. 301
4. 将十进制数 25.3125 转换成相应的十六进制数是(　　)。
   A. 19.4　B. 19.5　C. 20.4　D. 20.5
5. 把二进制数 100110 转换成相应的十进制数是(　　)。
   A. 39　B. 36　C. 38　D. 37
6. 把二进制数 1101101110 转换成相应的八进制数是(　　)。
   A. 1555　B. 1557　C. 1556　D. 1558
7. 将二进制数 1101101110 转换成相应的十六进制数是(　　)。
   A. 36F　B. 37F　C. 36E　D. 36D
8. 八进制数 5674 对应的二进制数是(　　)。
   A. 111111111100　B. 101110111111　C. 101110111100　D. 110000111101
9. 十六进制数 3FC3 对应的二进制数是(　　)。
   A. 11111111000011　B. 01111111000011　C. 01111111000001　D. 11111111000001
10. 下列各种进制的数中最小的是(　　)。
    A. $(213)_D$　B. $(10A)_H$　C. $(355)_D$　D. $(110111000)_B$
11. 在一个无符号二进制整数的右边填上一个 0，新形成的数是原数的(　　)倍。
    A. 0.5　B. 1　C. 2　D. 4
12. 以下 4 个数虽然未标明属于哪一种数制，但是可以断定(　　)不是八进制数。
    A. 1101　B. 2325　C. 7286　D. 4357
13. 执行二进制算术加运算：01010100+10010011 后其运算结果是(　　)。
    A. 11100111　B. 11000111　C. 00010000　D. 11101011
14. 表示一个 1 位十进制数至少需要(　　)位二进制数。
    A. 3　B. 2　C. 5　D. 4
15. 表示一个 2 位十进制数至少需要(　　)位二进制数。
    A. 5　B. 6　C. 7　D. 8

16. 表示一个 2 位十六进制数至少需要(　　)位十进制数。

A. 2　　B. 3　　C. 4　　D. 5

17. 十进制数 127.25 对应的二进制数是(　　)。

A. 1111111.01　　B. 10000000.10　　C. 1111110.01　　D. 1100011.11

18. 十进制数 39.54 对应的余 3 码是(　　)。

A. 00111000.01000011　　B. 01011011.01110110

C. 01101100.10000111　　D. 01111101.10011000

19. 在 ASCⅡ的下列字符中，最大的字符是(　　)。

A. “A”　　B. “z”　　C. “9”　　D. “0”

20. 在 ASCⅡ的下列字符中，最小的字符是(　　)。

A. “A”　　B. “z”　　C. “9”　　D. “0”

21. 10 进制整数化成二进制数(　　)。

A. 可能是带小数　　B. 只能是整数　　C. 可能是纯小数　　D. 可能是循环小数

22. 二进制码 1001 对应的余 3 码是(　　)。

A. 1000　　B. 1100　　C. 1011　　D. 1010

23. BCD 码 0101 对应的格雷码是(　　)。

A. 1111　　B. 1000　　C. 0111　　D. 0110

24. BCD 码 1001 对应的余 3 码是(　　)。

A. 1100　　B. 1000　　C. 0111　　D. 0110

25. 二进制码 1100 对应的循环码是(　　)。

A. 1000　　B. 1001　　C. 1011　　D. 1010

26. 下列 BCD 码中有权码有(　　)。

A. 8421 码　　B. 余 3 码　　C. 余 3 循环码　　D. 格雷(循环)码

27. 下列 BCD 码中无权码有(　　)。

A. 8421 码　　B. 余 3 码　　C. 5211 码　　D. 4221 码

28. 将二进制、八进制和十六进制数转换为十进制数的共同规则是(　　)。

A. 除 n 取余　　B. n 位转 1 位　　C. 按权展开　　D. 乘 n 取整

29. 二进制数 1101 的循环码是(　　)。

A. 1011　　B. 0101　　C. 1100　　D. 1010

30. 十进制数 26.625 对应的二进制数是(　　)。

A. 11010.111　　B. 1100.011　　C. 11010.101　　D. 0101.11111110

31. 十六进制数 5FE 对应的二进制数是(　　)。

A. 101 1100 1011　　B. 111 0011 1100　　C. 1101 0101　　D. 0101 1111 1110

32. 二进制数 1101011.011 对应的八进制数是(　　)。

A. 273.6　　B. 115.3　　C. 153.3　　D. 69.6

33. 与二进制数 10110 等值的十进制数是(　　)。

A. 31　　B. 22　　C. 47　　D. 18

34. 与二进制数 0.1011 等值的十进制数是(　　)。

A. 1.1675　　B. 0.6875　　C. 2.4423　　D. 0.1655

35. 与十六进制数 3B 等值的十进制数是(　　)。

A. 73　B. 21　C. 56. 25　D. 59

36. 与十六进制数 FF 等值的十进制数是(　　)。

A. 255　B. 1515　C. 375　D. 115

37. 与十六进制数 7A. 1 等值的十进制数是(　　)。

A. 122. 19140625　B. 66. 125　C. 122. 0625　D. 642. 3125

38. 数字字符“9”对应的 ASCⅡ码是(　　)。

A. 9D　B. 109D　C. 489D　D. 57D

39. 二进制数 1101011. 011 对应的十六进制数是(　　)。

A. 6B. 3　B. 53. 3　C. 6B. 6　D. 73. 3

40. 二进制数 1101011. 011 对应的八进制数是(　　)。

A. 63. 3　B. 153. 3　C. 65. 6　D. 47. 6

41. 十进制数 34 对应的余 3 循环码是(　　)。

A. 10110101　B. 01100011　C. 10110101　D. 01010100

42. 十进制数 97 转换成 8421 码是(　　)。

A. 1100001　B. 1010111　C. 10010101　D. 10010111

43. 欲表示十进制数的 10 个数码，需要二进制数码的位数是(　　)位。

A. 2　B. 3　C. 4　D. 10

44. (　　)属于无权码。

A. 8421 码　B. 余 3 码　C. 2421 码　D. 5421 码

45. 8421 码的权值从高位到低位分别为(　　)。

A. 8　4　2　1　B. 8　4　2　0　C. 4　2　1　0　D. 4　2　1　1

二、多项选择题

1. 在计算机内部采用二进制表示信息，其主要原因是二进制具有(　　)的优越性。

A. 复杂运算　B. 工作可靠　C. 电路简单　D. 逻辑性强

2. 计算机中的所有信息均以二进制形式表示，但有时为了书写与阅读的方便，也使用(　　)表示。

A. 四进制　B. 六进制　C. 八进制　D. 十六进制

3. 在不同进制的 4 个数中，较小的两个数是(　　)。

A. $(10001011)_B$　B. $(47)_O$　C. $(ED)_H$　D. $(400)_D$

4. 下列选项中，可用于表示八进制数的符号是(　　)。

A. 8　B. 7　C. 9　D. 6

5. 下列选项中，可用于表示十进制数的符号是(　　)。

A. A　B. 3　C. B　D. 9

6. 可以用来表示十六进制数的是(　　)。

A. 数字 0~15　B. 数字 0~9　C. 字母 A~F　D. 字母 G~M

三、填空题

1. 十进制数如用 8421 码表示，则 1 位十进制数可用(　　)位二进制表示。

2. 格雷码又称(　　)。

3. 相邻的两个码只有(　　)位不同是格雷码(循环码)的特点。

4. 二进制数 1101 的循环码是(　　)。

5. 十六进制数 E5H 对应的二进制数为(　　)。

6. 二进制数 101011B 对应的 8421 码为(　　)。

7. 与二进制数 10110B 等值的十进制数是(　　)。

8. 与二进制数 0. 1011B 等值的十进制数是(　　)。

9. 与十六进制数 3BH 等值的十进制数是(　　)。

10. 8421 码 0101 0101 0101 转换成十进制数为(　　)。

四、将下列二进制整数转换为等值的十进制数。

1. $(1101)_2$　　2. $(10100)_2$　　3. $(10010111)_2$　　4. $(1101101)_2$

五、将下列二进制小数转换为等值的十进制数。

1. $(0.1001)_2$　　2. $(0.0111)_2$　　3. $(0.101101)_2$　　4. $(0.001111)_2$

六、将下列十六进制数转换为等值的二进制数。

1. $(8C)_{16}$　　2. $(3D.BE)_{16}$　　3. $(8F.FF)_{16}$　　4. $(10.00)_{16}$;

七、将下列十进制数转换为等值的二进制数和十六进制数。

1. $(17)_{10}$　　2. $(127)_{10}$　　3. $(79)_{10}$　　4. $(255)_{10}$

八、将下列十进制数转换为等值的二进制数和十六进制数。要求二进制数保留小数点以后 8 位有效数字。

1. $(0.519)_{10}$　　2. $(0.251)_{10}$　　3. $(0.0376)_{10}$　　4. $(0.5128)_{10}$

九、写出下列二进制数的原码、反码和补码。

1. $(+1011)_2$　　2. $(+00110)_2$　　3. $(-1101)_2$　　4. $(-00101)_2$

十、写出下列带符号位二进制数(最高位为符号位)的反码和补码。

1. $(011011)_2$　　2. $(001010)_2$　　3. $(111011)_2$　　4. $(101010)_2$

十一、用 8 位的二进制补码表示下列十进制数。

1. +17　　2. +28　　3. −13　　4. −47　　5. −89　　6. −121

十二、计算下列用补码表示的二进制数的代数和。如果和为负数，请求出负数的绝对值。

1. 01001101+00100110　　2. 00011101+01001100

3. 00110010+10000011　　4. 00011110+10011100

5. 11011101+01001011　　6. 10011101+01100110

7. 11100111+11011011　　8. 11111001+10001000

十三、用二进制补码运算计算下列各式。式中的 4 位二进制数是不带符号位的绝对值。如果和为负数，试求出负数的绝对值。(提示：所用补码的有效位数应足够表示代数和的最大绝对值。)

1. 1010+0011　　2. 1101+1011　　3. 1010−0011　　4. 1101−1011

5. 0011−1010　　6. 1011−1101　　7. −0011−1010　　8. −1101−1011

十四、用二进制补码运算计算下列各式。(提示：所用补码的有效位数应足够表示代数和的最大绝对值。)

1. 3+15　　2. 8+11　　3. 12−7　　4. 23−11

5. 9− 12　　6. 20 −25　　7. −12− 5　　8. −16−14

十五、为了将 600 份档案顺序编码，如果采用二进制代码，最少需要用几位？如果用八进制或者十六进制代码，则最少各需要用几位？

答案

一、单项选择题

1. D；2. B；3. D；4. B；5. C；6. C；7. C ；8. C；9. A；10. A；11. C；12. C；13. A；14. D；15. C；16. B；17. A；18. C；19. B；20. D；21. B；22. B；23. C；24. A；25. D；26. A；27. B；28. C；29. A；30. C；31. D；32. C；33. B；34. B；35. D；36. A；37. C；38. D；39. C；40. B；41. D；42. D；43. C；44. B；45. A

二、多项选择题

1. B C D；2. C D；3. A B；4. B D；5. B D；6. B C

三、填空题

1. 4 位

2. 循环码

3. 一

4. 1011

5. 11100101

6. 01000011(说明：10 1011B→43D→01000011)

7. 22

8. 0. 6875

9. 59

10. 555

四、解：

1. $(1101)_2=2^3+2^2+2^0=13$

2. $(10100)_2=2^4+2^2=20$

3. $(10010111)_2=2^7+2^4+2^2+2^1+2^0=151$

4. $(1101101)_2=2^6+2^5+2^3+2^2+2^0=109$

五、解：

1. $(0.1001)_2=2^{-1}+2^{-4}=0.5625$

2. $(0.0111)_2=2^{-2}+2^{-3}+2^{-4}=0.4375$

3. $(0.101101)_2=2^{-1}+2^{-3}+2^{-4}+2^{-6}=0.703125$

4. $(0.001111)_2=2^{-3}+2^{-4}+2^{-5}+2^{-6}=0.234375$

六、解：

1. $(8C)_{16}=(1000\ 1100)_2$

2. $(3D.BE)_{16}=(0011\ 1101.1011\ 1110)_2$

3. $(8F.FF)_{16}=(1000\ 1111.1111\ 1111)_2$

4. $(10.00)_{16}=(0001\ 0000.0000\ 0000)_2$

七、解：

1. $(17)_{10}=(10001)_2=(11)_{16}$

2. $(127)_{10}=(1111111)_2=(7F)_{16}$

3. $(79)_{10}=(1001111)_2=(4F)_{16}$

4. $(255)_{10}=(11111111)_2=(FF)_{16}$

八、解：

1. $(0.519)_{10}=(0.1000\ 0100)_2=(0.84)_{16}$

2. $(0.251)_{10}=(0.0100\ 0000)_2=(0.40)_{16}$

3. $(0.0376)_{10}=(0.0000\ 1001)_2=(0.09)_{16}$

4. $(0.5128)_{10}=(0.1000\ 0011)_2=(0.83)_{16}$

九、解：

1. 正数的反码、补码于原码相同，均为 01011

2. 原码、反码、补码均为 000110

3. 原码为 11101，反码为 10010，补码为 10011

4. 原码为 100101，反码为 111010，补码为 111011

十、解：

1. $(011011)_2$＝反码＝补码

2. $(001010)_2$＝反码＝补码

3. 反码＝$(100100)_2$，补码＝$(100101)_2$

4. 反码＝$(110101)_2$，补码＝$(110110)_2$

十一、解：

首先需要把每个十进制数的绝对值转换为 7 位的二进制数，然后加上 1 位句号位，就得到了 8 位的原码，再将原码化成补码形式。

1. +17 的补码：00010001　　2. +28 的补码：00011100

3. −13 的补码：11110011　　4. −47 的补码：11010001

5. −89 的补码：10100111　　6. −121 的补码：10000111

十二、解：

1. 01110011 符号位等于 0，和为正数。

2. 01101001 符号位等于 0，和为正数。

3. 10110101 符号位等于 1，和为负数。将和的补码再求补得原码 11001011，故和的绝对值为 1001011。

4. 10111010 符号位等于 1，和为负数。将和的补码再求补，得原码 11000110。故和的绝对值为 1000110。

5. 00101000 符号位等于 0，和为正数 00101000。

6. 00000011 符号位等于 0，和为正数 00000011。

7. 11000010 符号位等于 1，和为负数。将和的补码再求补，得原码 10111110。故和的绝对值为 0111110。

8. 10000001 符号位等于 1，和为负数。将和的补码再求补，得原码 11111111。故和的绝对值为 1111111。

十三、解：

1. 因为和的绝对值小于 2^4，故可采用 5 位的二进制补码（符号位加 4 位有效位有效数字）表示两个加数。1010 的补码为 01010，0011 的补码为 00011。

$$\begin{array}{r} 01010 \\ +00011 \\ \hline 01101 \end{array}$$

得到和的补码为 01101，符号位等于 0，和为正数。

2. 因为和的绝对值大于 2^4 而小于 2^5，所以需要用 6 位的二进制补码(符号位加 5 位有效数字)表示两个加数。1101 的补码为 001101，1011 的补码位 001011。

$$\begin{array}{r} 001101 \\ +001011 \\ \hline 011000 \end{array}$$

得到和的补码为 011000. 符号位等于 0，和为正数。

3. 因为和的绝对值小于 2^4，故可用 5 位的二进制补码(符号位加 4 位有效数字)表示两个加数。1010 的补码 01010，−0011 的补码为 11101。

$$\begin{array}{r} 01010 \\ +11101 \\ \hline 00111 \end{array}$$

得到和补码为 00111。符号位等于 0，和为正数。

4. 因为和的绝对值小于 2^4，故可用 5 位二进制补码(符号位加 4 位有效数字)表示两个加数。1101 的补码为 01101，−1011 的补码为 10101。

$$\begin{array}{r} 01101 \\ +10101 \\ \hline 00010 \end{array}$$

得到和的补码为 00010。符号位等于 0，和为正数。

5. 因为和的绝对值小于 2^4，所以可用 5 位的二进制补码(符号位加 4 位有效数字)表示两个加数。0011 的补码为 00011，−1010 的补码为 10110。

$$\begin{array}{r} 00011 \\ +10110 \\ \hline 11001 \end{array}$$

得到和的补码为 11001 。符号位等于 1，表示和为负数。将和的补码再求补，得到原码 10111。和的绝对值等于 0111 。

6. 因为和的绝对值小于 2^4，所以用 5 位的二进制补码(符号位加 4 位有效数字)表示两个加数。1011 的补码为 01011，−1101 的补码为 10011 。

$$\begin{array}{r} 01011 \\ +10011 \\ \hline 11110 \end{array}$$

得到和的补码为 11110。符号位等于 1，和为负数。将和的补码再求补，得原码 10010 。故知和的绝对值等于 0010 。

7. 因为和的绝对值小于 2^4，所以用 5 位的二进制补码表示两个加数。−0011 的补码为 11101，−1010 的补码为 10110 。

$$\begin{array}{r} 11101 \\ +10110 \\ \hline 10011 \end{array}$$

得到和的补码为 10011. 符号位等于 1，和为负数。将和的补码再求补，得原码 11101，故和的绝对值为 1101。

8. 因为和的绝对值大于 2^4 而小于 2^5，所以需要用 6 位的二进制补码表示两个加数。−1101 的补码写作 110011，−1011 的补码写作 110101。

$$\begin{array}{r} 110011 \\ +110101 \\ \hline 101000 \end{array}$$

得到和的补码为 101000 。符号位等于 1，和为负数。将和的补码再求补，得到原码 111000，和的绝对值为 11000 。

十四、解：

1. 和的绝对值等于 18，需要用 5 位二进制数表示。加上符号位以后，补码应有 6 位。+3的补码写作 00011，+15 的补码写作 001111。

$$\begin{array}{r} 000011 \\ +001111 \\ \hline 010010 \end{array}$$

得到和的补码为 010010(即+18)。

2. 和的绝对值等于 19，需要用 5 位二进制数表示。加上符号位以后，补码应有 6 位。+3的补码写作 000011，+15 的补码写作 001111。

$$\begin{array}{r} 001000 \\ +001011 \\ \hline 010011 \end{array}$$

得到和的补码为 010011(即+19)。

3. 和的绝对值和加数的绝对值均小于 16，可以用 5 位的二进制补码(符号位加 4 位有效数字)运算。+12 的补码写作 01100，−7 的补码写作 11001。将两数的补码相加

$$\begin{array}{r} 01100 \\ +11001 \\ \hline 00101 \end{array}$$

得到和的补码为 00101(即+5)。

4. 用二进制数表示 23 需要 5 位代码，加上符号位以后，补码应有 6 位。+23 的补码写作 010111，−11 的补码写作 110101，相加后得

$$\begin{array}{r} 010111 \\ +110101 \\ \hline 001100 \end{array}$$

和的补码为 001100(即+12)。

5. +9 的补码写作 01001，−12 的补码写作 10100。将两个补码相加

$$\begin{array}{r} 01001 \\ +10100 \\ \hline 11101 \end{array}$$

得到和的补码为 11101，和为负值。如再求补，则得到和的原码 10011(即 −3)。

6. 用二进制数表示 25 需要 5 位，再加 1 位符号位，补码应有 6 位。+20 的补码写作 010100，−25 的补码写作 100111。将两个补码相加

$$\begin{array}{r} 010100 \\ +100111 \\ \hline 111011 \end{array}$$

得到和的补码为 111011，和为负数。如再求补，则得到和的原码 100101(即 −5)。

7. 和的绝对值为 17，转换成二进制时为 5 位数，再加上 1 位符号位，补码需用 6 位。−12 的补码写作 110100，−5 的补码写作 111011。将两个补码相加

$$\begin{array}{r} 110100 \\ +111011 \\ \hline 101111 \end{array}$$

得到和的补码位 101111，和位负数。如果将和的补码再求补，则可得原码 110001(即 −17)。

8. 因为和的绝对值时 30，所以需要用 5 位二进制数表示，再加 1 位符号位，补码应有 6 位。−16 的补码写作 110000，−14 的补码写作 110100。将两个补码相加

$$\begin{array}{r} 110000 \\ +110010 \\ \hline 100010 \end{array}$$

得到和的补码为 100010，和为负数。如果将和的补码再求补，则可得它的原码为 111110(即 −13)。

十五、解：

二进制最少需要 10 位，八进制最少需要 4 位，十六进制最少需要 3 位。

❖第 2 章　逻辑代数基础❖

2.1　教学内容及要求

逻辑代数是分析和研究数字逻辑电路的基本工具。逻辑代数也称为布尔代数(英国：乔治布尔)或二值代数，它与普通代数的区别是，普通代数 $Y=F(X)$ 中，X 为一切实数；而逻辑代数 $Y=F(X)$ 中，X 为 0 或 1，Y 为 0 或 1 ，这里的 0 或 1 不表示数值大小、只表示相反的两种状态(开关的闭合断开、晶体管的导通截止、电位的高低)。

逻辑代数基础主要内容包括逻辑代数的公式和定理、逻辑函数的表示方法、逻辑函数的化简方法三部分。

进行逻辑运算，必须熟练掌握逻辑代数基本公式和常用公式。

逻辑函数表示方法有四种方法，即真值表、逻辑函数式、逻辑图和卡诺图。四种方法之间可以互相转换。根据实际情况，可以选择其中一种方法表示所研究的逻辑函数。

逻辑函数化简常用的两种方法是公式化简法和卡诺图化简法。

公式化简法的优点是它的使用不受任何条件的限制。但由于这种方法没有固定的步骤可循，所以在化简一些复杂的逻辑函数时不仅需要熟练地运用各种公式和定理，而且需要有一定的运算技巧和经验。

卡诺图化简方法的优点是简单、直观，而且有一定的化简步骤可循。初学者容易掌握，且化简过程中不易出错。但逻辑变量超过五个时，将失去简单、直观的优点，失去应用意义。

除上述两种化简方法外，还有适于多变量逻辑函数化简的 Q-M 法和增项消项法，这两种方法也叫列表法。其基本原理是通过合并相邻最小项的方法化简逻辑函数。列表法有一定的化简步骤，特别适合于机器运算。该方法用于编制数字电路的计算机辅助分析程序。

需要说明的是，在实际设计数字系统时，为减少所用器件数目，并不限于使用单一逻辑功能门电路。此时希望得到的最简逻辑式可能既不是单一的与或式，也不是单一的与非式，而是一种混合的形式。因此，究竟将函数式化成什么形式最有利，要根据选用哪些种类的电子器件而定。

2.2　内容综述

2.2.1　逻辑代数中的三种基本运算

(1) 与逻辑

首先，我们来看一个具体的电路试验，电路图如图 2.1(a)所示，电源 E 通过 A、B 两个串联的开关给电灯 Y 供电。

从图 2.1(a)可以看出只有开关 A、B 同时闭合灯泡 Y 才会亮，A、B 中有一个或两个都断开灯泡 Y 就不亮。当开关的闭合用 1 表示、断开用 0 表示；灯泡的亮用 1 表示、不亮用 0

表示时，其逻辑关系就可以写成表 2.1 的形式，就是该逻辑的真值表。以上试验说明了这样的逻辑关系：“只有当一个事件的几个条件全部具备之后，这个事件才会发生”，这种逻辑关系称为与逻辑。与逻辑的表达式可以下式来描述：

$$Y=A \cdot B \text{ 或 } Y=AB \tag{2.1}$$

式中的小圆点“·”表示 A、B 的与运算，又叫逻辑乘。在不致引起混淆的前提下，乘号“·”可以被省略，而写成：$Y=AB$ 。在电路中与逻辑的逻辑符号如图 2.1(b)所示。

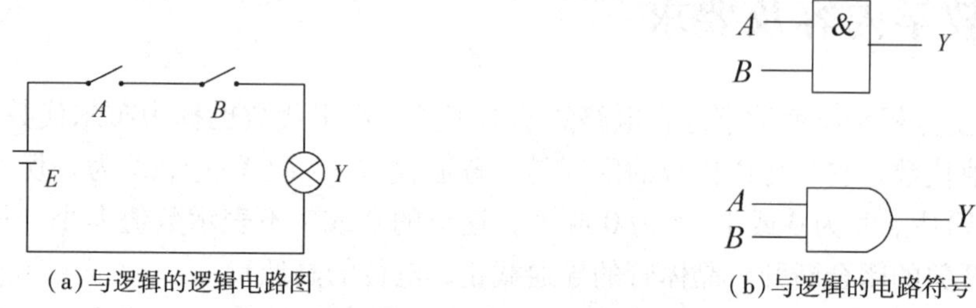

图 2.1　与逻辑电路及电路符号

表 2.1　与逻辑真值表

A	B	Y
0	0	0
0	1	0
1	0	0
1	1	1

(2)或逻辑

“当决定事件结果的几个条件中，只要有一个或一个以上的条件得到满足，结果就会发生”，这种逻辑关系称为或逻辑。图 2.2(a)就是或逻辑模型电路，图中 A、B 是两个并联开关，Y 是灯泡，E 是电源。当 A、B 均不通时，则灯泡 Y 不亮；只要开关 A 或 B 有一个接通或两个均接通，则灯泡 Y 亮。仿照前面的方法，用 0 和 1 表示的或逻辑真值表如表 2.2 所示，用逻辑表达式描述可写为：

$$Y=A+B \tag{2.2}$$

式中的符合“+”表示 A、B 的或运算，也称为逻辑加。其逻辑真值表如表 2.2 所示。电路中或逻辑的逻辑符号如图 2.2(b)所示。

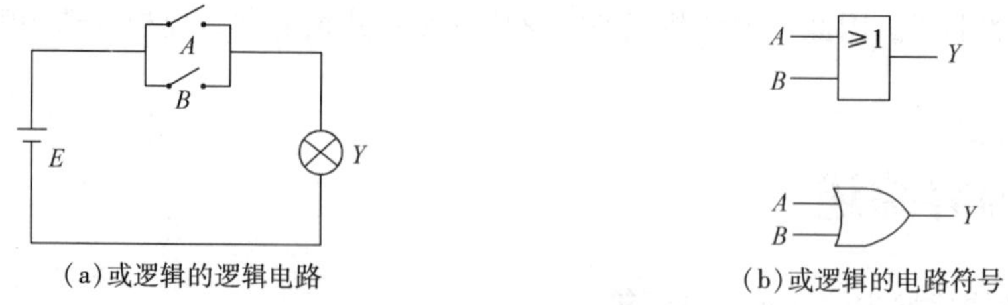

图 2.2　或逻辑电路及电路符号

表 2.2　或逻辑真值表

A	0	0	1	1
B	0	1	0	1
Y	0	1	1	1

（3）逻辑非

即"一件事情（灯泡）的发生是以其相反的条件为依据"，这种非逻辑的逻辑电路如图2.3（a）所示。图中 E 是电源，R 是限流电阻。开关 A 闭合时，灯泡 Y 不亮；开关 A 断开时，灯泡 Y 则亮。其逻辑真值表如表2.3所示，从真值表中可以看出，非逻辑的运算规律为：

输入0则输出1；输入1则输出0，即"输入、输出始终相反"。非运算的逻辑表达式可写为：

$$Y=A' \quad (2.3)$$

式中，字母 A 上方的"$'$"表示非运算。用非逻辑门电路实现非运算，其逻辑符号如图2.3（b）所示。

非逻辑真值表见表2.3。

表2.3　非逻辑真值表

A	0	1
Y	1	0

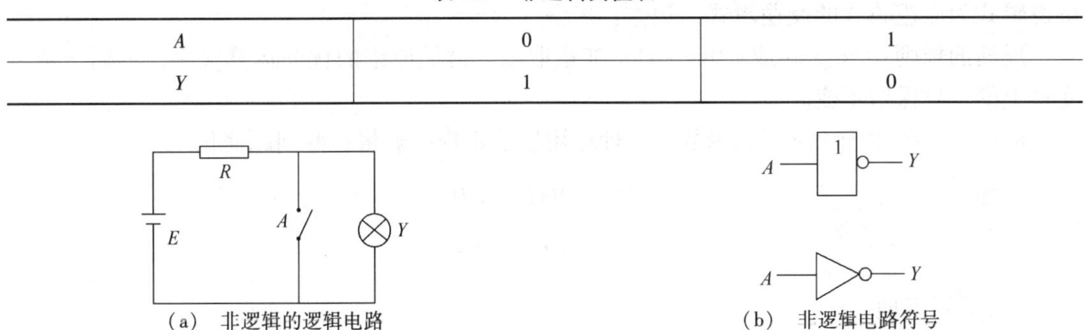

（a）　非逻辑的逻辑电路　　（b）　非逻辑电路符号

图2.3　非逻辑的逻辑电路与电路符号

2.2.2　逻辑代数的基本公式和常用公式

（1）逻辑代数的基本公式（表2.4）

表2.4　基本公式

$0 \cdot A=0$	$1 \cdot A=A$
$A \cdot A=A$	$A \cdot A'=0$
$A \cdot B=B \cdot A$	$A \cdot (B \cdot C)=(A \cdot B) \cdot C$
$A \cdot (B+C)=A \cdot B+A \cdot C$	$(A \cdot B)'=A'+B'$
$(A')'=A$	$1'=0$；$0'=1$
$1+A=1$	$0+A=A$
$A+A=A$	$A+A'=1$
$A+B=B+A$	$A+(B+C)=(A+B)+C$
$A+B \cdot C=(A+B) \cdot (A+C)$	$(A+B)'=A' \cdot B'$

（2）常用公式（表2.5）

表2.5　常用公式

$A+A \cdot B=A$	$A+A' \cdot B=A+B$
$A \cdot B+A \cdot B'=A$	$A \cdot (A+B)=A$
$A \cdot B+A' \cdot C+B \cdot C=A \cdot B+A' \cdot C$	$A \cdot B+A' \cdot C+BCD=A \cdot B+A' \cdot C$
$A \cdot (A \cdot B)'=A \cdot B'$；$A' \cdot (AB)'=A'$	

2.2.3 逻辑代数的基本定理

(1)代入定理

在任何一个含有变量 A 的逻辑等式中，若以另外一个函数式代入该式中所有 A 的位置，则该式仍然成立。

应用：用代入定理很容易将基本公式和常用公式推广为多变量的形式。

例如：

$$A+A'B=A+B \rightarrow A'+AB=A'+B$$

$$(AB)'=A'+B' \rightarrow (ABC)'=A'+(BC)'=A'+B'+C'$$

(2)反演定理

对任意的逻辑式 Y，若将其中所有的“+”换成“·”，“·”换成“+”，“0”换成“1”，“1”换成“0”，原变量换成反变量，反变量换成原变量，并遵循原来的优先运算次序不变，则所得逻辑式为原逻辑式的反逻辑式，记作：Y'。

反演的规则：与← →或；0← →1；变量取反，遵循原来的优先运算次序；不属于单个变量上的反号保留不变。

应用：主要用于求反逻辑函数，合理运用反演定理能够将一些问题简化。

例如：

$$Y=A(B+C)+CD$$

$$Y'=(A'+B'C')(C'+D')$$

(3)对偶定理

对偶式：在一个逻辑式 Y 中，若将其中所有的“+”换成“·”，“·”换成“+”，“0”换成“1”，“1”换成“0”，所得函数式即为原函数式的对偶式，记作：Y^D。

对偶规则：0← →1；与← →或；遵循原来的优先运算次序。

对偶定理：若两个函数式相等，那么它们的对偶式也相等。

应用：要证明两个逻辑式相等，可以通过证明它们的对偶式相等来完成。

例如：若 $Y=AB+(C+D)'$，则 $Y^D=(A+B)(CD)'$

2.2.4 逻辑函数及其表示方法

(1)逻辑函数

以逻辑变量(A，B，C...)为输入，以运算结果 Y 为输出，当输入逻辑变量的值确定后，输出逻辑变量 Y 的值就唯一确定了，则称 Y 是 A，B，C... 的逻辑函数。

表示为：$Y=F(A, B, C, ...)$

逻辑函数的特点：输入逻辑变量和逻辑函数的值只能取 0 和 1；函数与输入逻辑变量之间的关系由“与”、“或”、“非”三种基本运算决定。

任何一件具体的因果关系都可以用一个逻辑函数来描述。

例如：三人表决一件事，结果按“少数服从多数”的原则决定，试建立逻辑函数。

解：

第一步，设置输入逻辑变量和输出逻辑变量。

将三人的意见设置为输入逻辑变量 A、B、C，并规定只能有同意和不同意两种意见。将表决结果设置为逻辑函数 Y，只有通过与没通过两种情况。

第二步，状态赋值。对于输入变量 A、B、C，设同意为逻辑“1”，不同意为逻辑“0”。逻辑函数 Y，设事情通过为逻辑“1”，没通过为逻辑“0”。

第三步，建立逻辑函数 $Y=F(A, B, C)$。

(2) 逻辑函数的表示方法

逻辑函数的表示方法有逻辑真值表、逻辑函数式、逻辑图、波形图和卡诺图。

① 逻辑真值表

真值表是将输入逻辑变量的各种可能取值组合和相应的函数值排列在一起而组成的表格。

上例中三人表决事件对应的真值表如表 2.6 所示。

表 2.6　三人表决事件真值表

A	B	C	Y
0	0	0	0
0	0	1	0
0	1	0	0
0	1	1	1
1	0	0	0
1	0	1	1
1	1	0	1
1	1	1	1

② 逻辑函数式

用与、或、非等逻辑运算符号表示逻辑函数中各变量之间逻辑关系的式子，又称函数式或逻辑式。

上例中三人表决事件逻辑函数式为

$$Y=A'BC+AB'C+ABC'+ABC$$

③ 逻辑图

将逻辑函数中输出变量与输入变量之间的逻辑关系用与、或、非等逻辑图形符号表示出来的图形。

上例中三人表决事件的逻辑图如图 2.4 所示。

④ 波形图

将逻辑函数中输入逻辑变量每一种可能出现的取值与对应的输出值按时间顺序依次排列起来，得到的逻辑函数的波形图，这种波形图也叫时序图(Waveform)。

上例中三人表决电路逻辑函数的波形图如图 2.5 所示。

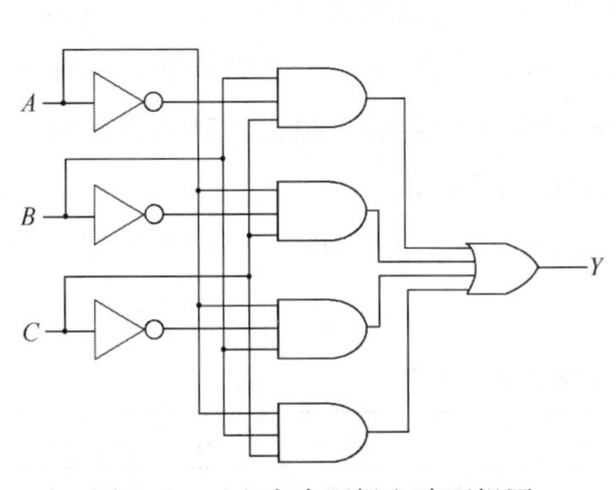

图 2.4　三人表决逻辑电路逻辑图

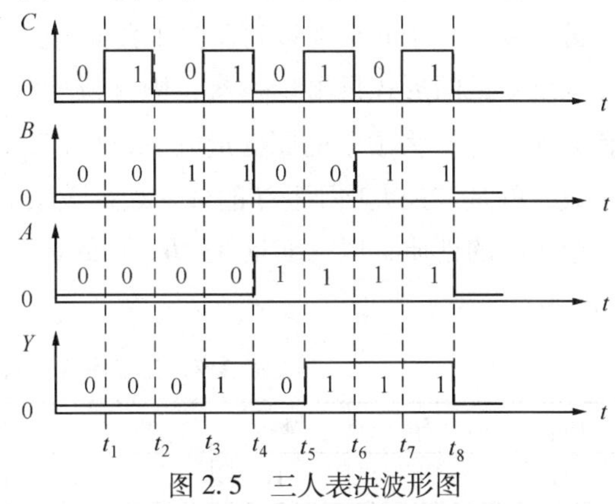

图 2.5　三人表决波形图

⑤ 卡诺图

卡诺图是逻辑函数的一种图形表示。一个逻辑函数的卡诺图就是将此函数的最小项表达式中的各最小项相应地填入一个方格图内，此方格图称为卡诺图。

卡诺图的构造特点使卡诺图具有一个重要性质：可以从图形上直观地找出相邻最小项。两个相邻最小项可以合并为一个与项并消去一个变量。

图 2.6　三人表决卡诺图

上例中三人表决事件的卡诺图如图 2.6 所示。

(3) 逻辑函数的两种标准形式

① 最小项和标准与或式

最小项：对于 n 个变量的逻辑函数与或表达式，如果乘积项中包含全部变量，且每个变量在该乘积项中以原变量或反变量的形式只出现一次，则该乘积项称为最小项，记为 m_i。n 个变量的全部最小项共有 2^n 个。把最小项中的原变量取值为 1，反变量取值为 0 得到的一组二进制数所对应的十进制数，就是该最小项下标 i 的值。如最小项 $AB'C$，当 $AB'C$ 取值为 101 时，对应十进制数 5，因此记为 m_5。

最小项的性质：对应任意一组变量取值，只有一个最小项的值为 1，其余各最小项的值均为 0；同一组变量取值，任意两个最小项的乘积恒为 0；不同的最小项，使其值为 1 的变量取值不同；对于任一组变量取值，全体最小项的和为 1。

相邻最小项：只有一个变量互为反变量的两个最小项，称为相邻最小项，简称相邻项。如 ABC 和 ABC'是相邻项。显然，两个相邻项可以相加合并为一项，同时消去一个变量（消去互反变量）。

标准与或式：每个与项都是最小项的与或式称为标准与或式，又称为最小项表达式。标准与或式的简记形式为

$$\begin{aligned} Y &= A'BC + AB'C + ABC' + ABC \\ &= m_3 + m_5 + m_6 + m_7 \\ &= \sum m(3,\ 5,\ 6,\ 7) \end{aligned}$$

逻辑函数的标准与或式和逻辑函数真值表是对应的，根据真值表写标准与或式的方法是：把函数值为 1 的各变量取值对应的最小项相加，即为逻辑函数的标准与或式。一般的与或式可以通过乘 $(X+X')$，再应用分配律 $A(B+C)=AB+AC$ 转换成标准与或式。这里的 X 代表与项中缺少的变量。

② 最大项和标准或与式

最大项：对于 n 个变量的逻辑函数或与式，如果或项中包含全部变量，且每个变量以原变量或反变量的形式只出现一次，则该或项称为最大项，记为 M_i。n 个变量的全部最大项共有 2^n 个。把最大项中的原变量取值为 0，反变量取值为 1 得到的一组二进制数所对应的十进制数，就是该最大项下标 i 的值。如最大项 $(A'+B+C')$ 记为 M_5。

最大项的性质：以三变量 A、B、C 的最大项真值表为例，可归纳出最大项的性质如表 2.7 所示。

表 2.7　三变量 A、B、C 的最大项真值表

ABC	M_0	M_1	M_2	M_3	M_4	M_5	M_6	M_7
000	0	1	1	1	1	1	1	1

续表

ABC	M_0	M_1	M_2	M_3	M_4	M_5	M_6	M_7
001	1	0	1	1	1	1	1	1
010	1	1	0	1	1	1	1	1
011	1	1	1	0	1	1	1	1
100	1	1	1	1	0	1	1	1
101	1	1	1	1	1	0	1	1
110	1	1	1	1	1	1	0	1
111	1	1	1	1	1	1	1	0

对于任意一组变量取值，只有一个最大项的值为 0，其余各最大项的值均为 1；对于任意一组变量取值，任意两个最大项之和(或运算)恒为 1；对于任意一组变量取值，全部最大项的积为 0。

相邻最大项：只有一个互反变量的两个最大项称为相邻最大项，也称为相邻项。两个相邻最大项可以相乘合并为一项，同时消去一个变量(消去了互反变量)，如相邻最大项$(A'+B+C)$和$(A+B+C)$相乘有

$(A'+B+C)(A+B+C)=A'(B+C)+A(B+C)+(B+C)=(B+C)$消去了互反变量 A

标准或与式：每个或项都是最大项的或与式，称为标准或与式，又称最大项表达式。标准或与式简记形式为

$$Y(A,\ B,\ C)=(A+B+C)(A+B'+C)(A'+B'+C')$$
$$=M_0\cdot M_2\cdot M_7=\Pi M(0,\ 2,\ 7)$$

逻辑函数的标准或与式和逻辑函数真值表是对应的。根据真值表写标准或与式的方法是：把函数值为 0 的各变量取值对应的最大项相乘，即为逻辑函数的标准或与式。一般的或与式，可以通过增加零项$(X\cdot X'=0)$，再应用分配律 $A+BC=(A+B)(A+C)$转换为标准或与式。这里的 X 代表或项中缺少的变量。

(4)逻辑函数形式的变换

逻辑函数式可以有多种形式，常用的基本逻辑式有与或式、与非式、或与式、或非式、与或非式。不同的逻辑式需要不同的门电路来实现，因此，变换逻辑式的意义就在于使逻辑设计适用于不同的逻辑门电路。

例如：实现异或逻辑的五种基本逻辑表达式如表 2.8 所示。

表 2.8　五种基本逻辑表达式

$Y=A\oplus B$	与或式	$Y=AB'+A'B$
	与非式	$Y=AB'+A'B=[(AB'+A'B)']'=[(AB')'\cdot(A'B)']'$
	或与式	$Y=AB'+A'B=(AB'+A')(AB'+B)=(A'+B')(A+B)$
	或非式	$Y=AB'+A'B=\{[(A'+B')(A+B)]'\}'=[(A'+B')'+(A+B)']'$
	与或非式	$Y=[(A'+B')'+(A+B)']'=(AB+A'B')'$

2.2.5　逻辑函数的化简方法

(1)公式化简法

公式化简法是运用逻辑代数的基本定律、基本公式和变换规则，对逻辑函数式进行变

换，以达到减少乘积项或消去变量，获得最简逻辑式的目的。常用的有并项法、吸收法、消去法、和配项法。

① 并项法：利用 $AB+AB'=A$，把两项合并为一项，并消去一个变量；

② 吸收法：利用 $A+AB=A$ 和 $AB+A'C+BC=AB+A'C$，消去多余项；

③ 消去法：利用 $A+A'B=A+B$ 和 $A'+AB=A'+B$，消去多余变量；

④ 配项法：利用 $A=A(B+B')$ 和 $A=A+BB'$，把一项变成二项，或利用 $AB+A'C=AB+A'C+BC$，添加冗余项，再和其他项合并，达到化简的目的。

(2) 卡诺图化简法

① 卡诺图

卡诺图又称为方格图，它是用 2^n 个方格表示 n 变量逻辑函数的 2^n 个最小(大)项，表示的规则是在卡诺图中，几何相邻的两个方格中的最小(大)项必须是逻辑相邻项，并且规定卡诺图左上角方格一定是 0 号最小(大)项。

② 用卡诺图表不逻辑函数

用卡诺图表示逻辑函数，就是把卡诺图中对应于标准与或式中的最小项方格里填入 1，其余方格中填入 0。实际用卡诺图表示逻辑函数时，不必将逻辑式变换成标准与或式，只需将逻辑式变换成与或式，根据与或式直接填写卡诺图。方法是把卡诺图中包含函数乘积项的方格中都填入 1，其余方格中填入 0 即可。根据最小项表达式和最大项表达式的关系可知，如此得到的最小项卡诺图，也是逻辑函数的最大项卡诺图。但最小项对应于卡诺图中的 1 方格，最大项则对应于卡诺图中的 0 方格。

用卡诺图化简逻辑函数时可按如下步骤进行：

a. 将函数化为最小项之和的形式；

b. 画出表示该逻辑函数的卡诺图；

c. 找出可以合并的最小项；

d. 选取化简后的乘积项，选取的原则是：第一，这些乘积项应包含函数式中所有的最小项(应覆盖卡诺图中所有的 1)；第二，所用的乘积项数目最少，即可合并的最小项组成的矩形组数目最少；第三，每个乘积项包含的因子最少，即每个可合并的最小项矩形组中应包含尽量多的最小项。

③ 奎恩-麦克拉斯基化简法(Q-M 法)

卡诺图化简法具有直观、简单的优点，但它同时又存在着很大的局限性。首先，在函数的输入逻辑变量较多时(大于 5 个)，便失掉了直观的优点。其次，在许多情况下要凭设计者的经验确定应如何合并最小项才能得到最简单的化简结果，因而不便于借助计算机完成化简工作。

公式化简法的使用虽然不受输入变量数目的影响，但由于化简的过程没有固定的、通用的步骤可循，所以同样不适用于计算机辅助化简。

Q-M 法用列表方式进行化简的方法则有一定的规则和步骤可循，较好地克服了公式化简法和卡诺图化简法的局限性，因而适用于编制计算机辅助化简程序。

Q-M 法的基本原理仍然是通过合并相邻最小项并消去多余因子而求得逻辑函数的最简与或式。

2.2.6 具有无关项的逻辑函数及其化简

(1)无关项

在逻辑函数中无关项有两类，一类是约束项，是受逻辑命题约束而不允许出现的变量取值组合，如交通灯，红、绿、黄任意两种或三种颜色的灯同时亮是不允许出现的，对应代码的项就是约束项。另一种是自由项，是客观上不可能出现的一些变量取值组合，如在 3 男 2 女的 5 个人中，取 3 女 1 男的组合是不可能的，这一类组合就是自由项。总之无关项与所讨论的逻辑函数没有关系。无关项用字母 d 和相应的下标表示，在画逻辑函数卡诺图时，无关项方格里用“×”或“ϕ”表示。

(2)含有无关项的逻辑函数表达式

含有无关项的逻辑函数，常用两种方式表达。

例如：

$$Y=A'B'C'D+A'BCD+AB'C'D'$$

给定约束条件：$A'B'CD+A'BC'D+ABC'D'+AB'C'D+ABCD+ABCD'+AB'CD'=0$

表达方式一：

$$\begin{cases}Y=A'B'C'D+A'BCD+AB'C'D' \\ A'B'CD+A'BC'D+ABC'D'+AB'C'D+ABCD+ABCD'+AB'CD'=0(\text{无关项})\end{cases}$$

表达方式二：

$$Y(ABCD)=\sum m(1,\ 7,\ 8)+\sum d(3,\ 5,\ 9,\ 10,\ 12,\ 14,\ 15)$$

(3)用卡诺图化简含有无关项的逻辑函数

同化简不含无关项逻辑函数的过程一样，首先画逻辑函数卡诺图，在最小项方格中填入 1，在无关项方格中填入“×”，其余方格中填入 0。合并相邻 1 方格时，无关项方格既可看作 1 方格，也可看作 0 方格，依对化简有利来确定。在画 1 方格包围圈时，按尽可能大的原则，可以把。方格圈入 1 方格包围圈中，但不含 1 方格的×方格包围圈是多余的，当 1 方格被圈完后，剩余的×方格应丢弃。画最大项包围圈时也是如此。

2.3　典型题型及例题精解

【例 2.1】已知逻辑函数的表达式 $Y=B+A'C$。要求：根据逻辑表达式，画出逻辑图；列出相应的真值表；已知输入波形，画出输出波形。

【解题思路】

(1) 根据逻辑表达式，画出逻辑图，如图 2.7 所示。

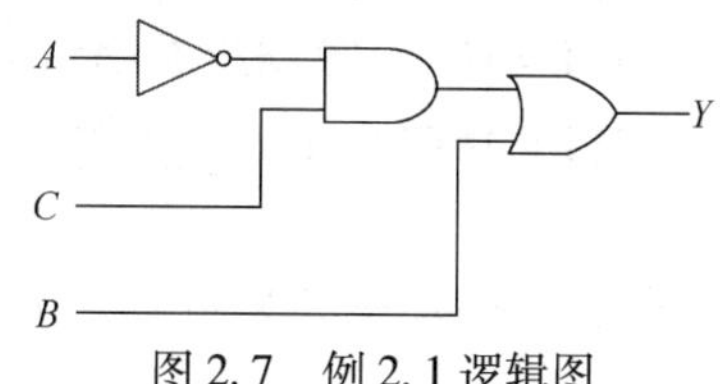

图 2.7　例 2.1 逻辑图

(2) 将 A，B，C 的所有组合代入逻辑表达式中进行计算，得到真值表如表 2.9 所示。

表 2.9　例 2.1 真值表

A	B	C	Y
0	0	0	0
0	0	1	1
0	1	0	1

续表

A	B	C	Y
0	1	1	1
1	0	0	0
1	0	1	0
1	1	0	1
1	1	1	1

(3) 根据真值表，画出的波形图如图 2.8 所示。

【**例 2.2**】已知函数 Y 的逻辑图如图 2.9 所示，写出函数 Y 的逻辑表达式。

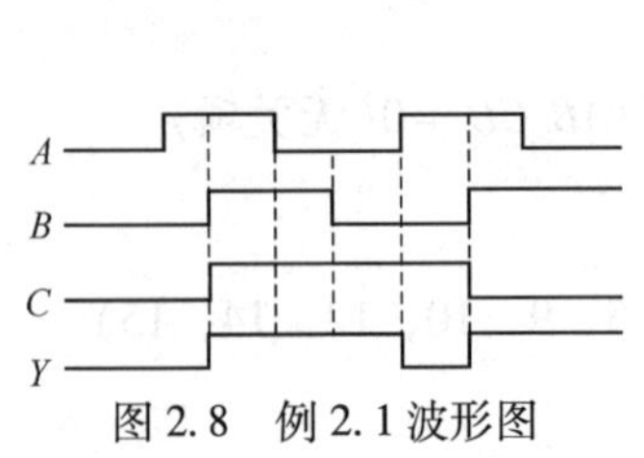

图 2.8　例 2.1 波形图

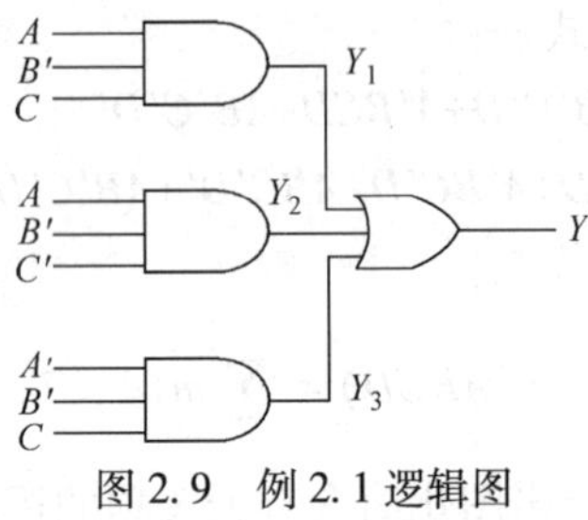

图 2.9　例 2.1 逻辑图

【**解题思路**】

根据逻辑图逐级写出输出端函数表达式如下：

$$Y_1=AB'C$$

$$Y_2=AB'C'$$

$$Y_3=A'B'C$$

最后得到函数 Y 的表达式为：

$$Y=AB'C+AB'C'+A'B'C$$

通过真值表也可以直接写出逻辑表达式。方法是将真值表中 Y 为 1 的输入变量相与，取值为 1 的用原变量表示，为 0 的用反变量表示，将这些与项相加，就得到逻辑表达式。

【**例 2.3**】化简下列各式

(1) $Y=AB'C+AB'C'$　　(2) $Y=A(BC+B'C')+A(BC'+B'C)$

(3) $Y=AB+AB(E+F)$　　(4) $Y=Y=AB+ABC'+ABD+AB(C'+D')$

(5) $Y=AB+A'C+B'C$　　(6) $Y=AB'+A'B+ABCD+A'B'CD$

(7) $Y=AB+B'C'+AC'D$　　(8) $Y=ABC'+(ABC)'(AB)'$

【**解题思路**】

并项法：运用基本公式 $A+A'=1$，将两项合并为一项，同时消去一个变量。

(1) $Y=AB'C+AB'C'$

$=AB'(C+C')$

$=AB'$

(2) $Y=A(BC+B'C')+A(BC'+B'C)$

$=A(BC+B'C'+BC'+B'C)$

$=A(BC+BC'+B'C'+B'C)$

$=A(B+B')$

$=A$

吸收法：运用吸收律 $A+AB=A$，消去多余的与项。

(3) $Y=AB+AB(E+F)$

$=AB$

(4) $Y=AB+ABC'+ABD+AB(C'+D')$

$=AB+AB(C'+D+(C'+D'))$

$=AB$

消去法：运用 $AB+A'C+BC=AB+A'C$ 和 $AB+A'C+BCD=AB+A'C$ 将 BC 或 BCD 消去。

(5) $Y=AB+A'C+B'C$

$=AB+(A'+B')C$

$=AB+(AB)'C$

$=AB+C$

(6) $Y=AB'+A'B+ABCD+A'B'CD$

$=AB'+A'B+(AB+A'B')CD$

$=AB'+A'B+(AB'+A'B)'CD$

$=AB'+A'B+CD$

配项法：在逻辑表达式中先通过乘以 $A+A'$ 或加上 AA'，或重复写入某一项，再与其他项合并，以获得更简单的化简结果。

(7) $Y=AB+B'C'+AC'D$

$=AB+B'C'+AC'D(B+B')$

$=AB+B'C'+ABC'D+AB'C'D$

$=AB(1+C'D)+B'C'(1+AD)$

$=AB+B'C'$

(8) $Y=ABC'+(ABC)'(AB)'$

$=ABC'+(ABC)'(AB)'+AB(AB)'$

$=AB(C'+(AB)')+(ABC)'(AB)'$

$=AB(ABC)'+(ABC)'(AB)'$

$=(ABC)'(AB+(AB)')$

$=(ABC)'$

$=A'+B'+C'$

【例 2.4】用卡诺图化简逻辑函数 $Y=B'C+BC'+A'C+AC'$。

【解题思路】

由逻辑函数画出卡诺图，如图 2.10 所示。

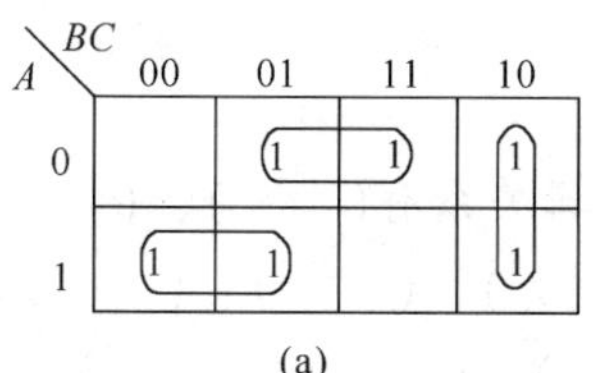

(a)

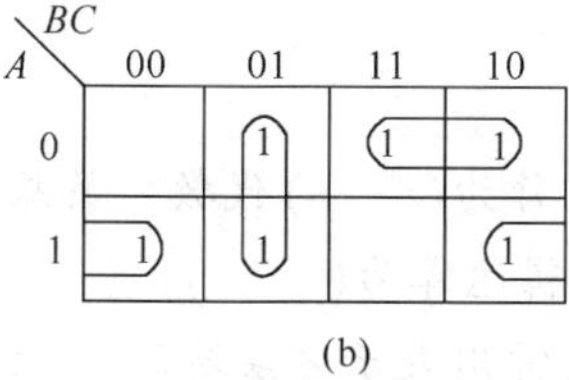

(b)

图 2.10　例 2.4 卡诺图

画包围圈合并最小项，

$$Y=AB'+A'C+BC' \quad Y=B'C+A'B+AC'$$

此例说明，一个逻辑函数的化简结果并非唯一。

【例 2.5】用卡诺图化简逻辑函数：$Y(A, B, C, D) = \sum m(0, 2, 3, 4, 6, 7, 10, 11, 13, 14, 15)$

【解题思路】

由表达式画出卡诺图，如图 2.11 所示。

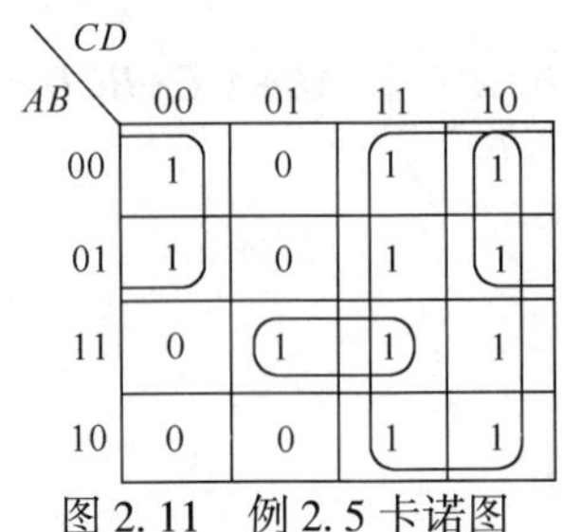

图 2.11　例 2.5 卡诺图

画圈合并最小项，得化简的与或表达式，

$$Y=C+A'D'+ABD$$

【例 2.6】化简逻辑函数：$Y(A, B, C, D) = \sum m(3, 6, 9, 11, 13) + \sum d(1, 2, 5, 7, 8, 15)$

【解题思路】

画出 4 变量卡诺图，将最小项 1 和无关项“×”填入卡诺图，如图 2.12 所示。

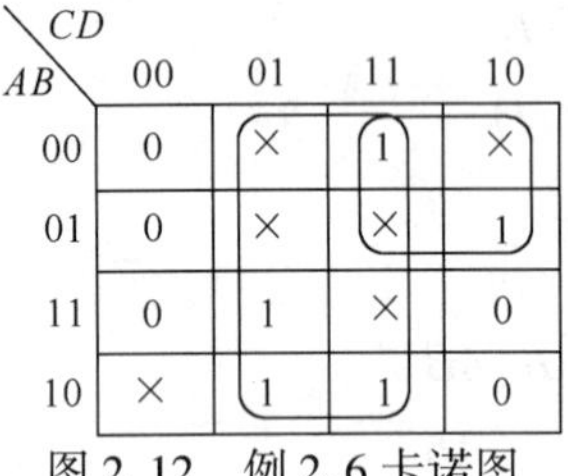

图 2.12　例 2.6 卡诺图

合并最小项，与 1 方格圈在一起的无关项被当作 1，没有圈的无关项作为 0。

写出逻辑函数的最简与或表达式，

$$Y=D+A'C$$

习题与答案

习题

一、填空题

1. 逻辑代数又称为(　　)代数。最基本的逻辑关系有(　　)、(　　)、(　　)三种。常用的几种复合逻辑运算为(　　)、(　　)、(　　)、(　　)、(　　)。

2. 逻辑函数的常用表示方法有(　　)、(　　)、(　　)、(　　)。

3. 逻辑代数中与普通代数相似的定律有(　　)、(　　)、(　　)。摩根定律又称为(　　)。

4. 逻辑代数的三个重要规则是(　　)、(　　)、(　　)。

5. 逻辑函数 $F=A'+B+C'D$ 的反函数 $F'=$(　　)。

6. 逻辑函数 $F=A(B+C)\cdot 1$ 的对偶函数是(　　)。

7. 添加项公式 $AB+AC+BC=AB+AC$ 的对偶式为(　　)。

8. 逻辑函数 $F=ABCD+A+B+C+D=$(　　)。

9. 逻辑函数 $F=AB'+A'B+A'B'+AB=$(　　)。

10. 已知函数的对偶式为 $AB'+C'D+B'C$，则它的原函数为(　　)。

二、多项选择题

1. 以下表达式中符合逻辑运算法则的是(　　)。

A. $C\cdot C=C^2$　　B. $1+1=10$　　C. $0<1$　　D. $A+1=1$

2. 逻辑变量的取值 1 和 0 可以表示：(　　)。

A. 开关的闭合、断开 B. 电位的高、低　　C. 真与假　　D. 电流的有、无

3. 当逻辑函数有 n 个变量时，共有(　　)个变量取值组合?

A. n　　B. $2n$　　C. n^2　　D. 2^n

4. 逻辑函数的表示方法中具有唯一性的是(　　)。

A. 真值表　　B. 表达式　　C. 逻辑图　　D. 卡诺图

5. $F=AB'+BD+CDE+A'D=$(　　)。

A. $AB'+D$　　B. $(A+B)D$　　C. $(A+D)(B'+D)$　　D. $(A+D)(B+D)$

6. 逻辑函数 F=A⊙(A⊙B)=(　　)。

A. B　　B. A'　　C. A Å B　　D. A'ÅB

7. 求一个逻辑函数 F 的对偶式，可将 F 中的(　　)。

A.“·”换成“+”，“+”换成“·”

B. 原变量换成反变量，反变量换成原变量

C. 变量不变

D. 常数中“0”换成“1”，“1”换成“0”

E. 常数不变

8. $A+BC=$(　　)。

A. A+B　　B. A+C　　C. (A+B)(A+C)　　D. B+C

9. 在何种输入情况下，“与非”运算的结果是逻辑 0?(　　)

A. 全部输入是 0　　B. 任一输入是 0　　C. 仅一输入是 0　　D. 全部输入是 1

10. 在何种输入情况下，“或非”运算的结果是逻辑 0?(　　)

A. 全部输入是 0　　B. 全部输入是 1

C. 任一输入为 0，其他输入为 1　　D. 任一输入为 1

三、判断题(正确打√，错误打×)

1. 逻辑变量的取值，1 比 0 大。(　　)

2. 异或函数与同或函数在逻辑上互为反函数。(　　)

3. 若两个函数具有相同的真值表，则两个逻辑函数必然相等。(　　)

4. 因为逻辑表达式 $A+B+AB=A+B$ 成立，所以 $AB=0$ 成立。(　　)

5. 若两个函数具有不同的真值表，则两个逻辑函数必然不相等。(　　)

6. 若两个函数具有不同的逻辑函数式，则两个逻辑函数必然不相等。(　　)

7. 逻辑函数两次求反则还原，逻辑函数的对偶式再作对偶变换也还原为它本身。(　　)

8. 因为逻辑表达式 $Y=AB'+A'B+B'C+BC'$ 已是最简与或表达式。(　　)

9. 因为逻辑表达式 $+AB=A+B+AB$ 成立，所以 $AB'+A'B=A+B$ 成立。(　　)

10. 对逻辑函数 $Y=AB'+A'B+B'C+BC'$ 利用代入规则，令 $A=BC$ 代入，得 $Y=BCB'+(BC)'B+B'C+BC'=B'C+BC'$ 成立。(　　)

四、化简题

1. 用反演规则求下列函数的反函数

(1) $Y=AB+(A'+B)(C+D+E)$

(2) $Y=(A+(BC'+CD)E)+F$

(3) $Y=((AB)'+ABC)'(A+BC)$

2. 写出下列各式的对偶式

(1) $(A+B+C)'=A'B'C'$

(2) $(A+B'+C)(AB+CD)+E=ACD+BCD+E$

(3) $Y=((AB)'+C+D)'+E$

(4) $Y=(A+B)(A'+C)(C+DE)+F$

3. 化简下列各式

(1) $Y=AD+AD'+AB+A'C+C'D+AB'EF$

(2) $Y=AB+AC'+B'C+C'B+B'D+BD'+ADE+BD'(C+C')$，答案不唯一

(3) $Y=ABC+A'+B'+C'$

(4) $Y=(A\oplus B)C+ABC+A'B'C$

(5) $Y=A+ABC+AB'C+BC+B'C$

(6) $Y=AB'+BD+CDE+A'D$

(7) $Y=A+AB'C'+A'CD+(C'+D')E$

(8) $Y=A'(C\oplus D)+BC'D+ACD'+AB'C'D$

(9) $Y=D'(AB'D'+A'BD')'$

(10) $Y=(A'+B'+C')(D'+E')(A+B+C+DE)$

4. 用卡诺图化简下列逻辑函数为最简与或式

(1) $Y=AC'+A'C+BC'+B'C$

(2) $Y=A'B'+AC+B'C$

(3) $Y=ABC+ABD+C'D'+AB'C+A'CD'+AC'D$

(4) $Y=(A'B'+ABD)'(B+C'D)$

(5) $Y=\sum M(0、1、2、3、4、6、7、8、9、10、11、14)$

(6) $Y=\sum M(0、2、5、7、8、10、13、15)$

(7) $Y=\sum M(3、6、8、9、11、12)+\sum d(0、1、2、13、14、15)$

(8) $Y=\sum M(2、4、6、7、12、15)+\sum d(0、1、3、8、9、11)$

(9) $Y=\sum M(0、13、14、15)+\sum d(1、2、3、10、11)$

五、思考题

1. 逻辑代数与普通代数有何异同？

2. 逻辑函数的三种表示方法如何相互转换？

3. 为什么说逻辑等式都可以用真值表证明？

4. 对偶规则有什么用处？

答案

一、填空题

1. 开关(布尔)；与、或、非；与非、或非、与或非、异或、同或

2. 逻辑真值表、逻辑函数式、逻辑图、波形图

3. 交换律、结合律、分配律；反演律

4. 代入规则、反演规则、对偶规则

5. $AB'(C+D')$

6. $A+BC+0$

7. $(A+B)(A+C)(B+C)=(A+B)(A+C)$

8. $A+B+C+D$

9. 1

10. $(A+B')(C'+D)(B'+C)$

二、多项选择题

1. D；2. A B C D；3. D；4. A D；5. A C；

6. A；7. A C D；8. C；9. D；10. B C D

三、判断题

1. ×；2. √；3. √；4. ×；5. √；6. ×；7. √；8. ×；9. ×；10. ×

四、化简题

1. 用反演规则求下列函数的反函数

(1) $Y'=(A'+B')(AB'+C'D'E')$

(2) $Y'=A'((B'+C)(C'+D')+E')F'$

(3) $Y'=((A'+B')'(A'+B'+C'))'+A'(B'+C')$

2. 写出下列各式的对偶式

(1) $(ABC)'=A'+B'+C'$

(2) $(AB'C+(A+B)(C+B))E=(A+B)(C+D)E$

(3) $Y^D=((A+B)'CD)'E$

(4) $Y^D=(AB+A'C+C(D+E))F$

3. 化简下列各式

(1) $Y=A+C+D$

(2) $Y=A+B'D+BC'+CD'$，但答案不唯一

(3) $Y=1$

(4) $Y=C$

(5) $Y=A+C$

(6) $Y=AB'+D$

(7) $Y=A+CD+E$

(8) $Y=C\oplus D$

(9) $Y=(A\odot B)D'$

(10) $Y=DE$

4. 用卡诺图化简下列逻辑函数为最简与或式

(1) $Y=A'C+AB'+BC'$；$Y=AC'+B'C+A'B$

(2) $Y=A'B'+AC$

(3) $Y=A+D'$

(4) $Y=AB'C'D+A'B+BD'$

(5) $Y=A'C+A'D'+CD'+B'$

(6) $Y=BD+B'D'$

(7) $Y=A'CD'+AC'+B'D$

(8) $Y=C'D'+CD+A'D'$

(9) $Y=A'B'+AC+ABD$

五、思考题

1. 答：都有输入、输出变量，都有运算符号，且有形式上相似的某些定理，但逻辑代数的取值只能有 0 和 1 两种，而普通代数不限，且仅有逻辑含义，无数值大小，运算符号所代表的意义也不同。

2. 答：通常从真值表容易写出标准最小项表达式，从逻辑图易于逐级推导得逻辑表达式，从与或表达式或最小项表达式易于列出真值表。

3. 答：因为真值表具有唯一性。

4. 答：可使公式的推导和记忆减少一半，有时可利于将或与表达式化简。

❖第3章　门 电 路❖

3.1　教学内容及要求

用以完成基本逻辑运算和复合逻辑运算的单元电路统称为门电路。门电路是构成各种复杂数字电路最基本的单元电路。常用的门电路有与门、或门、非门、与非门、或非门、与或非门、异或门及同或门等。本章知识点较多，主要集中围绕各类门电路的内部结构和工作原理展开，分析得比较详细透彻。通过本章的学习，要求重点掌握各类门电路的工作原理、电路结构及外部特性，能够正确地使用各种常用门电路，包括元器件的选用和元器件接口电路的设计。

3.2　内容综述

3.2.1　晶体管开关特性

(1) 二极管开关特性

当二极管所加正向电压大于阀值电压 V_{ON}时导通，正向导通后的二极管上的正向压降 V_F 比 V_{ON}要稍大些，但通常近似认为 $V_F \approx V_{ON}$；当二极管所加电压小于阀值电压 V_{ON}时(包括反向电压)截止。二极管作为开关时的近似模型，见教材第 70 页。二极管是一个电压控制电流源型器件。

① 二极管组成与门

二极管组成与门电路如图 3.1(a)所示，其真值表如表 3.1 所示。

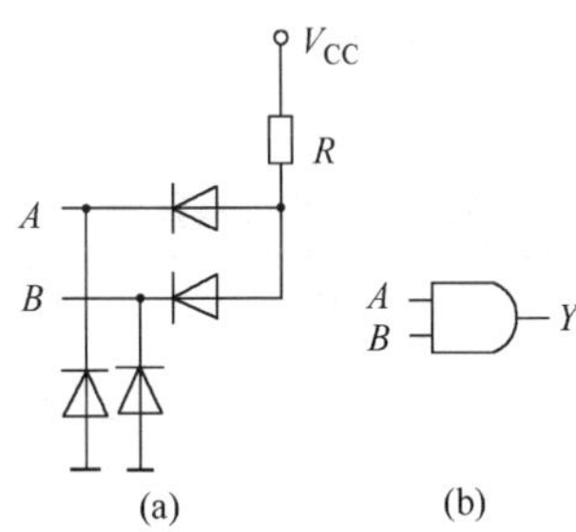

图 3.1　二极管组成与门电路

表 3.1　与门真值表

A	0	0	1	1
B	0	1	0	1
Y	0	0	0	1

从真值表中可以看出，当输入所有条件都满足时，其输出成立，所以符合“与”逻辑。即 $Y=A \cdot B$，其逻辑符号如图 3.1(b)所示。

② 二极管组成或门

二极管组成或门电路如图 3. 2(a)所示，其真值表如表 3. 2 所示。

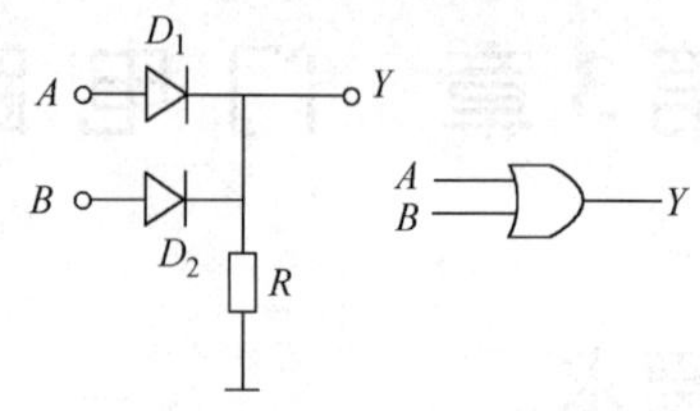

(a)二极管或门　　(b)逻辑符号

图 3. 2　二极管组成或门电路

表 3. 2　或门真值表

A	0	0	1	1
B	0	1	0	1
Y	0	1	1	1

从真值表中可以看出，当输入所有条件只要其中一个满足时，其输出成立，所以符合“或”逻辑。即 $Y=A+B$，其逻辑符号如图 3. 2(b)所示。

(2) 三极管开关特性

三极管非门电路只有一个输入端 A 和一个输出端 Y，非门电路的输出状态总是和输入状态相反，也称为反相器，真值表如表 3. 3 所示，逻辑图与逻辑符号如图 3. 3 所示。

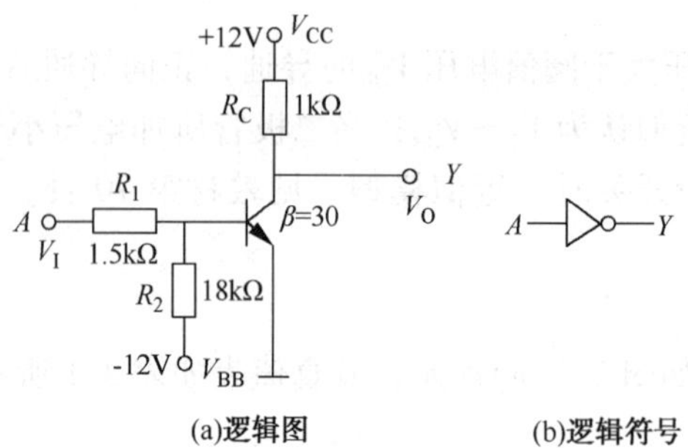

(a)逻辑图　　(b)逻辑符号

图 3. 3　三极管组成非门电路

表 3. 3　非门真值表

A	0	1
Y	1	0

(3) 复合逻辑门电路

复合逻辑门电路是把基本门组合起来构成复合门，常用有：与非门、或非门、与或非门、异或门、同或门等。其图形符号、逻辑表达式等如表 3. 4 所示。

各复合门特点：

与非门：只要输入有一个是 0，输出就为 1；

或非门：只要输入有一个是 1，输出就为 0；

异或门：输入相同输出为 0，输入不同输出为 1；

同或门：输入相同输出为 1，输入不同输出为 0。

异或门与同或门互为相反。

表 3.4　各类复合逻辑门电路

名称	与非	或非	与或非	异或	同或
逻辑门图形符号					
逻辑式	$Y=(A\cdot B)'$	$Y=(A+B)'$	$Y=(AB+CD)'$	$Y=A'B+AB'$	$Y=AB+A'B'$
A　B　C　D	Y	Y	Y	Y	Y
0　0　0　0	1	1	1	0	1
0　1　0　1	1	0	1	1	0
1　0　1　0	1	0	1	1	0
1　1　1　1	0	0	0	0	1

3.2.2　TTL 逻辑门电路

根据制造工艺的不同，集成电路可以分为双极型和单极型两大类。TTL 电路是目前双极型数字集成电路用得最多的一种。

(1) TTL 与非门的基本组成与电路图

TTL 电路图如图 3.4 所示。此结构要抓住“两头”，一是输入级由多发射极晶体管组成，二是输出级由推拉输出级组成。会分析当输入端为高电平和低电平时，T_1基极电流，T_2基极电位的计算方法，以及对应输出级 T_3、D_4、T_4的工作状态，输出电平、输出端带同类门电路时电流流动的方向及对 T_3、D_4、T_4工作状态的影响(图 3.5)。

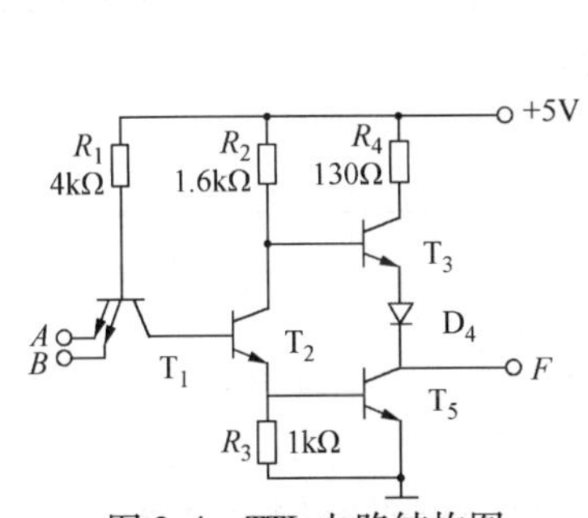

图 3.4　TTL 电路结构图

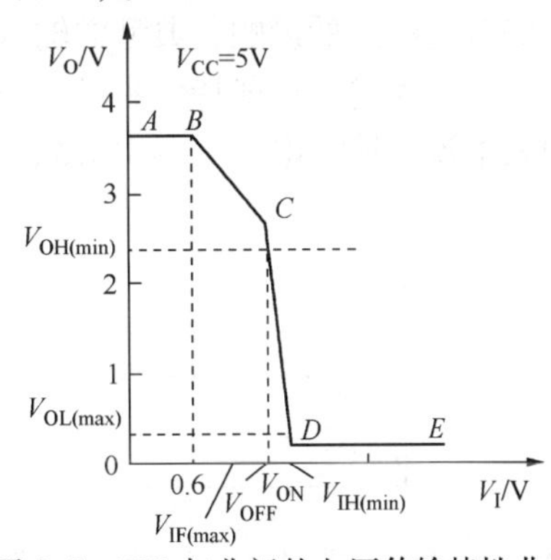

图 3.5　TTL 与非门的电压传输特性曲线

(2) TTL 与非门基本工作原理

TTL 与非门的各级工作状态如表 3.5 所示。

表 3.5　TTL 与非门的各级工作状态

输入	T_1	T_2	T_3	T_5	输出	与非门状态
至少一个低电位	深饱和	截止	导通	截止	高电平 V_{OH}	关闭状态
全为高电平	倒置工作	饱和	截止	饱和	低电平 V_{OL}	开门状态

(3) TTL 与非门的电压传输特性。

电压传输特性是指输出电压随输入电压变化的函数关系，即 $V_O=f(V_I)$。TTL 与非门的电压传输特性如图 3.5 所示。它由 *AB* 段(一起上区，对应关态)、*BC* 段(对应线性区)、*CD* 段(转折区)和 *DE* 段(饱和区，对应开态)四部分组成。

① *AB* 段(截止区)：输入电压大约在 0~0.6V 的范围内，T_1饱和导通，T_2、T_5截止，输出高电平 $V_O=3.4V$。

② *BC* 段(线性区)：随着输入电压的增大，T_2、T_3、D_4都处于放大状态，输入电压跟随输入电压，V_I大约在 0.6~1.3V 的范围内，此时 T_5仍截止。

③ *CD* 段(转折区)：输入电压进一步增大，将使 T_5进入放大状态，电路进入转折区。此时输入电压大约在 1.3~1.4V 范围内变化，T_2、T_5、D_4均导通。此时输入电压的微小变化，将引起输出电压急剧下降为低电平。转折区相当于 T_5从开始导通至饱和为止的区域。

④ *DE* 段(饱和区)：此时 T_5进入饱和区，输入电压 $V_I \geqslant 1.4V$，输出低电压 $V_O \approx 0.3V$。

⑤ 其中主要参数：输出高电平 $V_{OH}=2.4V \sim 3.6V$；输出低电平：$V_{OL}=0.3V \sim 0.4V$；关门电平：$V_{OFF} \geqslant 0.8V$；开门电平 $V_{ON} \leqslant 1.8V$；低电平噪声容限：$V_{NL}=V_{OFF}-V_{IL}$；高电平噪声容限：$V_{NH}=V_{IH}-V_{ON}$。

(4) TTL 与非门特性

① 输入负载特性

图 3.6 为输入负载特性曲线。其主要参数：关门电阻 $R_{OFF}=0.7k\Omega$，当 $R_I<R_{OFF}$时，$V_I<V_{OFF}$，相当于低电平输入；开门电阻 $R_{ON}=2k\Omega$，当 $R_I>R_{OFF}$时，$V_I=1.4V$，相当于高电平输入。

② 输入特性

TTL 与非门的输入特性，必须掌握输入端短路到地时流经输入端电流 I_{IS}的方向与大小(这在门电路与门电路相连时，对工作状态影响的分析很有用)，输入端经电阻接到地时对门电路输出状态的影响，典型的输入端接地电阻值。

图 3.7 为输入负载特性曲线。输入特性的主要参数：输入短路电流 I_{IS}，为 V_I低电平时的输入电流，输入电流 $I_{IH} \approx 10\mu A$，为 $V_I>V_T$时的输入电流。

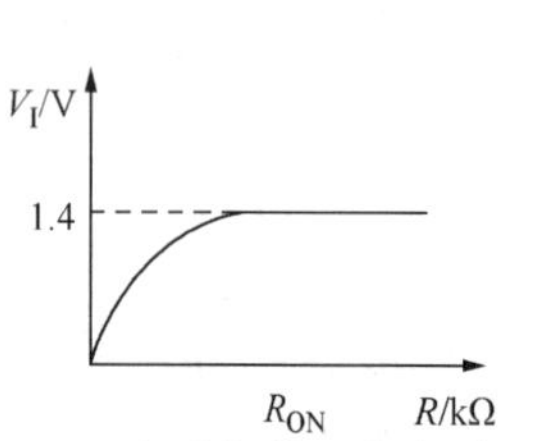

图 3.6　TTL 与非门输入负载特性曲线

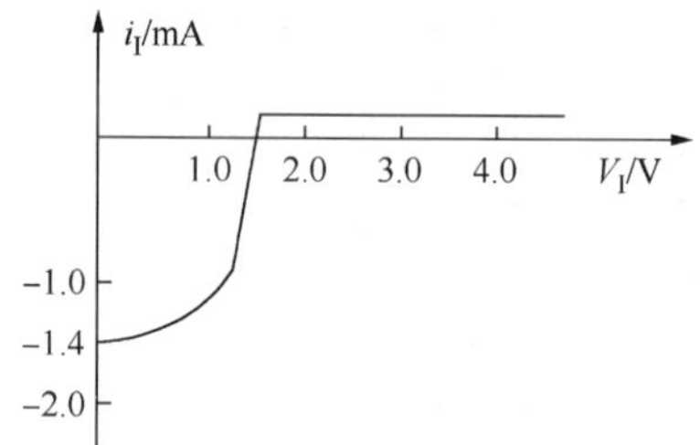

图 3.7　TTL 与非门输入特性曲线

③ 输出特性

输出为低电平时的输出特性曲线如图 3.8 所示，输出为高电平时的输出特性曲线如图 3.9所示。

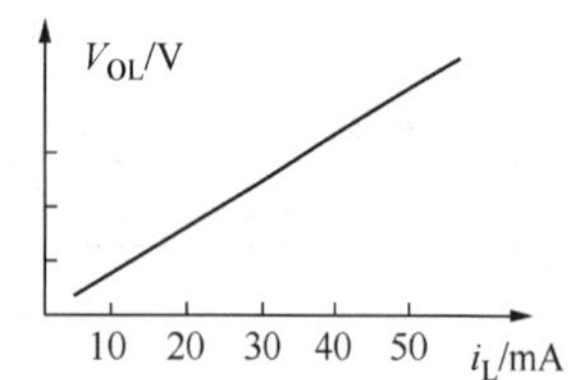

图 3.8　输出为低电平时的输出特性曲线

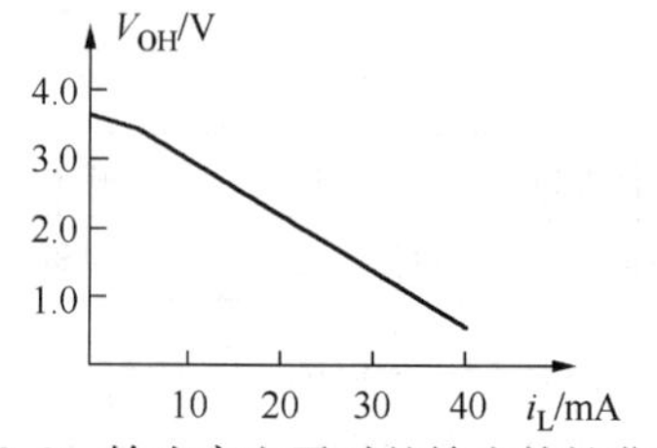

图 3.9　输出高电平时的输出特性曲线

输出特性的主要参数：最大允许灌电流 $I_{L(max)}$ 为与非门开门时，负载门向本级门灌入的最大电流；最大允许拉电流 $I_{H(max)}$ 为与非门关门时，本级门向负载门输出的最大电流；平均延迟时间 $t_{pd}=\frac{1}{2}(t_{PLH}+t_{PHL})$。

输出低电平扇出系数 $N_{OL}=\frac{I_{OL(max)}}{I_{IL(max)}}$；输出高电平扇出系数 $N_{OH}=\frac{I_{OH(max)}}{I_{IH(max)}}$

(5) TS 门(三态门)的逻辑符号、功能与应用

一般 TTL 集成门(也包括 CMOS 门)输出端彼此不能并接，否则容易烧坏器件。而有些实际应用中又需要多个门的输出端并接，如总线传输，因此产生了 TTL 集成开路门、TTL 三态门和 CMOS 三态门。

三态门的三态是指输出为低电平、高电平和高阻三种状态。当器件的控制端 EN 如图 3.10所示。当图 3.10(a)使能端 EN 为高电平时[图 3.10(b)使能端 EN' 为低电平时]，器件就被选通，输出逻辑值为 0 或 1；反之，器件处于非工作状态，输出端对外呈现高阻态，相当于该器件与外界呈现断路状态。

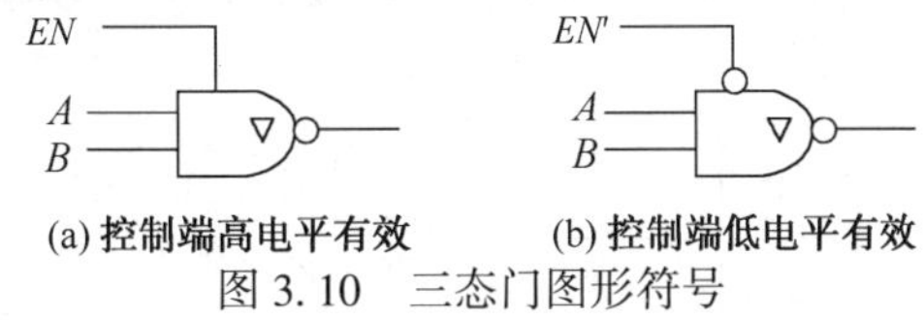

图 3.10　三态门图形符号

(6) 集电极开路的门电路(OC 门)的逻辑符号、功能与应用

集电极开路的门电路简称 OC 门。其逻辑符号如图 3.11 所示。这种门电路在工作的时候需要外接负载电阻和电源，在使用时，输出端要通过外接电阻 R_L(1.5~2.5kΩ)接至电源。

如图 3.12 所示，将两个 OC 结构与非门输出并联时，只有 A、B 同时为高电平时才导通，输出低电平，故 $Y_1=(A\cdot B)'$。同理，$Y_2=(C\cdot D)'$。

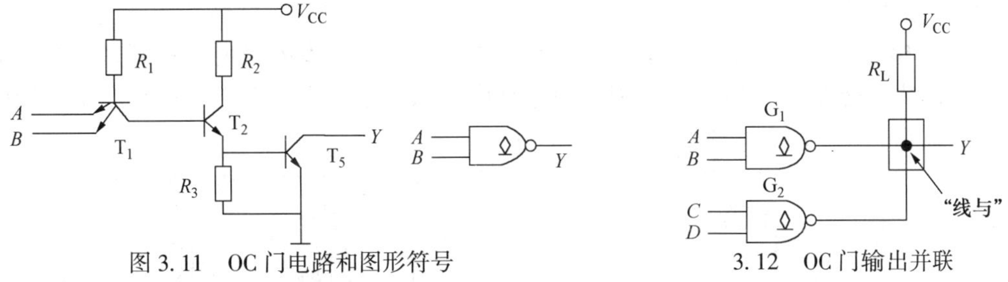

图 3.11　OC 门电路和图形符号　　3.12　OC 门输出并联

现将 Y_1、Y_2 两条输出线直接接在一起，因而只要 Y_1、Y_2 有一个是低电平，Y 就是低电平。只有 Y_1、Y_2 都是高电平时，Y 才是高电平，即 $Y=Y_1\cdot Y_2$。Y 和 Y_1、Y_2 之间的这种连接方式称为“线与”，在逻辑图中用方框表示。

因为 $Y=Y_1\cdot Y_2=(A\cdot B)'(C\cdot D)'=(AB+CD)'$，所以将两个 OC 结构的与非门线与连接即可得到与或非的逻辑结构。

3.2.3　MOS 门电路

(1) COM 门电路

CMOS 门电路是由单极型场效应管组成的集成门电路，其中 CMOS 反相器是由两种不同类型的 MOS 管按照互补对称形式连接而成。由 CMOS 反相器可以构成 CMOS 与门、或门、与非门、或非门、异或门等；同样，利用 CMOS 反相器和 CMOS 传输门可以构成传输模拟信号的开关电路，这样的电路也称做模拟开关，还可以构成三态输出的 CMOS 门电路。

（2）CMOS 反相器的特点

静态功率损耗小，抗干扰能力强，电源电压工作范围较宽，输入阻抗高，带负载能力强。

（3）CMOS 电路的合理使用

① CMOS 电路的电源电压不能接反。

② 输出端的连接，除了三态门，不允许两个器件的输出端直接连接，输出端也不允许直接接到输入电平上或接地。

③ 输入端的连接，对于多余的输入端不允许悬空，应该按照输入端逻辑要求直接接到相应的高电平或低电平上，当工作速度不高时，允许输入端并联使用。如果输入端通过电阻接地，都相当于该端电位为低电平输入，而与电阻阻值无关。对于 CMOS 电路连调试时，应该根据 CMOS 电路的特性，先要求接通电源，再接入输入信号，而关闭调试时，恰好是反过来，先切断输入信号，再切断电源。

④ CMOS 传输门(TG 门)的结构(注意电源 V_{DD} 与地分别加在 P 沟道和 N 沟道增强型 MOS 管的衬底上)，工作原理(控制信号的控制作用及过程)，逻辑符号(图 3. 13)。

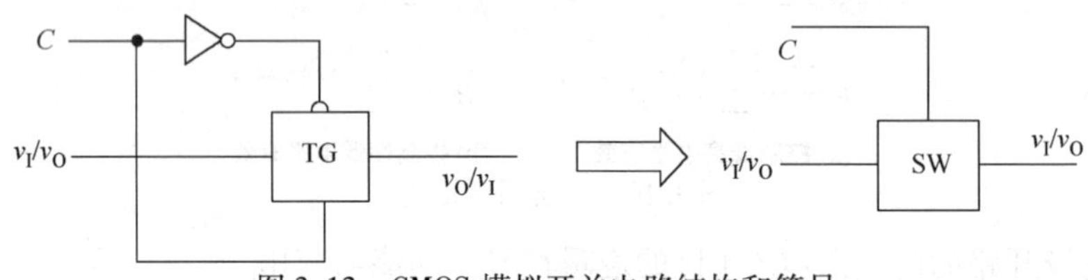

图 3. 13　CMOS 模拟开关电路结构和符号

3. 2. 4　各种参数计算

（1）TTL 门电路输入端并联时输入电流的计算

在计算 TTL 门电路输入端并联的总输入电流时，为什么有时按输入端的数目加倍，有时按门的数目加倍?

从图 3. 14 中可以看到，从与非门输入端看进去是一个多发射极的三极管，每个发射极是一个输入端。而在图 3. 15 所示的或非门电路中，从每个输入端看进去都是一个单独的三极管，而且它们相互间在电路上没有直接的联系。

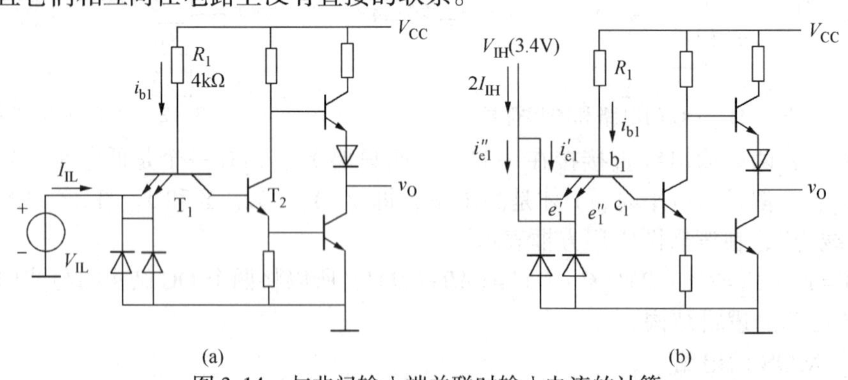

图 3. 14　与非门输入端并联时输入电流的计算

① 与非门输入端并联时的输入电流

由图 3. 14(a)可见，当输入为低电平时，由于 T_2 处于截止状态，所以无论有几个输入端并联，总的输入电流都等于 i_{b1}。而且发射结的导通压降仍为 0. 7V。因此，总的低电平输入电流和只有一个输入 I_{IL} 相同。

当输入端接高电平时，由图 3.14(b)可见，$e'_1-b_1-c_1$和$e''_1-b_1-c_1$分别构成两个倒置状态的三极管，所以总的输入电流是单个输入端高电平输入电流I_{IH}的 2 倍，也就是I_{IH}乘以并联输入端的数目。

在将 m 个与非门 m 个输入端并联的情况下，如图 3.14 所示，则总的低电平输入电流为

$\sum I_{IL}=m'I_{IL}$　式中 m'是并联与非门的个数。

$\sum I_{IH}=mI_{IH}$　式中 m 是并联输入端的个数。

②或非门输入端并联时的输入电流

由图 3.15 可见，从或非门的每个输入端看进去都是一个独立的三极管，因此在将 n 个输入端并联后，无论总的高电平输入电流 $\sum I_{IH}$ 还是总的低电平输入电流 $\sum I_{IL}$ 都是单个输入端输入电流的 n 倍，即 $\sum I_{IH}=nI_{IH}$，$\sum I_{IL}=nI_{IL}$。

式中的I_{IH}、I_{IL}是单个输入端的高电平输入电流和低电平输入电流。在将多个不同或非门的 n 个输入端并联时，上面的两个式子仍然适用。

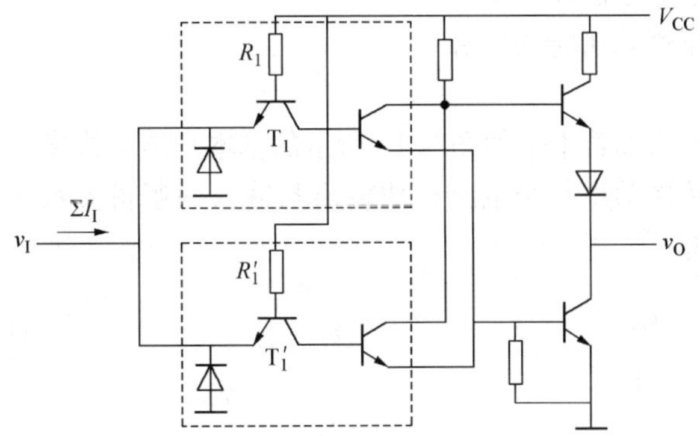

图 3.15　或非门输入端并联时输入电流的计算

(2) TTL 反相器输入电流的计算

为什么 TTL 反相器的低电平输入电流是从输入端流出的，并且数值较大，而高电平输入电流是从输入端流入的，数值又很小?

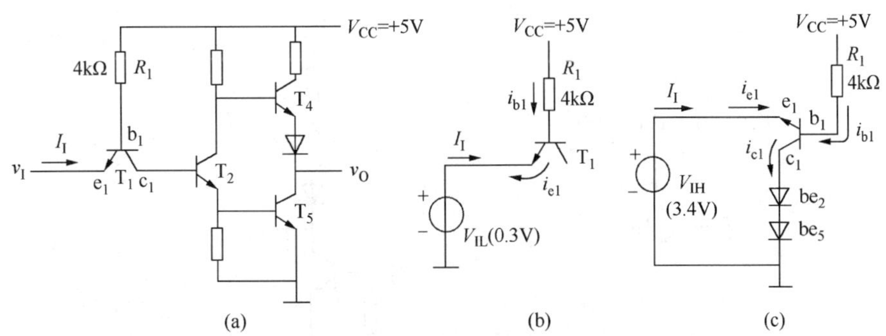

图 3.16　TTL 反向器输入电流的分析计算

从图 3.16(a)反相器的电路中可以看到，当输入为低电平 V_{IL}(假设定为 0.3V 左右)时，T_1的发射结(be 结)处于正向接法，T_1导通，并将 T_1的基极电位 v_{b1}钳在 1V 左右。这时 T_2的发射结(be 结)和集电结(bc 结)都不可能导通，可以认为 T_1的集电极电流 i_{c1}等于零。输入电路结构可以简化为图 3.16(b)的形式，并由此得到低电平输入电流为

$$I_{IL} = -i_{e1} = -i_{b1} = -\frac{V_{CC} - V_{BE1} - V_{IL}}{R_1}$$
$$= -\frac{5 - 0.7 - 0.3}{4} = -1(\text{mA})$$

I_{IL}的负表示实际电流方向与规定的正方向(按双口网络的习惯，规定电流从输入端流入为正)相反，即从输入端流出。

当输入为高电平 V_{IH}(假定为 3.4V)时，图 3.16(a)中的 T_2和 T_5的发射结 be_2和 be_5将同时导通，并将 T_1的基极电位钳位在 2.1V。这时 T_1的工作状态可以简化成图 3.16(c)的形式。由该图可见，T_1的 bc 结处于正向偏置而 be 结处于反向偏，所以相当于将原来的发射极和集电极交换使用了。我们把 T_1的这种状态叫做倒置状态。

由于将倒置状态下的三极管电流放大系数 β_i 设计得非常小(小于 0.01)，所以虽然这时的 i_{b1}仍然比较大，但是 $i_{e1}=\beta_i i_{b1}$却非常小。如果近似地认为 $\beta_i=0$，那么 i_{e1}就仅包含 T_1发射结的反向漏电流了。因此 $I_{IH}=i_{e1}$一般只有几个微安，而且是从输入端流进门电路的。

(3) 集成门电路逻辑功能的分析

① TTL 集成门电路逻辑功能的分析

解题方法和步骤：

a. 首先从电路划分为如若干个如图 3.17 所示的基本功能结构模块。

b. 从输入到输出依次写出每个电路模块输出与输入的逻辑关系式，最后就得到了整个电路逻辑功能的表达式。

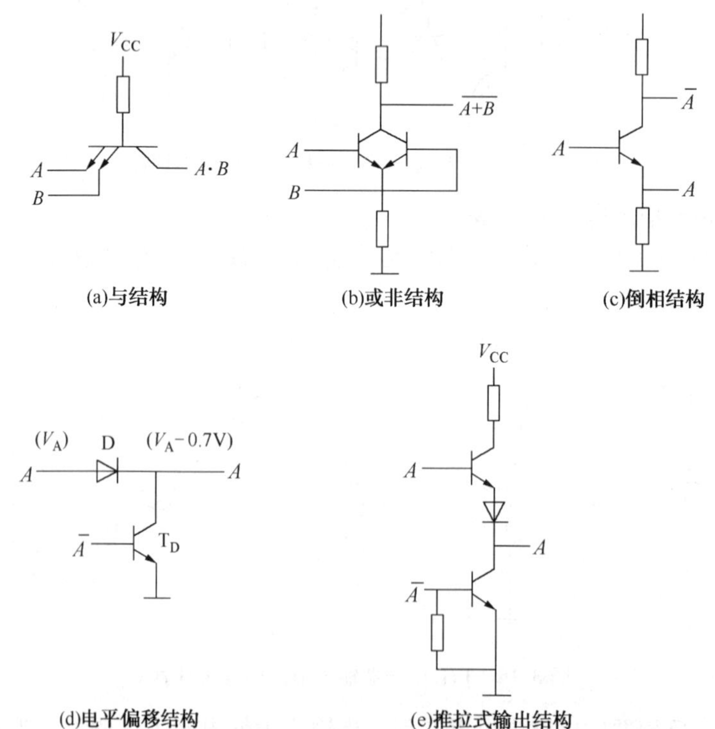

图 3.17　TTL 集成门电路中的几种基本功能结构

基本功能电路模块有与结构、或非结构、倒相结构、电平偏移结构和推拉式输出结构等几种。电平偏移结构的功能在于实现电平的变换。当输入 A 为高电平时，二极管 D 导通，输出也是高电平，但输出的高电平比输入电平低一个二极管的压降。当输入 A 为低电平时，二极管工作在截止状态，这时三极管 T_D 导通，为输出端提供一个低内阻的对地放电通路。

② CMOS 集成门电路逻辑功能的分析

解题方法和步骤：

a. 首先将电路划分为若干个如图 3.18 所示的基本功能结构模块。

b. 从输入到输出依次写出每个模块输出与输入的逻辑关系式，最后就得到了整个电路的逻辑功能表达式。

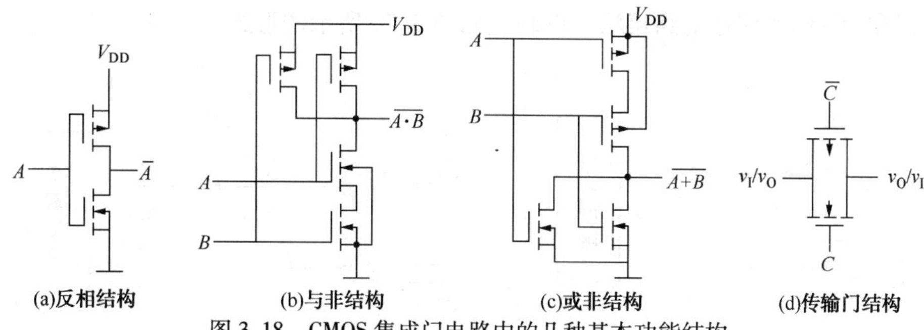

图 3.18　CMOS 集成门电路中的几种基本功能结构

（4）TTL 电路输入端串联电阻允许值的计算

解题方法和步骤：

①计算 $V_I=V_{IH}$ 时 R_P 的最大允许值为保证 $V'_I \geqslant V_{IH(min)}$，即

$$V'_I=V_{IH}-R_P I_{IH(max)} \geqslant V_{IH(min)}$$

于是得到 $R_P \leqslant \dfrac{V_{IH}-V_{IH(min)}}{I_{IH(max)}}$

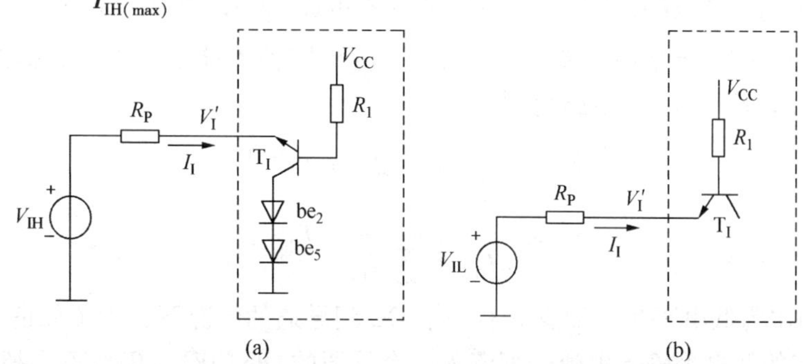

图 3.19　TTL 电路输入端串联电阻允许值的计算

式中 V_{IH}、$V_{IH(min)}$ $I_{IH(max)}$ 由题目给出，也可以从器件手册中查到。$I_{IH(max)}$ 的值在 $V'_I \geqslant V_{IH(min)}$ 的范围内基本不变，如果 V'_I 处有多个输入端并联，则应以总的输入电流代替上式 R_P 中的 $I_{IH(max)}$。

②计算 $V_I=V_{IL}$ 时 R_P 的最大允许值

由图 3.19(b)可见，为了保证 $V'_I \geqslant V_{IL(max)}$，$R_P$ 上的压降应小于 $V_{IL(max)}-V_{IL}$。因为 R_P 与 R_1 同处于一个串联支路中，所以它们的电阻值等于它们上面的压降之比，即

$$\frac{R_P}{R_1} \leqslant \frac{V_{IL(max)} - V_{IL}}{V_{CC} - V_{BE1} - V_{IL(max)}}$$

$$R_P \leqslant \frac{V_{IL(max)} - V_{IL}}{V_{CC} - V_{BE1} - V_{IL(max)}} R_1$$

式中 V_{IL}、$V_{IL(max)}$ 的由题目给出，或从器件手册中查到。V_{BE1} 是 T_1 发射结的导通压降，约 0.7V。

如果 V'_I 处有 n 个 TTL 门电路并联，则可以利用戴维南定理将这 n 个输入电路等效为 V_{CC}、V_{BE1} 和一个阻值为 R_1/n 的电阻串联的支路，并以 R_1/n 代替式中的 R_1。

③ 取上面两个 R_P 的计算结果中阻值较小的一个作为 R_P 的最大允许值。

(5) OC 门和 OD 门外接上拉电阻阻值的计算

解题方法和步骤：

OC 门和 OD 门的应用电路接法可以画成如图 3.20 所示的形式。

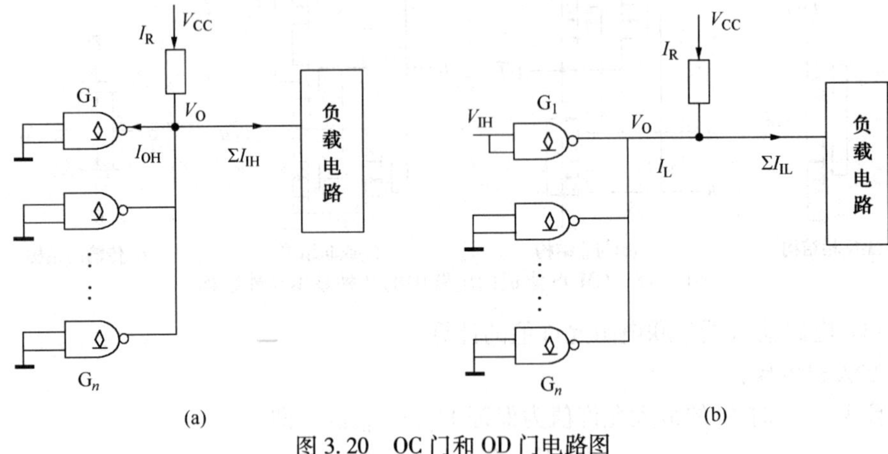

图 3.20　OC 门和 OD 门电路图

当 OC 门全部截止，输出为高电平时，由图 3.20(a) 可见，所有 OC 门输出三极管截止状态下的漏电流 I_{OH} 和负载电路全部的高电平输入电流 $\sum I_{IH}$ 全部流过 R_L，在 R_L 上产生压降。为保证 v_O 输出的高电平高于要求的 V_{OH} 值，R_L 的阻值不能取得太大，据此即可求出 R_L 的最大允许值。由图 3.20(a) 电路得到

$$V_{CC} - R_L(nI_{OH} - \sum I_{OH}) \geqslant V_{OH}$$

$$R_L \leqslant \frac{V_{CC} - V_{OH}}{nI_{OH} + \sum I_{IH}} = R_{L(max)}$$

当 OC 门输出为低电平时，而且只有一个 OC 门导通的情况下，为了保证流经 R_L 的电流和负载电路所有的低电平输入电流全部流入一个导通的 OC 门时，仍然不会超过允许的最大电流 I_{LM}，R_L 的阻值不能取得太小。据此即可求出 R_L 的最小允许值。由图 3.20(b) 电路得到

$$\frac{V_{CC} - V_{OL}}{R_L} + \left|\sum I_{IL}\right| \leqslant I_{LM}$$

$$R_L \geqslant \frac{V_{CC} - V_{OL}}{I_{LM} - \left|\sum I_{IL}\right|} = R_{L(min)}$$

在 $R_{L(min)}$ 与 $R_{L(max)}$ 选定一个电阻值作为 R_L 的阻值。

3.3　典型题型及例题精解

【例 3.1】 电路如图 3.21 所示，试计算当输入端分别接 0V、5V 和悬空时，输出端电压

V_O的数值。

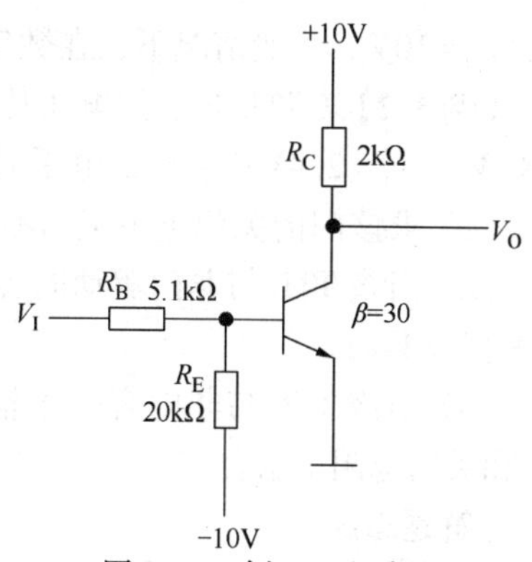

图 3.21　例 3.1 电路图

【解题思路】

在数字电路中，晶体管一般工作在两种状态，即截止状态或饱和状态，NPN 晶体管的截止条件是 $V_{BE}<0.7V$。当晶体管已经导通时，判断晶体管工作状态时，一般先假设晶体管处于临界饱和状态，在计算实际的基极电流 I_B的大小时，再看饱和的公式 $I_B \geqslant I_{BS}=\dfrac{V_{CC}-0.2}{\beta R_C}$是否成立，若等式不成立，则推翻假设，可确定晶体管处于放大状态；若成立，则可确定晶体管处于饱和状态。

本题中，为计算方便，输入级电路可等效为一电压源，如图 3.22 所示，电压源的电压与输入信号有关，原电路可等效为图 3.23 所示电路。

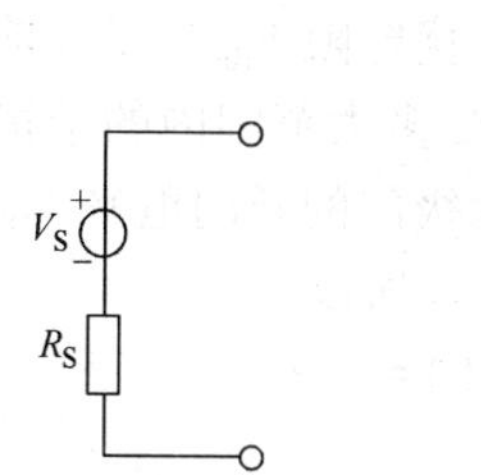

图 3.22　输入级电路可等效为一电压源

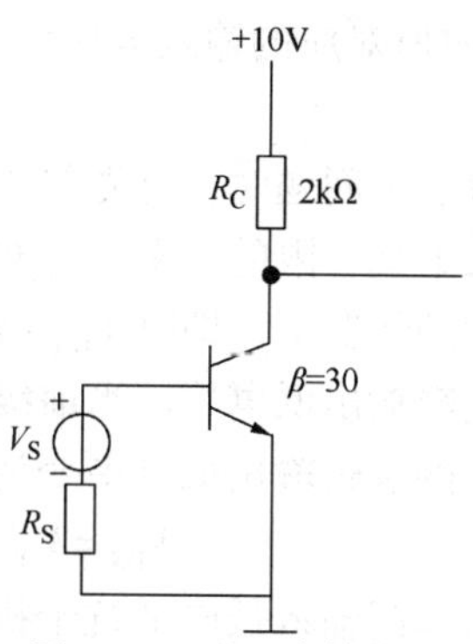

图 3.23　原电路等效图

由等效电源定理可得：

$$V_S=\frac{R_E}{R_E+R_B}(V_I+10)+(-10)=0.8(V_I+10)-10=0.8V_I-2$$

$$R_S=\frac{R_E R_B}{R_E+R_B}=\frac{5.1\times 20}{5.1+20}=4.1(\mathrm{k\Omega})$$

当 $V_I=0V$ 时，$V_S=-2V$，$V<0V$，晶体管处于截止状态，$V_O=10V$。

当 $V_I=5V$ 时，$V_S=2V$，显然，晶体管已经导通，需判断是处于放大状态还是处于饱和状态。设晶体管处于临界饱和状态，此时 $V_{BE}=0.7V$，$V_{CES}=0.2V$，

$$I_B=\frac{V_S-0.7}{R_S}=\frac{2-0.7}{4.1}=0.32(\mathrm{mA})$$

$$I_{SC}=\frac{10-0.2}{2}=4.9(\mathrm{mA})$$

$$I_{BS}=\frac{I_{CS}}{\beta}=0.16(\mathrm{mA})$$

由于 $I_B>I_{BS}$，所以此时晶体管处于饱和状态，进一步分析可知，晶体管处于深度饱和状态，$V_O=0.1V$。

当 V_I悬空时，此时 V_I的大小应由负电源(-10V)决定，$V_B<0V$，所以晶体管处于截止状

态，$V_O = 10V$。一般情况下，在数字电路中把悬空端看作高电平。

【例 3.2】某 TTL 与非门电压传输特性曲线如图 3.24 所示，输出高电平是允许的最低高电平 $V_{OH(min)} = 2.4V$；输出低电平时允许的最高低 $V_{OL(max)} = 0.7V$。

（1）求该门的关门电平 V_{OFF}和开门电平 V_{ON}分别为多少？

（2）当该 TTL 与非门驱动同类负载门时，求输入高电平抗干扰容限 V_{HN}和输入低电平抗干扰容限 V_{LN}；

（3）当该 TTL 与非门有一个输入端接电阻 R，其余输入端悬空时，求该门的开门电阻 R_{ON}和关门电阻 R_{OFF}。

【解题思路】

（1）根据关门电平 V_{OFF}的定义可知，V_{OFF}是使与非门保持关门状态的最大输入电压，由图 3.24 所示特性曲线可看出，当 $V_{OH(min)} = 2.4V$ 时所对应的输入电压为 1.3V，所以

$$V_{OFF} = 1.3V$$

根据开门电平 V_{ON} 的定义可知，V_{ON} 是使与非门保持开门状态的最小输入电压，当 $V_{OL(max)} = 0.7$ 时所对应的输入电压为 1.5V，所以

$$V_{ON} = 1.5V$$

（2）求解这个问题时，首先要明确前级门的输出信号即为被驱动的后级门的输入信号；其次要明确抗干扰容限的含义。与非门输入高电平抗干扰容限 V_{HB}是指当前级门输出高电平时处于最不利的情况下，即时 $V_{OH} = V_{OH(min)}$ 时，还能承受多大范围内的干扰电压才有保持后级门正常的逻辑输出低电平。当前级门输出低到小于后级门的开门电平 V_{ON}以下时，就会使后级门由正常的逻辑输出低电平变为错误的输出高电平。所以

$$V_{HN} = V_{OH(min)} - V_{ON} = (2.4-1.5) = 0.9V$$

同理，与非门输入低电平抗干扰容限

$$V_{LN} = V_{OFF} - V_{OL(max)} = (1.3-0.7) = 0.6V$$

（3）求解该问题时，首先要了解外加电阻 R 与 TTL 与非门的输入级电路的关系，如图 3.25 所示，这时 R 与 R_1对电源 V_{CC}构成分压器，R 上的压降 V_R就成为该门的输入电压。

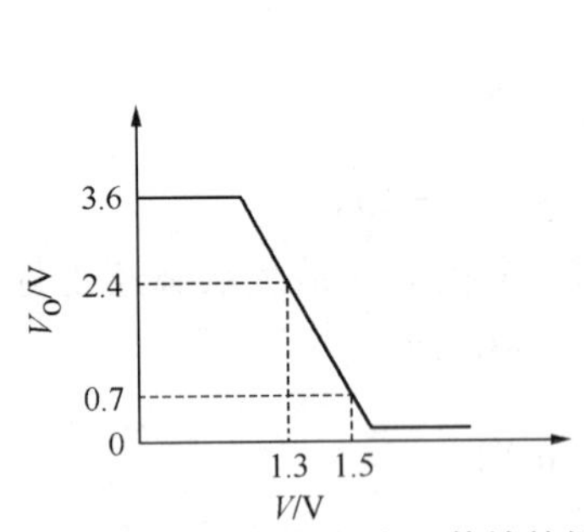

图 3.24 例 3.2 与非门的电压传输特性曲线

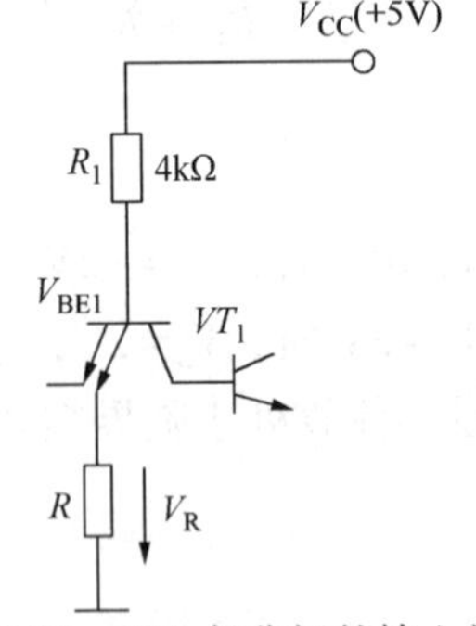

图 3.25 TTL 与非门的输入关系

$$V_R = \frac{V_{CC} - V_{B1}}{R_1 + R} R$$

若 $V_R \geqslant V_{ON}$，则与非门输出低电平即处于开门状态，这时所对应的 R 临界阻值就是开门电阻 R_{ON}。所以

$$\frac{V_{CC} - V_{BE1}}{R_1 + R_{ON}} R_{ON} = V_{ON} \Rightarrow \frac{5-0.7}{4+R_{ON}} R_{ON} = 1.5V$$

解得 $R_{ON}=2.14\ \mathrm{k\Omega}$（若需该与非门输出低电平，则应使 $R \geqslant 2.14\mathrm{k\Omega}$）。

若 $V_R \leqslant V_{ON}$，则与非门高电平即处于关门状态，这时所对应的 R 临界阻值就是关门电阻 R_{OFF}。所以

$$\frac{V_{CC}-V_{BE1}}{R_1+R_{OFF}}R_{OFF}=V_{OFF} \Rightarrow \frac{5-0.7}{4+R_{OFF}}R_{OFF}=1.3\mathrm{V}$$

解得 $R_{OFF}=1.73\ \mathrm{k\Omega}$（若需该与非门输出低电平，则应使 $R \leqslant 1.73\mathrm{k\Omega}$）。

注意：讨论与非门的开门状态时，由于 VT_1 管与后面电路分流的影响，R 与 R_1 对电源 V_{CC} 不能构成真正独立的分压器，V_{BE1} 值取 0.7V，这是比较近似的计算方法，即计算出来的值比实际的值略小；讨论与非门的关门状态时，由于 VT_1 管与后面电路断开，R 与 R_1 对电源 V_{CC} 构成真正独立的分压器，V_{BE1} 取 0.7V。

【例 3.3】二极管发光电路如图 3.26 所示。已知发光二极管的导通压降为 1.5V，正常发光时，$10\mathrm{mA} \leqslant I_D \leqslant 15\mathrm{mA}$，$V_D=1.8\mathrm{V}$。与非门灌电流负载能力 $I_{OL}=16\mathrm{mA}$，带拉电流负载能力 $I_{OH}=-4000\mu\mathrm{A}$，输出高电平 $V_{OH}=3.4\mathrm{V}$，输出低电平 $V_{OL}=0.3\mathrm{V}$。OC 门带灌电流 $I_{OL}=18\mathrm{mA}$，截止时输出漏电流 $I_{OH}=200\mu\mathrm{A}$，输出低电平 $V_{OL}=0.3\mathrm{V}$。试问：

(1)两电路处于何种状态时发光二极管发光。

(2)电阻 R_1 和 R_2 的取值范围。

(3)若将图 3.26(b)中 OC 门接成推拉输出级的普通 TTL 与非门，会发生什么情况？

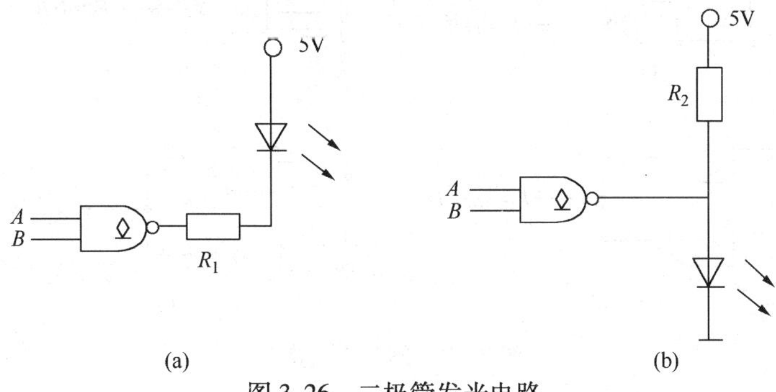

图 3.26　二极管发光电路

【解题思路】

本题的主要问题是计算电阻 R_1、R_2 的取值范围。必须保证逻辑门处于合理的工作状态。

(1)在图 3.26(a)中，当与非门输出低电平时，发光二极管发光；在图 3.26(b)中，当 OC 门输出高电平时，发光二极管发光。

(2)在图 3.26(a)中，当与非门输出低电平时，发光二极管发光，输出电流的最大允许值是 I_{OL}，此时 R_1 取得最小值。

$$R_{1(\min)}=\frac{V_{CC}-V_D-V_{OL}}{I_{OL}}=200\Omega$$

当与非门输出低电平时，为保证发光二极管能发光，输出电流的最小值应大于 $I_{D(\min)}$，此时 R_1 取得最大值。

$$R_{1(\max)}=\frac{V_{CC}-V_D-V_{OL}}{I_{D(\min)}}=320\Omega$$

因此 $200\Omega \leqslant R_1 \leqslant 320\Omega$

在图 3.26(a)中，当 OC 门输出低电平时，发光二极管截止，输出电流的最大容许值是 I_{OL}，此时 R_2取得最小值。

$$R_{2(\min)}=\frac{V_{CC}-V_{OL}}{I_{OL}}=261\Omega$$

当 OC 与非门输出高电平时，为保证发光二极管能发光，输出电流的最小值应大于 $I_{D(\min)}+I_{OH}$(OC 门截止时输出的漏电流)，此时 R_2取得最大值。

$$R_{2(\max)}=\frac{V_{CC}-V_{D}}{I_{D(\min)}+I_{OH}}=343\Omega$$

因此 $261\Omega \leqslant R_2 \leqslant 343\Omega$

(3)当将 OC 门换成普通 TTL 与非门之后，在输出低电平时，发光二极管不发光；当输出高电平时，由于与非门输出端至发光二极管正极之间没有限流电阻，故当光二极管和 TTL 与非门有可能烧坏。

【例 3.4】电路如图 3.27 所示，试找出电路中的错误，并说明为什么？

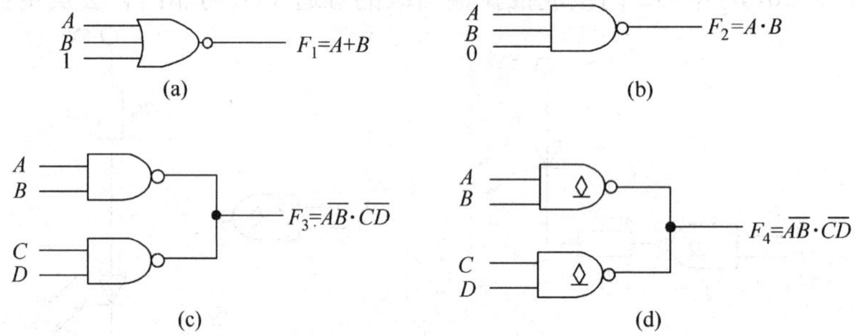

图 3.27　例 3.4 电路图

【解题思路】

图 3.27(a)：电路中多余输入端接“1”是错误的，因为或门有 1 个为 1，该输出 F_1 恒为 1，失去了或门的作用，即或门被锁住。

图 3.27(b)：电路中多余输入端接“0”是错误的，因为与门有 1 个为 0，该输出 F_2 恒为 0，失去了与门的作用，即与门被锁住。

图 3.27(c)：电路中两个与非门输出端并接是错误的，会烧坏器件。因为各个与非门的输出是由各自的输入信号决定的，当两个与非门的输出电平不相等时，两个门的输出级形成了低阻通道，使得电流过大，从而烧坏器件。

图 3.27(d)：电路的接法是错误的。电路中两个 OC 门输出端虽能并接，但它们没有外接电阻至电源，电路不会有任何输出电压，所以是错误的。

【例 3.5】电路如 3.28 图所示，其中 C 为控制端，0 信号均为 0V，1 信号均为 V_{DD}，试用真值表表达电路的逻辑功能，并说明这是一个怎样的门电路。

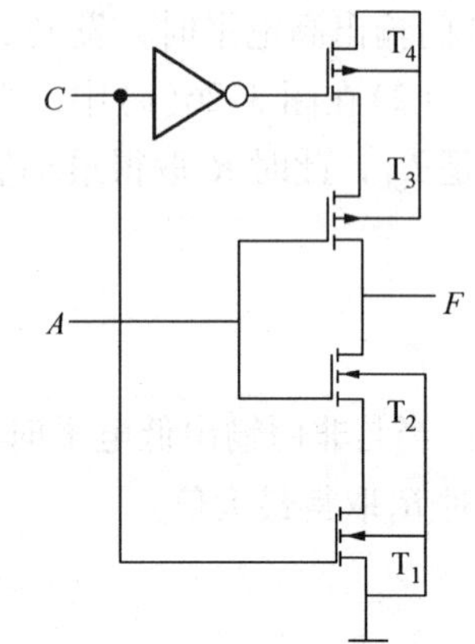

图 3.28　例 3.5 逻辑电路图

【解题思路】

根据题意，要求用真值表表示输入端 AC 和 F 之间的逻辑关系。为此列真值表如表 3.6 所示。

表 3.6　例 3.5 真值表

输入	管通断情况						输出
CA	T_1	T_2	T_3	T_4	$F \to V_{DD}$	$F\to$地	F
00					断	断	高阻
01					断	断	高阻
10					通	断	1
11					断	通	0

分析表 3.6 可知：当 $C=0$ 时，输入呈高阻态；当 $C=1$ 时，输出 $F=A'$。故该电路是三态非门电路。

【例 3.6】如图 3.29 所示，各集成电路均为 74TTL 门电路，指出各门电路的输出是何状态。

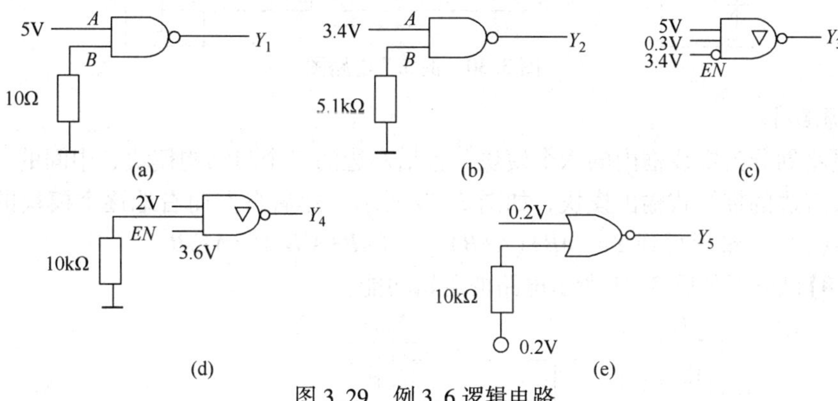

图 3.29　例 3.6 逻辑电路

【解题思路】

输入端接电阻的 TTL 门在教学中已讲过，是将 TTL 门输入端接电阻的各种情况作一总结，让读者在熟悉方法的同时记住该结论，这对以后进一步学习很有帮助。

图 3.29(a)为与非门逻辑电路 $Y_1=(A\cdot B)'$，A 端为 5V，大于输入高电平(V_{IH}其典型值 3.4V，产品规范值 $V\geq 2V$)视为逻辑“1”，B 端经 20Ω 电阻接地，该电阻值小于 0.91kΩ，视为逻辑“0”，故 $Y_1=1$。

图 3.29(b)为与非门逻辑电路，A 端 3.6V，$A=1$，B 端经 5.1kΩ 电阻接到 5V 电压上，相当于将 TTL 与非门的多余端的处理，所以 $B=1$，故 $Y_2=0$(若经 5.1kΩ 后不是接 5V，而是接地，则 B 仍为逻辑“1”，5.1kΩ>R_{ON}=3.2kΩ，其中 R_{ON} 称为关门电阻，即 R_i)

图 3.29(c)所示的为三态与非门，A 端为 5V，即 $A=1$，B 端为 0.3V，即 $B=0$，但是使能端 EN 是 3.6V，即 $EN=1$。而由逻辑符号(注意 EN 端的逻辑表达符号)可知，该三态门是 $EN=0$ 时，$Y_3=(AB)'$成立，否则为高阻态，所以此时 Y_3 为高阻态。

图 3.29(d)的仍为三态与非门，但 EN 的逻辑表达符号指出是高电平($EN=1$)使能，此处 EN 端为 3.6V，$Y_4=(AB)'$。注意，A 端接 2V，可见 $V_A>V_{TH}$=1.4V(阀值电压)，$A=1$。B 端接有 10kΩ，10kΩ>R_{ON}=3.2kΩ，所以 $B=1$，故 $Y_4=(1\cdot 1)'=0$

图 3.29(e)所示的为或非门，即 $Y_5=(A+B)'$，$V_A=0.2V$，$A=0$。而 B 端经 10kΩ 电阻接到 0.3V 电压上，由于 $A=0$，所以 T_2截止，可视为与电路断开。若 B 端经 10kΩ 电阻直接接地时，由 $10k\Omega>R_{ON}=3.2k\Omega$ 可知，$B=1$。此时 10kΩ 下端不接地而是接 0.3V 电压，也就是说电位抬高，这样 B 端电位就更高，所以 B 逻辑值仍为“1”，故 $Y_5=(0+1)'=0$。

【**例 3.7**】试分析图 3.30 电路的逻辑功能。

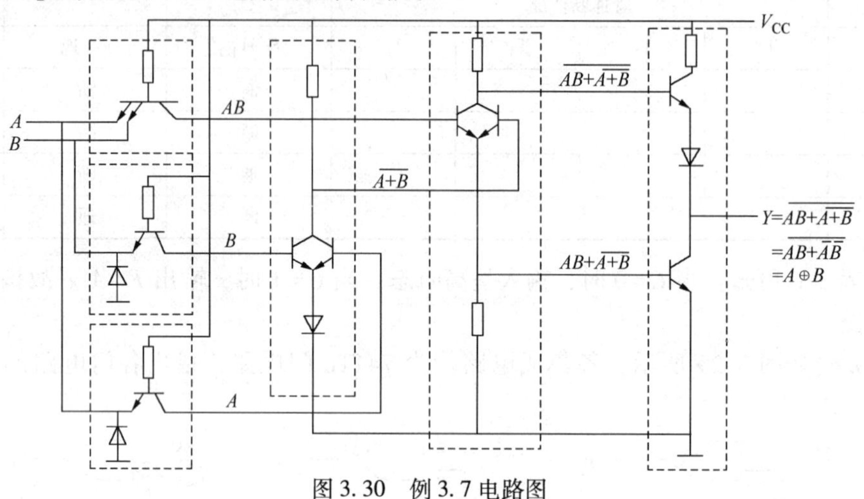

图 3.30　例 3.7 电路图

【**解题思路**】

先将电路划分为虚线框内的六个模块，包括左边的三个与结构模块、中间的两个或非结构模块和最右边的推拉式输出模块，如图 3.30 所示。然后自左而右地逐个模块的逻辑关系式(图中所标出)，最后得到 $Y=[AB+(A+B)']'=(AB+A'B')'=A\oplus B$

【**例 3.8**】试分析如图 3.31 所示电路的逻辑功能。

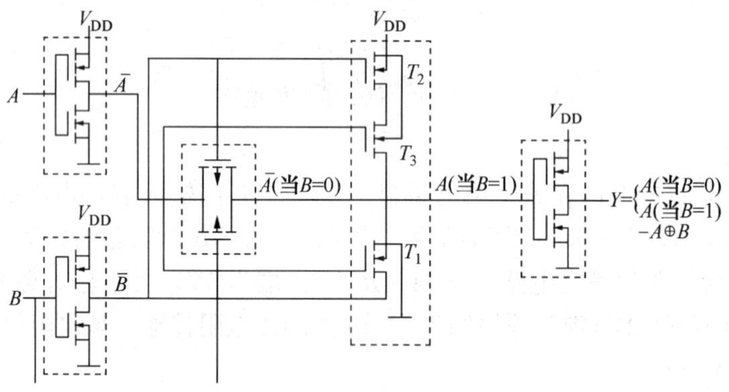

图 3.31　例 3.8 逻辑电路图

【**解题思路**】

这个电路可以划分成四个反相器和一个传输入门共五个功能模块。传输门的工作状态由 B 和 B'控制，当 $B=0$ 时传输入法门导通，输出等于输入的 A'；当 $B=1$ 时传输门截止。电路图中间的一个反相器受 B'状态的控制，当 $B=0$ 时($B'=1$)T 和 T_2同时截止，反相器不工作；当 $B=1$ 时($B'=0$)T_1和 T_2同时导通，反相器工作，输出等于 A。再经过输出端反相器反相以后得到

$$Y=\begin{cases}A(\text{当 } B=0)\\A'(\text{当 } B=1)\end{cases}$$

把上式的真值表列出即可看到，$Y=A\oplus B$

习题与答案

习题

一、填空题

1. 数字集成电路中的晶体三极管常工作在(　　)和(　　)状态。

2. TTL 门电路输入端悬空时，应视为(　　)；如果此时用指针式万用表测量其电压，读数约为(　　)。

3. 三种基本的逻辑门是(　　)、(　　)、(　　)。

4. TTL 与非门的额定高电平 V_{OH} =(　　)V；额定低电平 V_{OL} =(　　)V。(设电源电压为 5V)

5. TTL 门电路的低电平噪声容限为(　　)；高电平噪声容限为(　　)。

6. CT74、CT74H、CT74LS 三个系列的 TTL 集成电路，其中功耗最小的是(　　)；速度最快的是(　　)；综合性能指标最好的是(　　)。

7. 三态门的输出端可以实现(　　)、(　　)、(　　)状态。

8. 三态门的主要用途是可以(　　)轮流传送几个不同的数据或控制信号。

9. 用工作速度来评价 BCL、TTL、CMOS 集成电路，速度快的集成电路依次为(　　)。

10. TTL 与非门的两个状态通常称为关态和开态，当输入有一个为低电平时，对应的是状态；当输入全为高电平时对应的是(　　)状态。

11. 如图题 3.1-11 电路中器件均为 TTL 电路。当门 G_1 输出为 0 时，门 G_2 对门 G_1 构成(　　)负载；当门 G_1 输出为 1 时，门 G_2 对门 G_1 构成(　　)负载。当门 G_2 带负载门时，允许的最大灌电流约为(　　)，若大于这一电流，则其输出(　　)电平将升高。

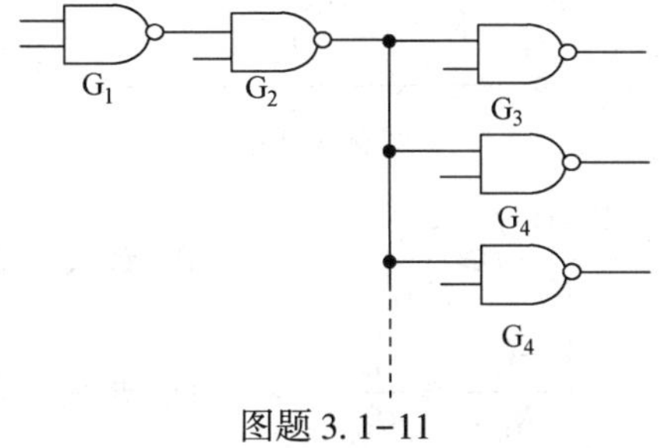

图题 3.1-11

12. 二极管的理想开关特性是指：开关接通时压降为(　　)；开关时间为(　　)。TTL 集成电路中多发射极输入级即完成了(　　)的逻辑功能，又提高了电路的(　　)。

二、单项选择题

1. 如果晶体三极管的(　　)，则该管工作于饱和区。

A. 发射结正向偏置，集电结反向偏置

B. 发射结正向偏置，集电结正向偏置

C. 发射结反向偏置，集电结正向偏置

D. 发射结反向偏置，集电结反向偏置

2. 由 TTL 门组成的电路如图题 3.2-2 所示，已知它们的输入短路电流为 $I_{IS}=1.6\text{mA}$，高电平输入漏电流为 $I_{IH}=40\mu\text{A}$。试问，当 $A=B=1$ 时，G_1 的电流称为(　　)电流；$A=0$ 时，G_1 的电流称为(　　)电流，数值为(　　)。

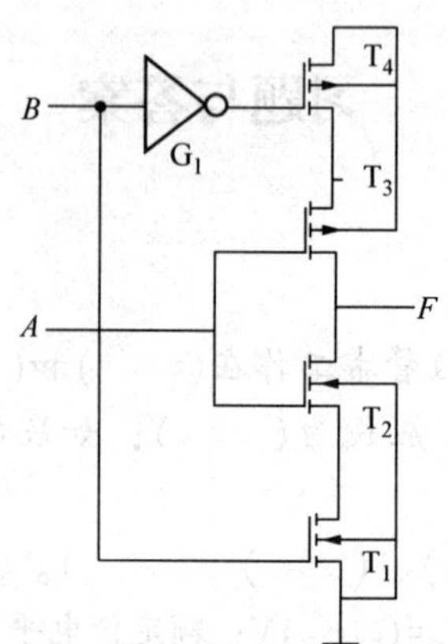

图题 3.2-2　TTL 门组成的电路

A. 拉，3.2mA，灌，160Ma

B. 灌，6.4mA，拉，160μA

C. 灌，3.2mA，拉，160μA

D. 灌，3.2mA，拉，80μA

3. 在图题 3.2-3 中，稳态三极管一般工作在(　　)状态。在图示电路中，$V_I<0V$，则三极管 T(　　)，此时 $V_O=(\quad)V$，于是三极管处于饱和状态，V_I应满足的条件为(　　)。

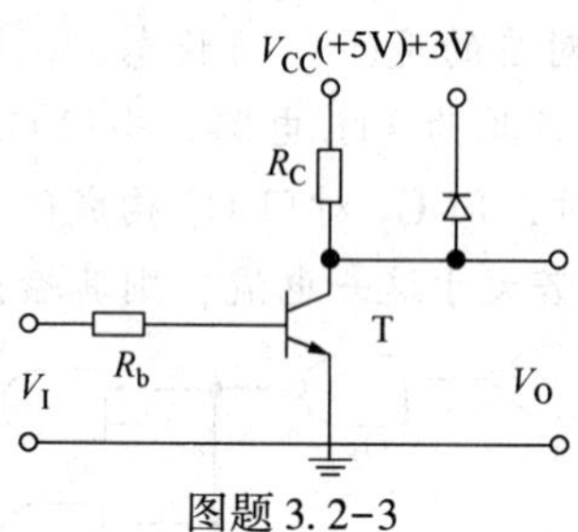

图题 3.2-3

A. 放大，截止，5V，$\frac{V_I-0.7}{R_b}\geqslant\frac{V_{CC}}{\beta R_C}$　　B. 放大，截止，3.7V，$\frac{V_I-0.7}{R_b}\geqslant\frac{V_{CC}}{\beta R_C}$

C. 开关，饱和，0.3V，$\frac{V_I-0.7}{R_b}\geqslant\frac{V_{CC}}{\beta R_C}$　　D. 开关，截止，5V，$\frac{V_I-0.7}{R_b}\geqslant\frac{V_{CC}}{\beta R_C}$

4. 图题 3.2-4 所示的电路是(　　)逻辑电路。

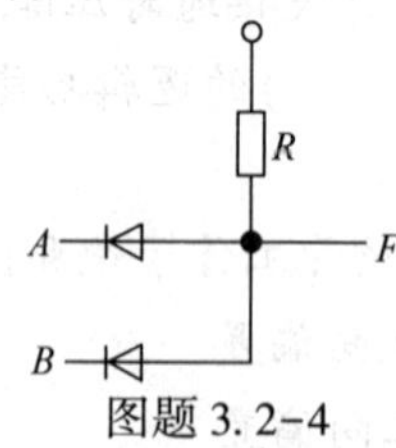

图题 3.2-4

A. 或门　　B. 与门　　C. 或非门　　D. 与非门

5. 对同一逻辑门电路，分别使用正逻辑和负逻辑表示输入和输出关系，其表达式(　　)。

A. 互为反函数　　B. 互为对偶式　　C. 相等　　D. 答案都不正确

6. 在图题 3.2-6 所示三个逻辑电路中，能 $Y=(A+B)(C+D)$ 的是图(　　)。

A. (a)　　B. (b)　　C. (c)　　D. 都不是

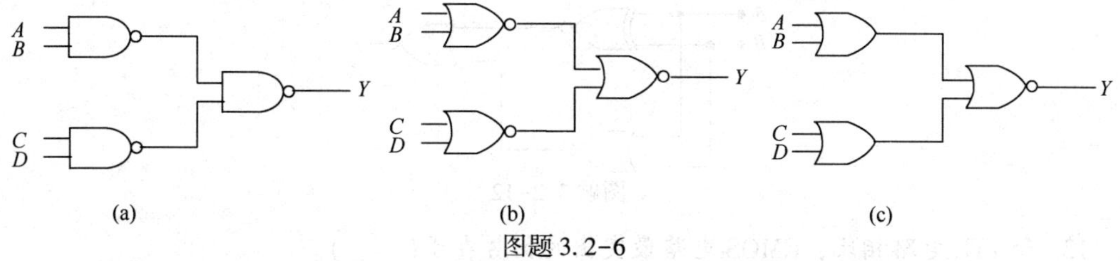

图题 3.2-6

7. 若输入变量 A、B 和输出变量 Y 的波形如图题 3.2-7 所示，则逻辑式为(　　)。

图题 3.2-7

A. $Y=A'B+AB'$　　B. $Y=AB+A'B'$　　C. $Y=A+B'$　　D. $Y=A'+B$

8. 如图题 3.2-8 所示组合电路的逻辑式为(　　)。

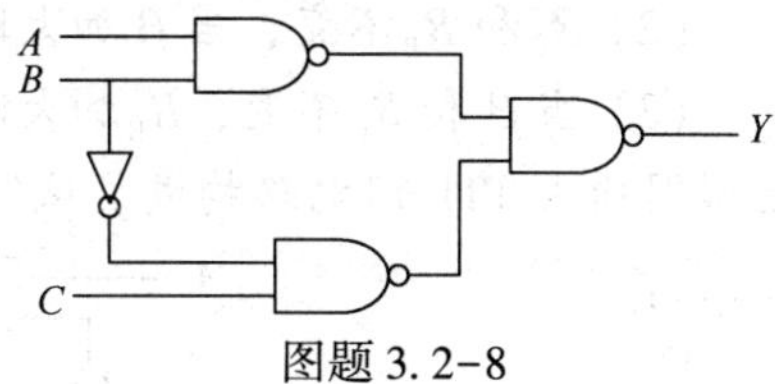

图题 3.2-8

A. $Y=AB\cdot B'C$　　B. $Y=(AB\cdot B'C)'$　　C. $Y=AB+B'C$　　D. $Y=(AB)'+B'C$

9. 如图题 3.2-9 所示门电路，$Y=1$ 的是图(　　)。

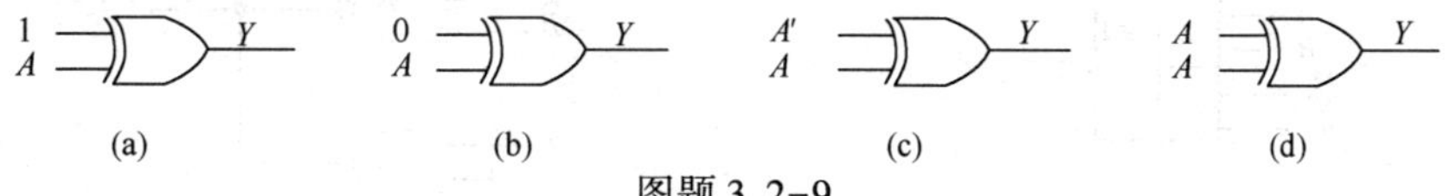

图题 3.2-9

A. (a)　　B. (b)　　C. (c)　　D. (d)

10. 如图题 3.2-10 所示组合电路的逻辑式为(　　)。

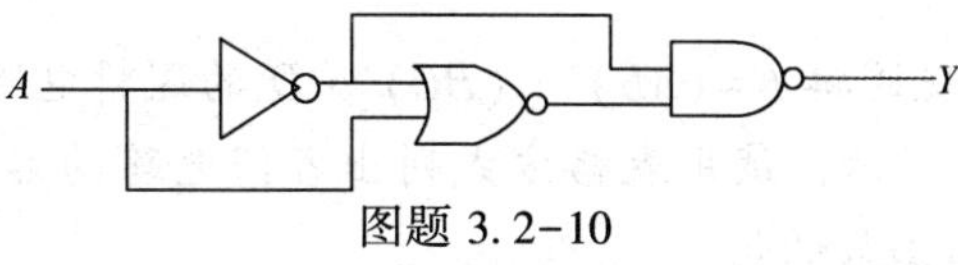

图题 3.2-10

A. $Y=A'$　　B. $Y=A$　　C. $Y=1$　　D. $Y=0$

11. 如图题 3.2-11 所示组合逻辑电路的逻辑式为(　　)。

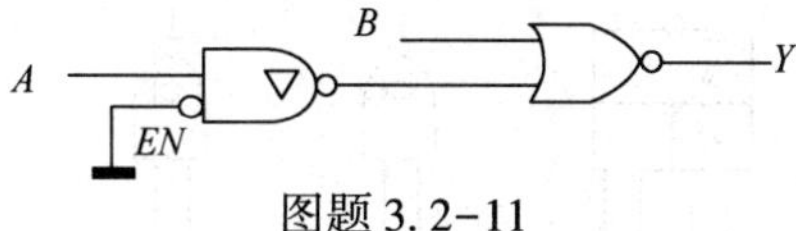

图题 3.2-11

A. $Y=(AB)'$　　B. $Y=AB$　　C. $Y=A'B$　　D. $Y=AB'$

12. 如图题 3.2-12 所示电路，当 A 和 B 为何值时 Y 为 1。(　　)

A. 0，0　　B. 1，1　　C. 0，1　　D. 以上都不对

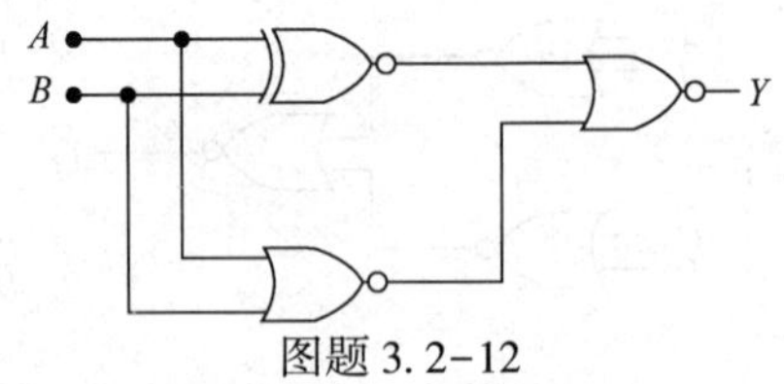

图题 3.2-12

13. 和 TTL 电路相比，CMOS 电路最突出的优势在于(　　)。

A. 可靠性高　　B. 抗干扰能力强　　C. 速度快　　D. 功耗低

14. 可以将输出端直接并联实现“线与”逻辑的门电路是(　　)。

A. 三态输出门电路　　B. 推拉式输出结构的 TTL 门电路

C. 互补输出结构的 CMOS 门电路　　D. 集电极开路输出的 TTL 门电路

三、综合题

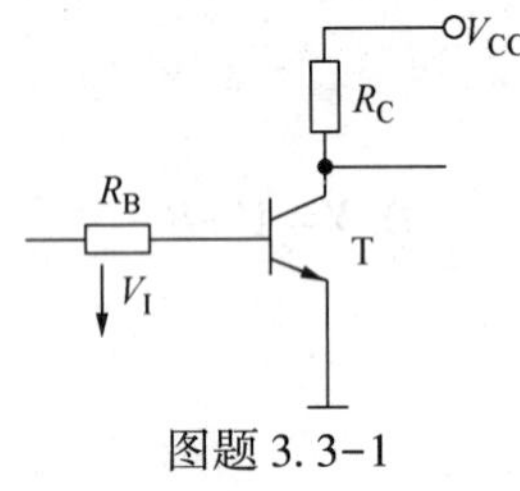

图题 3.3-1

1. 三极管电路如图题 3.3-1 所示，若电源电压 V_{CC} 和输入电压 V_I 保持不变，试判断下列说法是否正确：

(1) 当晶体管 T 的直流系数 β 和基极电阻 R_B 不变，而 R_C 阻值加大时，T 的饱和程度加深。

(2) R_C 和 R_B 不变，当 β 加大时，T 的饱和程度减小。

(3) 当 β 和 R_C 不变，R_B 加大时，T 的饱和程度减小。

2. 如图题 3.3-2 所示各逻辑图均由 TTL 门电路构成。试写出各自的输出函数表达式。

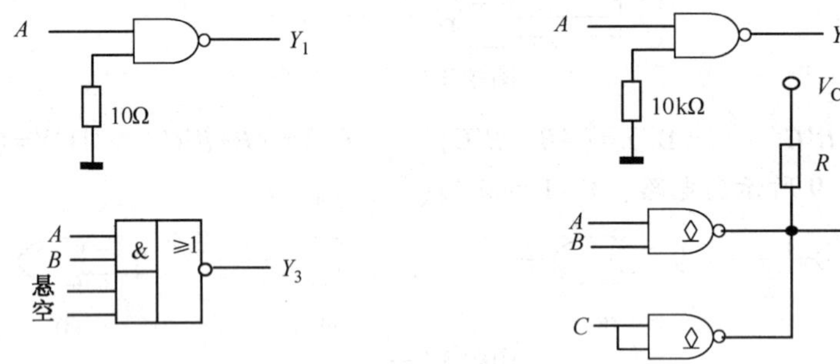

图题 3.3-2

3. 试利用 CMOS 传输门设计一个 CMOS 三态输出的两输入端与非门，画出逻辑电路并列出其真值表。

4. 试画出用 OC 门实现逻辑 $F=(AB)'\cdot(BC)'\cdot D'$ 的逻辑电路。

5. 电路如图题 3.3-5 所示，试用表格方式列出各门电路的名称，输出逻辑表达式以及 $ABCD=1001$ 当时，各输出函数的值。

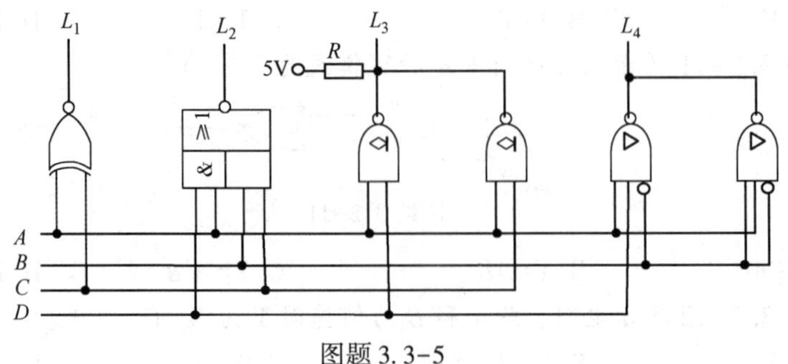

图题 3.3-5

6. 设发光二极管的正向导通电流为10mA，与非门的电源电压为5V，输出低电平为0.3V，输出低电平电流为15mA，试画出用与非门驱动发光二极管的电路，并计算出发光二极管去路的限流电阻阻值。

7. 电路如图题3.3-7所示，已知CMOS门电路的输出电压 $V_{OH}=4.7V$，$V_{OL}=0.1V$，试计算接口电路的输出电压 V_O(三极管的集电极电位)，并说明接口参数选择是否合理。

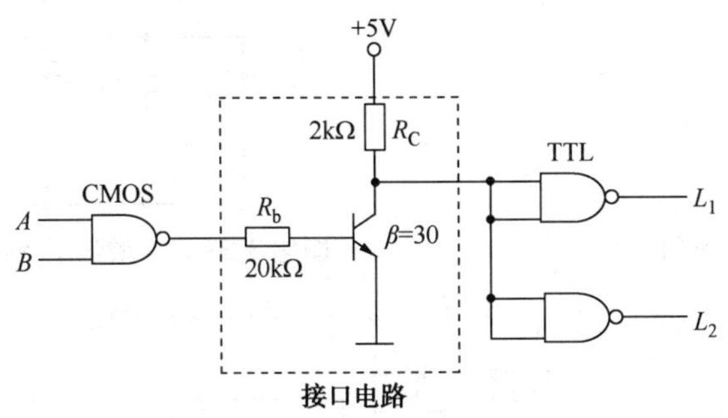

图题3.3-7

8. 当TTL和CMOS两种门电路相互连接时，要注意哪些事项？

9. 在图题3.3-9所示电路中，G_1为TTL三态输出与非门，G_2为TTL与非门，电压表的内阻为100kΩ，试求下列四种情况下电压表的读数和G的输出电压 V_O。

(1) $V_A=0.3V$，开关S打开；

(2) $V_A=0.3V$，开关S合上；

(3) $V_A=3.4V$，开关S打开；

(4) $V_A=3.4V$，开关S合上。

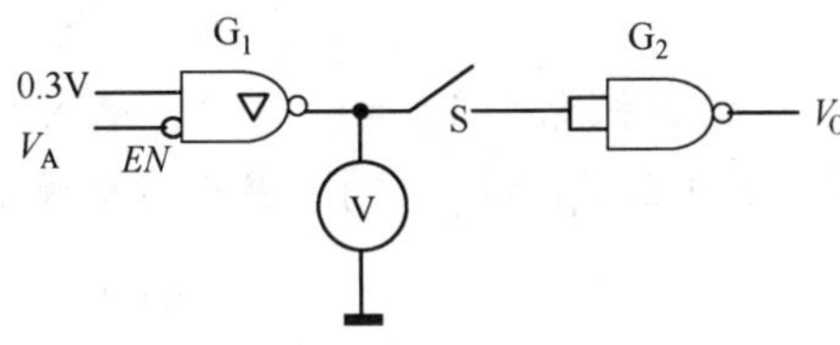

图题3.3-9

10. 试判断如图题3.3-10所示的CMOS三态输出门电路的输出状态。

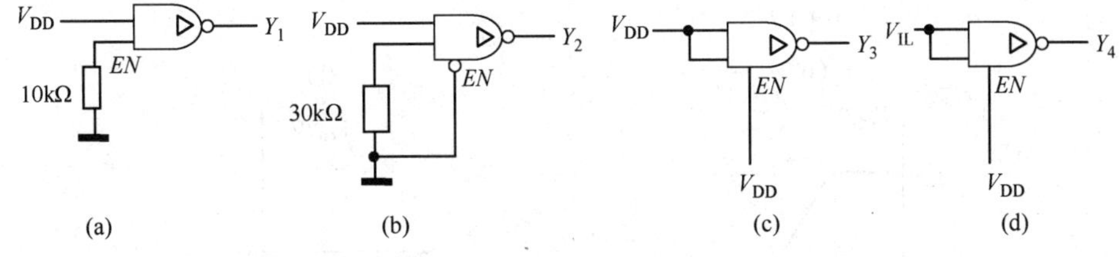

图题3.3-10

11. 在如图题3.3-11所示的CMOS传输门中，T、T的开启电压 $V_{GS(th)}=|V_{GS(th)P}|=5V$，设输入电压 V_I在2~12V的范围内变化，试求输出电压 V_O的变化范围。

12. 增强型NMOS管构成的电路如图题3.3-12所示，试求图中函数F和G的逻辑表达式。

13. 写出如图题 3.3-13 所示 CMOS 门电路的输出逻辑表达式，并说明它的逻辑功能。

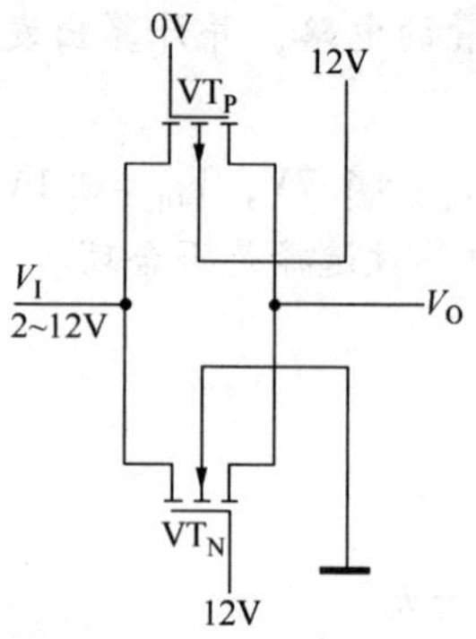

图题 3.3-11　CMOS 输门

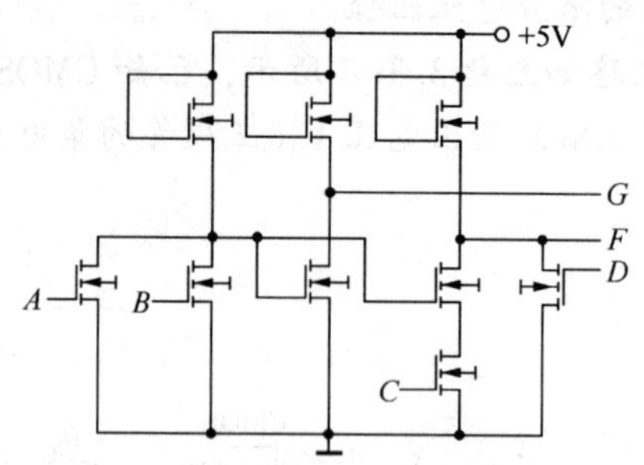

图题 3.3-12　增强型 NMOS 管构成的电路

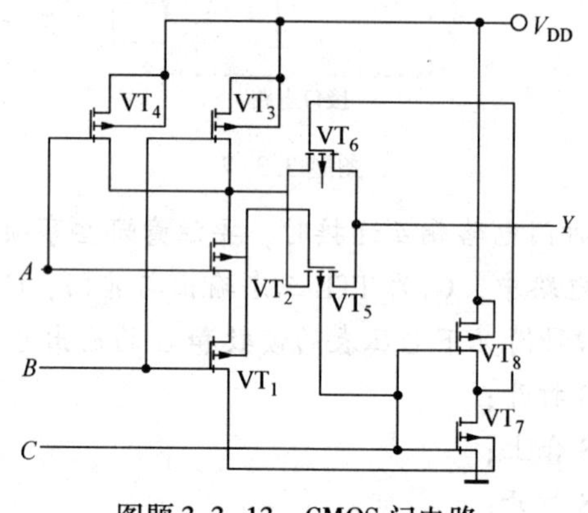

图题 3.3-13　CMOS 门电路

14. 测得与非门的电压传输特性，输入和输出特性曲线如图题 3.3-14 所示。与出该门电路的下列参数：

输出高电平 V_{OH}=(　　)，输出低电平 V_{OL}=(　　)，输入短路电流 I_{IS}=(　　)，高电平输入电流 I_{IH}=(　　)，最大拉电流 I_{LH}=(　　)，最大灌电流 I_{LL}=(　　)。

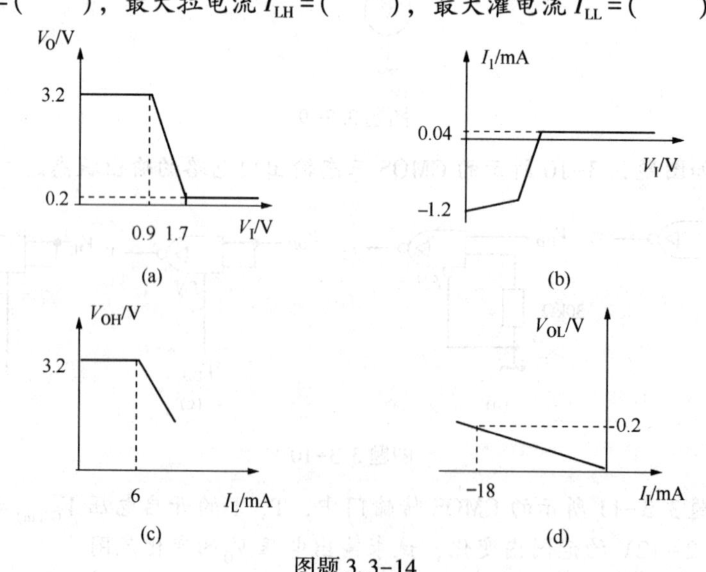

图题 3.3-14

15. 已知与非门的电压传输特性，输入特性和输出特性曲线如图题 3.3-14(a)~图题

3.3-14(d)中选择正确答案。

(1)电路高电平噪声容限 V_{NH}和低电平噪声容限 V_{NL}值。

(2)与非门扇出系数 N_0值。

16. 写出如图题 3.3-16 所示电路的输出逻辑函数表达式。

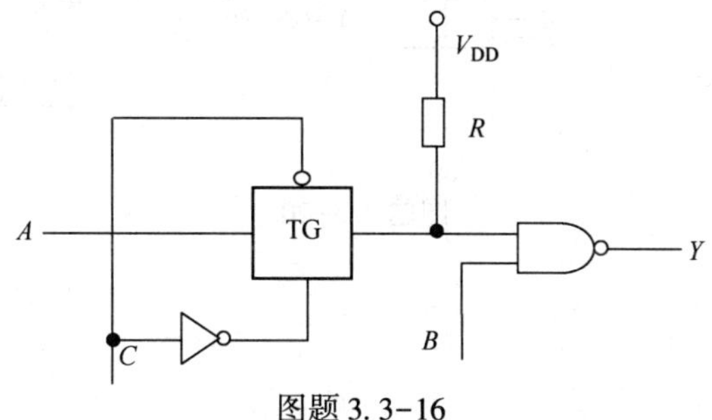

图题 3.3-16

17. 现实性出如图所示各逻辑图题 3.3-17 的表达式，当输入波形如图所示时，画出它们相应的输出波形(忽略传输时间)。

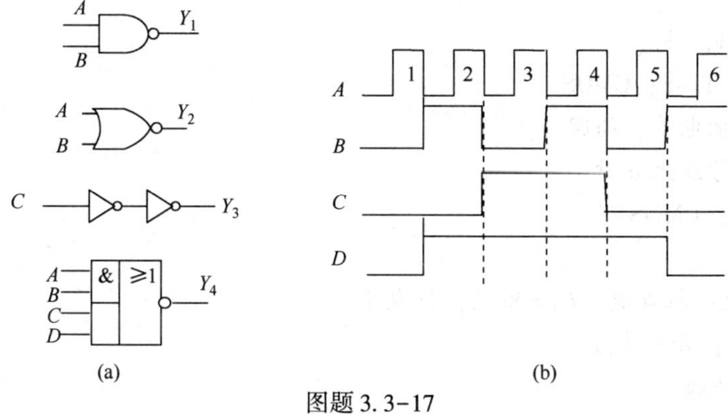

图题 3.3-17

18. 如图题 3.3-18 所示电路中，反相器输出高电平 $V_{OH}\geqslant 3V$，输出低电平 $V_{OL}\leqslant 0.3V$，输出高电平电流 $I_{OH}=-0.4mA$，输出低电平电流 $I_{OL}=8mA$，所带外接负载门的输入低电平电流 $I_{IL}=-0.45mA$，输入高电平电流 $I_{IH}=20\mu A$，试问反相器 G 能带多少个同类反相器？

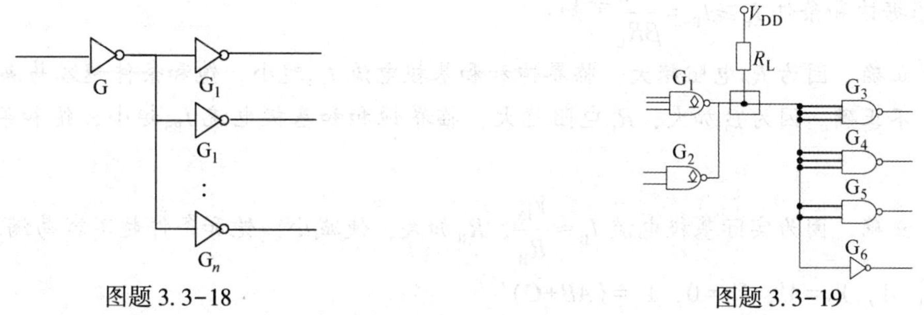

图题 3.3-18　　图题 3.3-19

19. 在图题 3.3-19 所示电路中，G_1和 G_2为 OD 与非门，输出为线与结构。已知 $V_{DD}=5V$，输出高电平 $V_{OH(min)}\geqslant 4.4$，输出低电平 $V_{OL(max)}\leqslant 0.33V$，输出高电平 MOS 管截止时的漏电流 $I_{OH}=-5\mu A$，输出低电平 MOS 管导通时允许最大负载电流 $I_{OL(max)}=5.2mA$，负载门 $G_3\sim G_6$每个输入端的高电平电流 $I_{IH}=1\mu A$，低电平输入电流 $I_{OL}=-1\mu A$。试计算外接电阻 R_L的取值范围。

20. 在图题 3.3-20 所示电路中，每个输入端应怎样连接，才能得到所示的输出逻辑表达式。

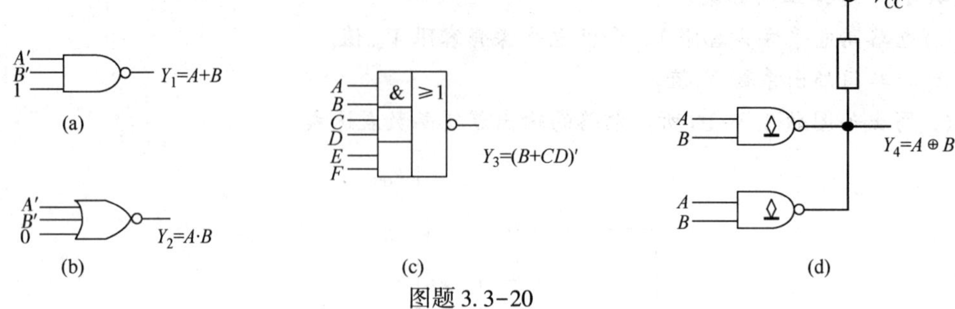

图题 3.3-20

答案

一、填空题

1. 截止；饱和

2. 高电平；1.4V

3. 与门；或门；非门

4. 3.4；0.3

5. $V_{OFF}-V_{IL}$；$V_{IH}-V_{ON}$

6. CT74LS；CT74S；CMOS

7. 高电平；低电平；高阻

8. 在相同信号线上分时

9. BCL；TTL；CMOS

10. 高；低

11. 灌区电流；拉电流；$I_{OL}=8\text{mA}$；低电平

12. 0；0；与；开关速度

二、单项选择题

1. B；2. C；3. B；4. B；5. B；6. B；7. B

8. C；9. C；10. C；11. D；12. C；13. D；14. D

三、综合题

1. 根据饱和条件 $I_B \geqslant I_{BS}=\dfrac{V_{CC}}{\beta R_C}$可知：

(1) 正确。因为 R_C 电阻越大，临界饱和和基极电流 I_{BS} 越小，饱和条件越容易满足。

(2) 不正确。因为 β 加大，R_C 电阻越大，临界饱和和基极电流 I_{BS} 越小，饱和条件越容易满足。

(3) 正确。因为实际基极电流 $I_B \approx \dfrac{V_{IN}}{R_B}$，$R_B$ 加大，使减小，饱和条件越不容易满足。

2. $Y_1=1$，$Y_2=A'$，$Y_3=0$，$Y_4=(AB+C)'$

3. 逻辑电路如图题 3.3-3(答)所示，真值表如表题 3.3-3(答)所示。

表题 3.3-3(答)　真值表

G	A	B	L
1	0	0	1
	0	1	1

续表

G	A	B	L
1	1	0	1
	1	1	0
0	×		高阻

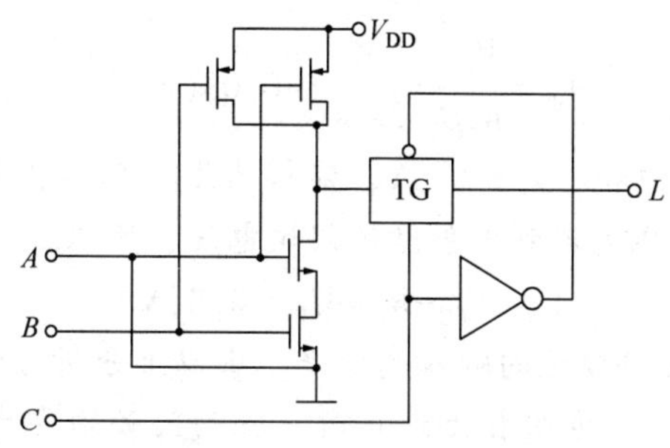

图题 3.3-3(答)　逻辑电路

4. 逻辑功能如图题 3.3-4(答)所示。

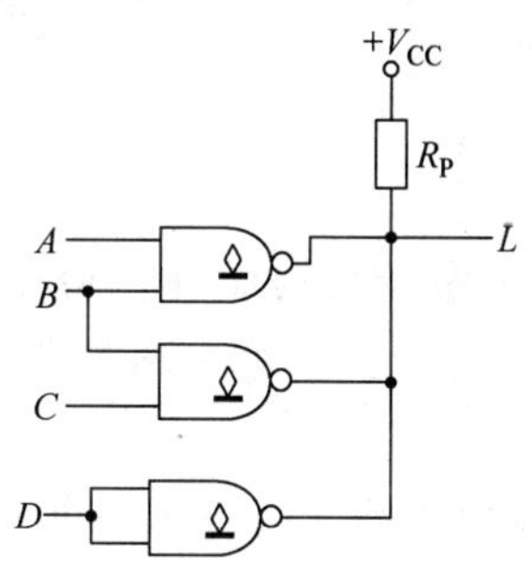

图题 3.3-4(答)　逻辑功能

5. 功能如表题 3.3-5(答)所示。

表题 3.3-5(答)

门电路的名称	输出逻辑表达式	$ABCD=1001$ 时，各输出函数值
同或门	$L_1=(A\oplus C)'=AC+A'C'$	$L_1=1$
与或非门	$L_2=(AD+BC)'$	$L_2=0$
OC 门	$L_3=(AD)'(AC)'$	$L_3=0$
三态与非门	$B=0$ 时　$L_4=(AB)'$ $B=1$ 时　$L_4=(AD)'$	$B=0$ 时　$L_4=1$ $B=1$ 时　$L_4=0$

6. 与非门驱动发光二极管的电路如图题 3.3-6(答)所示。

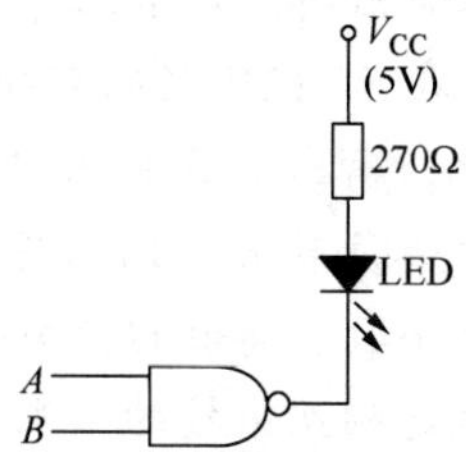

图题 3.3-6(答)　与非门驱动发光二极管的电路

发光二极管支路中的限流电阻阻值：

$$R=\frac{5-2-0.3}{10}=270(\Omega)$$

7. 从电压角度考虑，当 $V_{OH}=4.7V$ 时：

$$I_B=\frac{4.7-0.7}{20}=0.2(mA)$$

$$I_{BS}=\frac{V_{CC}}{R_C\beta}=\frac{5}{2\times30}\approx0.08(mA)$$

因 $I_B>I_{BS}$，所以三极管饱和，$V_O\approx0.3V$，能够为 TTL 门提供合适的输入低电平。

当 $V_{OL}=0.1V$ 时：因电压达不到发射结的门坎电压，所以三极管截止。

$$V_O=V_{CC}-R_C\times4I_{IH}=4.2(V)$$

可见，能够为 TTL 门提供合适的输入高电平。由以上分析可知，接口参数选择合理。

8. 当 TTL 和 CMOS 两种门电路相互连接时，驱动门必须要为负载门提供符合要求的高低电平和足够的输入电流，即要满足下列条件：

驱动门的 $V_{OH(min)}\geqslant$ 负载门的 $V_{IH(min)}$

驱动门的 $V_{OL(max)}\leqslant$ 负载门的 $V_{IL(max)}$

驱动门的 $I_{OH(max)}\geqslant$ 负载门的 $I_{IH(总)}$

驱动门的 $I_{OL(max)}\leqslant$ 负载门的 $I_{IL(总)}$

9. (1) 当输入 $V_A=0.3V$ 时，三态输出门工作，由于输入为低电平 0.3V，输出为高电平，电压表 V 读数为 3.6V。由于 S 打开，G_2 输入端悬空，相当于输入高电平，故输出 V_O 为低电平 0.3V。

(2) 当输入 $V_A=0.3V$ 时，三态门工作，输出为高电平 3.6V，由于 S 合上，故输出为低电平 0.3V。

(3) 当输入 $V_A=3.6V$ 时，为高电平，三态门 G_1 输出为高阻态，G_2 输入端悬空，故 G_2 输出低电平 0.3V。

(4) 当输入 $V_A=3.6V$ 时，为高电平，三态门 G_1 输出为高阻态，由于开关 S 合上，电压表的内阻为 100kΩ，远大于 G_2 的开门电阻，故电压表的读数为 G_2 的开门电平，V_O 为低电平 0.3V。

10. CMOS 电路的栅极输入电流为 0，因此，它不存在开门电阻和关门电阻，栅极对地接的电阻不论多大，其上都不产生电压，即为低电平。

图 3.10(a) 为高电平有效的三态输出门，而使能端输入的为低电平 0，故输出 Y_1 为高阻态。

图 3.10(b) 为低电平有效的三态输出门，而使能端输入的为低电平 0，处于工作状态，而两个输入端中有一个通过 30kΩ 的电阻接地，该端输入信号为低电平 0，故输出 Y_2 为高电平 1。

图 3.10(c) 为高电平有效的三态输出门，处于工作状态，故输出 Y_3 为低电平 0。

图 3.10(d) 为高电平有效的三态输出门，处于工作状态，故输出 Y_4 为高电平 1。

11. 对 PMOS 来说，输入电压 V_I 在 5~12V 之间变化时导通，面对 NMOS 来说，输入电压 V_I 在 2~7V 之间变化时导通。因此，输出电压 V_O 在 2~12V 之间变化。

12. 电路中的上部三个 NMOS 管是负载管，因为它们的栅极与漏极都接+5V 电源，因此，在它们的源极端都将输出一个反函数。其余的开关管，若漏极是相互并接的，则它们栅极上的变量是逻辑或的关系；若漏极是相互串接的，则它们栅极上的变量是逻辑与的关系。所以可以求得

$$G=(A+B)''=A+B \quad F=((A+B)'\cdot C+D)'$$

13. $VT_1\sim VT_4$管组成 A、B 两端的与非门，VT_5和 VT_6组成 CMOS 传输门，VT_7和 VT_8组成反相器，为传输门提供互补控制电压，用以控制传输门的开通与关闭。由分析可知，$C=0$ 时，传输门关闭，输出 Y 为高阻态；$C=1$ 时，传输门开通，$Y=Y_1=(AB)'$。所以该题所示电路为三态输出与非门。

14. $V_{OH}=3.2V$，$V_{OL}=0.2V$，$I_{IS}=-1.2mA$，$I_{IH}=0.04mA$，$I_{LH}=6mA$，$I_{LL}=-18mA$。

15. (1) $V_{NH}=1.5V$，$V_{NL}=0.7V$；(2) $N_0=15$

16. $C=1$ 时，$Y=(1\cdot B)'=B'$；$C=0$ 时，$Y=(A\cdot B)'$

17. $Y=(AB)'$ $Y=A+B$ $Y=C$ $Y=(AB+CD)'$

图略。

18. (1) 输出高电平时，带负载的个数

$$N_{OH}=\frac{I_{OH}}{I_{IH}}=\frac{400}{20}=20$$

可带 20 个同类反相器。

(2) 输出低电平时，带负载的个数

$$N_{OL}=\frac{I_{OL}}{I_{IL}}=\frac{8}{0.45}=17.78$$

可带 17 个同类反相器。

(3) 该反相器可带 17 个同类反相器。

19. 线与输出高电平时，此时流过 R_L的电流为 I_{HR}，由节点电流定律可知

$$I_{HR}=2\times I_{OH}+9\times I_{IH}=19\mu A$$

$$V_{DD}-I_{HR}R_L\geqslant V_{OH(min)}$$

$$R_{L(max)}\leqslant\frac{V_{DD}-V_{OH(min)}}{I_{HR}}=31.58k\Omega$$

线与输出低电平时，此时流过 R_L的电流为 I_{LR}，由节点电流定律可知

$$I_{LR}=I_{OL(max)}-9\times I_{IL}=5.191mA$$

$$V_{DD}-I_{LR}R_L\leqslant V_{OH(max)}$$

$$R_{L(min)}\leqslant\frac{V_{DD}-V_{OL(max)}}{I_{LR}}=0.9k\Omega$$

所以 R_L的取值范围为 $0.9k\Omega\leqslant R_L\leqslant 31.58k\Omega$。

20. 如图题 3.3-20(答)所示。

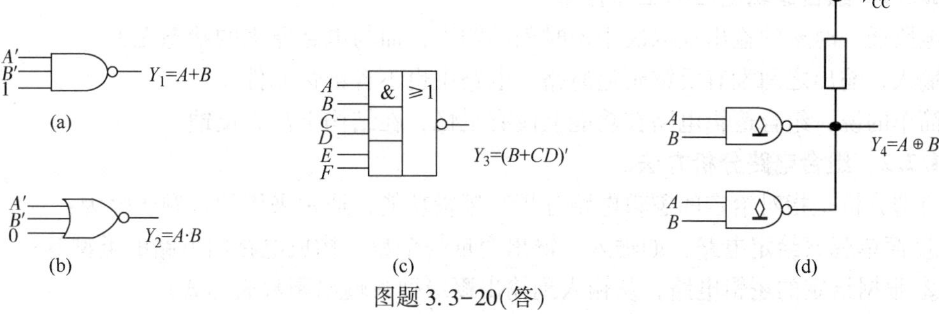

图题 3.3-20(答)

❖第4章　组合逻辑电路❖

4.1　教学内容及要求

组合逻辑电路是数字电路的重要组成部分，在实际电路中有着非常广泛的应用。对组合逻辑电路应重点学习以下几方面内容：掌握组合逻辑电路的工作特点；掌握小规模集成门电路构成的组合逻辑电路分析与设计方法；掌握加法器、译码器、数据选择器等中规模组合逻辑部件构成的组合逻辑电路分析与设计方法；对组合逻辑电路中竞争冒险现象的产生原因、发现和消除方法可做一般了解，如表4.1所示。

表4.1　教学内容和教学要求

<table>
<tr><th colspan="2" rowspan="2">教学内容</th><th colspan="3">教学要求</th></tr>
<tr><th>掌握</th><th>理解</th><th>了解</th></tr>
<tr><td colspan="2">组合逻辑电路的特点</td><td>√</td><td></td><td></td></tr>
<tr><td colspan="2">组合逻辑电路的分析方法</td><td>√</td><td></td><td></td></tr>
<tr><td colspan="2">组合逻辑电路的设计方法</td><td>√</td><td></td><td></td></tr>
<tr><td rowspan="5">常用的中规模组合逻辑部件</td><td>编码器</td><td></td><td>√</td><td></td></tr>
<tr><td>译码器</td><td>√</td><td></td><td></td></tr>
<tr><td>数据选择器</td><td>√</td><td></td><td></td></tr>
<tr><td>加法器</td><td>√</td><td></td><td></td></tr>
<tr><td>数值比较器</td><td></td><td>√</td><td></td></tr>
<tr><td rowspan="3">竞争冒险</td><td>产生原因</td><td></td><td></td><td>√</td></tr>
<tr><td>判断方法</td><td></td><td></td><td>√</td></tr>
<tr><td>消除措施</td><td></td><td></td><td>√</td></tr>
</table>

4.2　内容综述

4.2.1　组合逻辑电路的工作特点

电路任一时刻的输出仅取决于该时刻的输入，而与电路原来的状态无关。

输入、输出之间没有反馈延迟通路，电路中也不含记忆元件。

简单的说，组合逻辑电路在功能上没有记忆，在结构上没有反馈。

4.2.2　组合电路分析方法

所谓分析是指对给定的逻辑电路分析其逻辑功能，通常采用的解题步骤为：

① 简单观察给定电路，如输入、输出变量的个数；构成电路门电路的类型等；

② 根据给定的逻辑电路，从输入到输出逐级列写输出函数表达式；

③ 利用代数法或卡诺图法对表达式化简；

④ 根据化简后的表达式列出相应的真值表；

⑤ 由真值表分析电路完成的逻辑功能。

需指出的是：具体分析时不一定每个步骤都采用，可根据实际情况略去某些步骤，如图4.1所示。

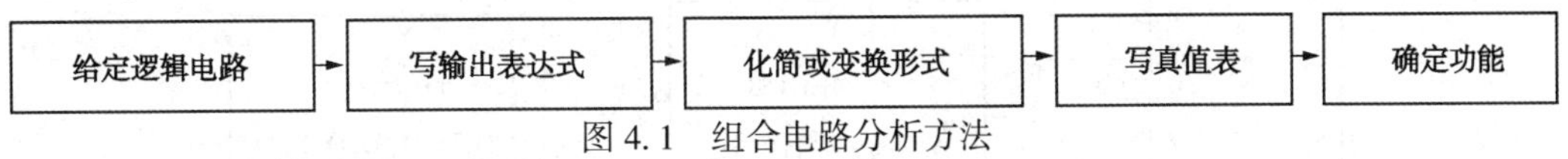

图4.1 组合电路分析方法

4.2.3 组合电路设计方法

设计是分析的逆过程，是难点也是重点。所谓设计是指根据给定的逻辑要求设计出能实现此功能的逻辑电路。通常采用的设计步骤为：

① 首先进行逻辑抽象：对设计要求进行分析，确定输入变量和输出函数，并对其进行逻辑赋值(1表示什么，0表示什么)，将实际逻辑问题转换成相应的真值表；

② 利用代数法或卡诺图法对输出函数表达式化简，得到最简表达式；

③ 根据最简表达式画出相应的逻辑电路图。

需指出的是：设计逻辑电路通常遵循“最简”原则，即所用逻辑门的个数最少，每个门输入端的个数最少。为了实际需要，设计中还应尽量减少门的种类。所以在组合电路设计中，常常会限定用某种特定门电路来实现。例如要求必须用与非门实现，那就需要将输出表达式转换为相应的与非-与非式后，再得到逻辑图，如图4.2所示。

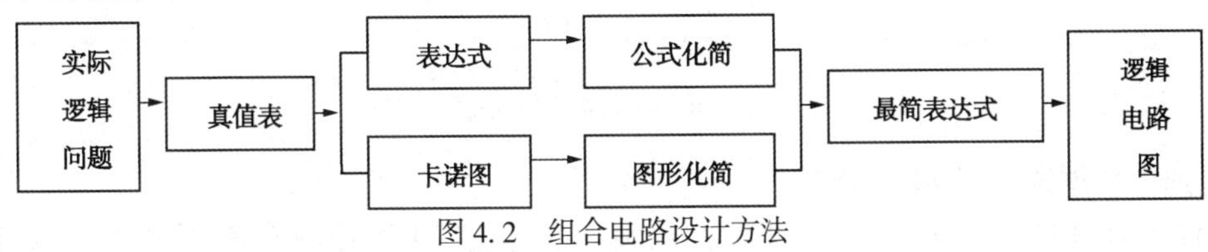

图4.2 组合电路设计方法

4.2.4 中规模组合逻辑电路分析与设计

常用的中规模组合逻辑器件主要有编码器、译码器、数据选择器、加法器和数值比较器等。其中，译码器和数据选择器在分析和设计题目中通常被做为重点讨论。译码器和数据选择器同样能够实现任意逻辑函数，但特点不同。译码器适合实现少输入、多输出的逻辑函数(输入变量数不超过译码器的输入个数)；数据选择器适合实现多输入、单输出的逻辑函数(对输入变量没有要求)。此外，中规模集成电路在实际应用时，往往需要将两个(以上)片子连接在一起，以扩大工作的范围(容量)，称为级联。对各器件的级联方法可以一般了解。

(1) 分析方法

与集成门电路构成的组合电路相比，中规模逻辑部件构成的组合电路分析时无需化简，只需根据所用器件列写相应输出函数表达式即可。若表达式不够直观，可进一步列出相应的真值表，从而得出电路的逻辑功能。

(2) 设计方法

由于中规模逻辑器件有其自身固有的功能，设计一般都采用表达式对比法或真值表对比法。就是将所求函数的表达式或真值表与所用器件的表达式或真值表相比较，令两者相同，从而实现指定的逻辑功能。

对中规模逻辑器件的学习需熟练掌握器件的固有功能，熟悉典型器件的各引脚定义，牢记其输出函数表达式和真值表。常用器件为 3 线-8 线二进制译码器 74HC138、双 4 选 1 数据选择器 74HC153、8 选 1 数据选择器 74HC151，如图 4.3 所示。

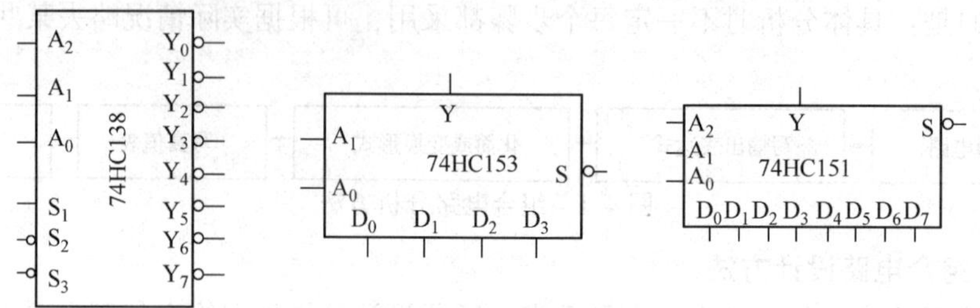

图 4.3　译码器、数据选择器

① 3 线-8 线二进制译码器 74HC138

74HC138 有 3 个控制端 S_1(高有效)、S_2 S_3(低有效)，3 线输入 $A_2A_1A_0$(原码)，8 线输出 $Y_0 \sim Y_7$(低有效)。在正常工作时，对应输入的每一种组合情况，8 个输出中只有一个为 0，其余全为 1。例如：$A_2A_1A_0=101$ 时，对应的 5 线输出 Y_5'为 0，其余全为 1。二进制译码器也称为最小项译码器，它的每一个输出信号都对应输入变量的一个最小项。

$$Y_0'=(A_2'A_1'A_0')'=m_0';$$

$$Y_1'=(A_2'A_1'A_0)'=m_1';$$

…

$$Y_7'=(A_2A_1A_0)'=m_7'$$

② 双 4 选 1 数据选择器 74HC153

器件 74HC153 为双 4 选 1，这里我们只画一个。它有 1 个控制端 S(低有效)、2 个地址输入 A_1、A_0和 4 个数据输入 $D_0 \sim D_3$，单输出 Y。4 选 1 数据选择器的功能是在地址端的控制下，从 4 个数据中选择一个作为输出。真值表如表 4.2 所示。

表 4.2　4 选 1 数据选择器真值表

A_1	A_0	4 选 1
0	0	D_0
0	1	D_1
1	0	D_2
1	1	D_3

输出表达式为：

$$Y=(A_1'A_0')\cdot D_0+(A_1'A_0)\cdot D_1+(A_1A_0')\cdot D_2+(A_1A_0)\cdot D_3$$
$$=m_0D_0+m_1D_1+m_2D_2+m_3D_3$$

只要 $D_0 \sim D_3$选择适当的值，就可以得到任意的最小项和。所以数据选择器也可以用来实现任意逻辑函数。

③ 8 选 1 数据选择器 74HC151

与 4 选 1 类似，8 选 1 数据选择器 74HC151 有 1 个控制端 S(低有效)，3 个地址输入 A_2、A_1、A_0和 8 个数据输入 $D_0 \sim D_7$，单输出端 Y，真值表如表 4.3 所示。

表 4.3　8 选 1 数据选择器真值表

A_2	A_1	A_0	8 选 1
0	0	0	D_0
0	0	1	D_1
0	1	0	D_2
0	1	1	D_3
1	0	0	D_4
1	0	1	D_5
1	1	0	D_6
1	1	1	D_7

输出表达式为：$Y=(A_2'A_1'A_0')D_0+(A_2'A_1'A_0)D_1+\cdots(A_2A_1A_0)D_7$

应特别指出的是：有的器件输入是低电位有效，有的是高电位有效，有的器件输出端输出的是原码，有的是反码，在学习时都应仔细地加以区分。

常用逻辑器件如表 4.4 所示。

表 4.4　常用中规模组合逻辑器件

常用中规模组合器件	种　类	典型芯片
编码器	1. 普通编码器/优先编码器 2. 二进制/二-十进制	74HC148 8 线-3 线优先编码器 （优先级别：I_7最高，I_0最低） 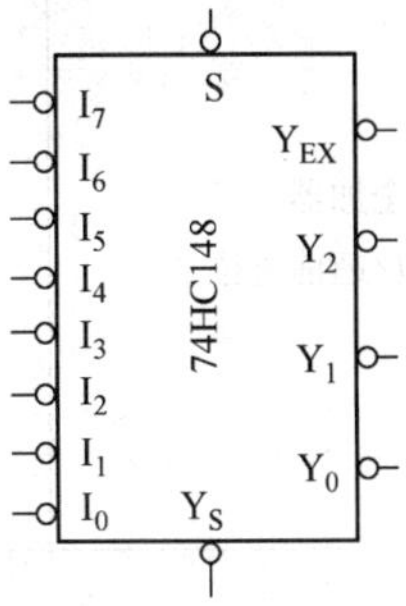 同一时刻可以有多个有效输入，但只对优先权最高的输入信号进行编码，以反码输出。
译码器	1. 电平译码器 二进制/二-十进制译码器 2. 显示译码器	74HC138 3 线-8 线译码器 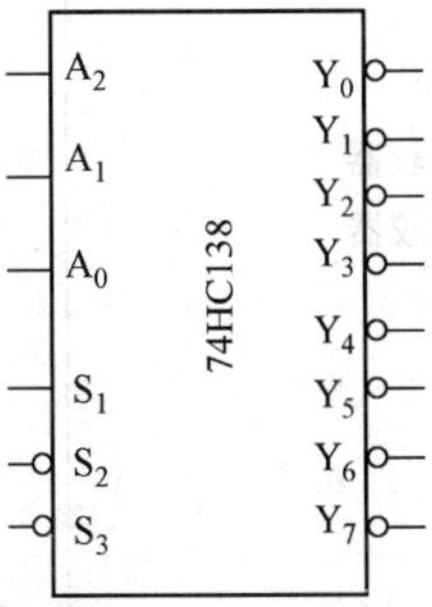 将输入的每一组二进制编码还原成一组高低的电平信号输出。 $Y_0'=(A_2'A_1'A_0')'=m_0'$；……

续表

常用中规模组合器件	种类	典型芯片
数据选择器	4 选 1 数据选择器 8 选 1 数据选择器 ……	74HC153 双 4 选 1 数据选择器 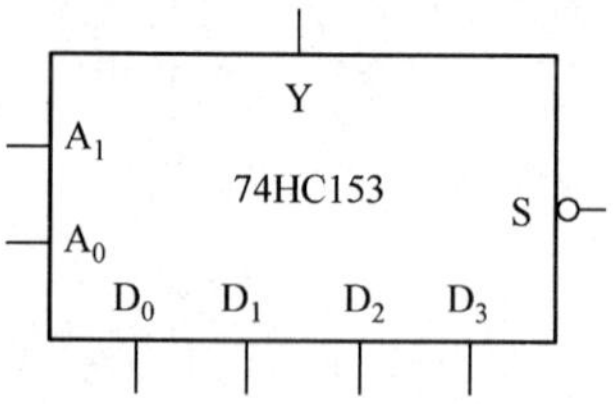 Y A_1 74HC153 S A_0 D_0 D_1 D_2 D_3 从 4 个数据中选择一个送至输出端。 $Y=A_1'A_0'\cdot D_0+A_1'A_0\cdot D_1+A_1A_0'\cdot D_2+A_1A_0\cdot D_3$ 74HC151 8 选 1 数据选择器 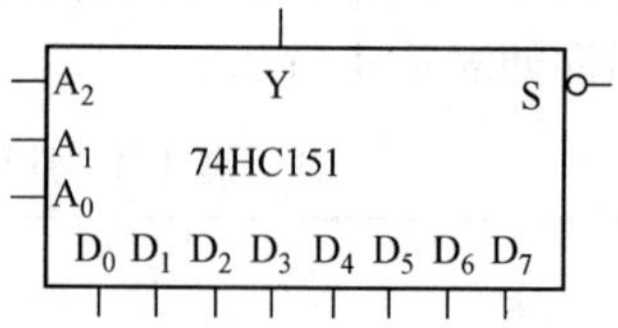 A_2 Y S A_1 74HC151 A_0 D_0 D_1 D_2 D_3 D_4 D_5 D_6 D_7 $Y=(A_2'A_1'A_0')D_0+\cdots(A_2A_1A_0)D_7$
加法器	1. 半加器/全加器 2. 串行进位/超前进位	输入变量：A、B 为加数和被加数(4 位二进制数)，CI 为低位的进位 输出变量：S 为和，CO 为向高位的进位。 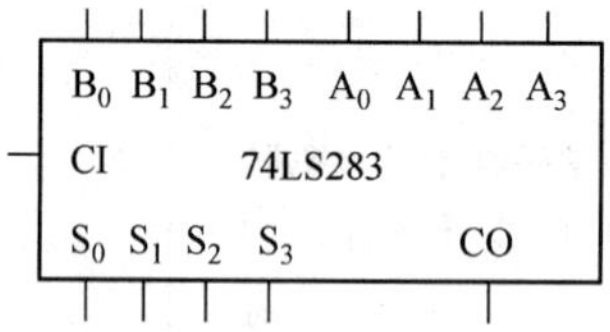 B_0 B_1 B_2 B_3 A_0 A_1 A_2 A_3 CI 74LS283 S_0 S_1 S_2 S_3 CO 74HC283 4 位二进制超前进位加法器
数值比较器	4 位数值比较器 8 位数值比较器 ……	B_3 A_3 B_2 A_2 B_1 A_1 B_0 A_0 $Y(A<B)$ $Y(A=B)$ $Y(A>B)$ $I(A<B)$ $I(A=B)$ $I(A>B)$ 74HC85 4 位数值比较器 最低位 $I(A<B)$、$I(A=B)$、$I(A>B)$ 应接 010

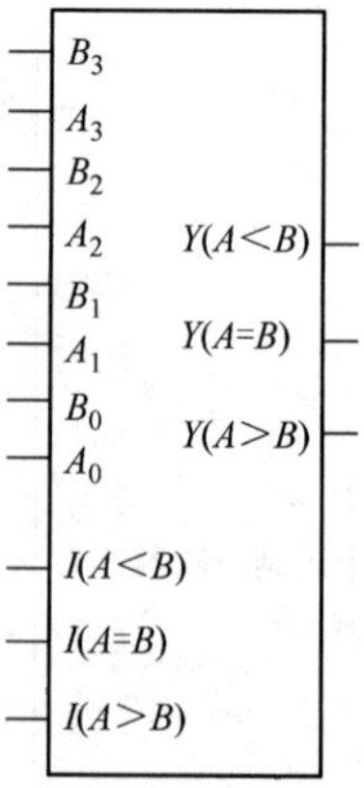

4.2.5 竞争与冒险

竞争和险象是由于器件的延时造成的，实际工作中经常会遇到。

(1) 竞争

在组合逻辑电路中，若某个输入变量通过两条或两条以上的路径到达输出端，由于经过每条路径的延迟时间不同，到达终点的时间就有先有后，这种现象称为竞争。

(2) 冒险

由于竞争而引起电路输出发生瞬间错误现象称为冒险。表现为输出端出现了原设计中没有的窄脉冲，常称其为毛刺。

有竞争不一定会产生冒险，但有冒险就一定有竞争。

(3) 竞争与冒险的判断方法

代数法：当函数表达式可以化简成 $A+A'$ 或 $A \cdot A'$ 的形式时，可能引起险象。

卡诺图法：如函数卡诺图为化简作的圈相切，且相切处无其他圈包含，可能有险象。

(4) 冒险现象的消除方法

① 封锁脉冲法

为了消除因竞争冒险所产生的干扰脉冲，可以引入一个负脉冲，在输入信号发生竞争的时间内，把可能产生干扰脉冲的门封住。

② 选通脉冲法

在电路中引进一个选通脉冲，控制输出端不再会有干扰脉冲出现。

③ 滤除法

因为竞争冒险所产生的干扰脉冲一般很窄，可以采用输出端并接小滤波电容予以滤除。

④ 修改逻辑设计法

采取冗余技术提高电路的可靠性。

4.3 典型题型及例题精解

【例 4.1】写出图 4.4 所示电路输出端的逻辑表达式，并分析电路实现的逻辑功能。

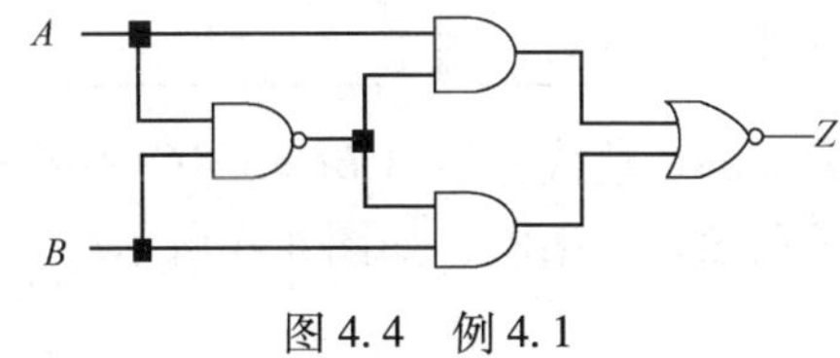

图 4.4 例 4.1

【解题思路】

经简单观察可知给定电路由 2 个输入变量 A 和 B，1 个输出变量 Z，1 个与非门、2 个与门、1 个或非门组成。我们需要分析的是输入 AB 与输出 Z 的逻辑关系，即电路的逻辑功能。

(1) 首先由输入到输出逐级写出输出端的逻辑表达式 $Z=(A\cdot(AB)'+B\cdot(AB)')'$，如图 4.5 标注所示。

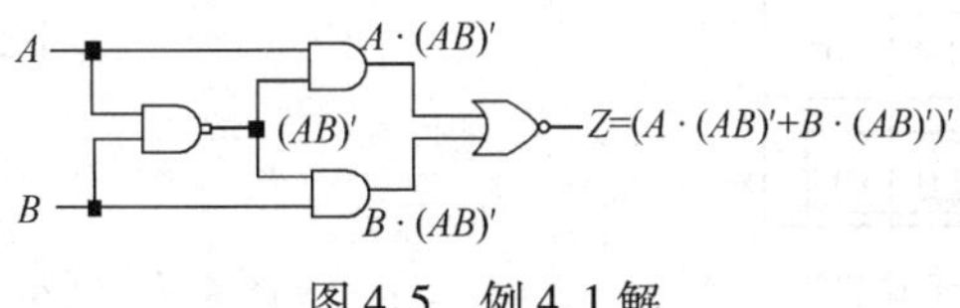

图 4.5 例 4.1 解

（2）由逻辑图列写的输出表达式通常都比较复杂，逻辑功能不直观，需对表达式 Z 化简：

$$
\begin{aligned}
Z &= (A\cdot(AB)'+B\cdot(AB)')' \\
&= (A\cdot(A'+B')+B\cdot(A'+B'))' \\
&= (AB'+A'B)' \\
&= AB+A'B'
\end{aligned}
$$

（3）由表达式可知，电路实现的逻辑功能是同或功能。

（4）真值表对逻辑功能描述会更直观。若题目中要求画出真值表，可根据最简与或表达式得到真值表如表 4.5 所示。

表 4.5　例 4.1 真值表

A	B	Y
0	0	1
0	1	0
1	0	0
1	1	1

【例 4.2】试用与非门实现一个三人表决电路，结果按“少数服从多数”的原则决定。

【解题思路】

欲实现任何实际问题，都需要先进行逻辑抽象，得到与实际问题因果关系相对应的真值表。

（1）三人对应三个变量 A、B、C，1 表示“同意”，0 表示“反对”。表决结果设定为 Y，1 表示“通过”，0 表示“否决”，则有真值表，如表 4.6 所示。

表 4.6　例 4.2 真值表

A	B	C	Y	A	B	C	Y
0	0	0	0	1	0	0	0
0	0	1	0	1	0	1	1
0	1	0	0	1	1	0	1
0	1	1	1	1	1	1	1

（2）由真值表写出所求函数的表达式：$Y=A'BC+AB'C+ABC'+ABC$

（3）化简后，将该逻辑函数填入卡诺图，如图 4.6 所示。合并最小项，得到最简与-或表达式：$Y=AB+BC+AC$

（4）要求用与非门实现该逻辑电路，就应将表达式转换成与非-与非表达式：

$Y=AB+BC+AC=(AB+BC+AC)''=((AB)'\cdot(BC)'\cdot(AC)')'$画出逻辑图，如图 4.7 所示。

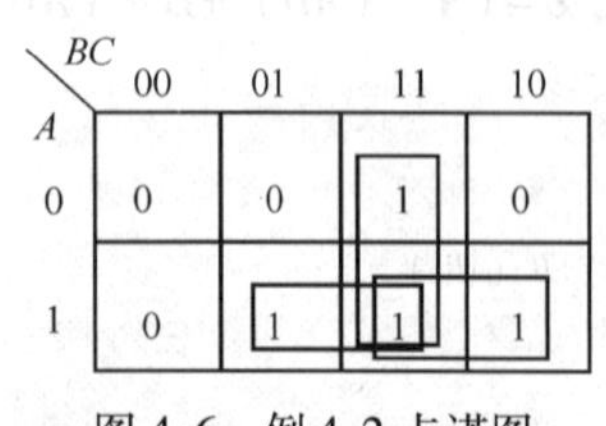

图 4.6　例 4.2 卡诺图

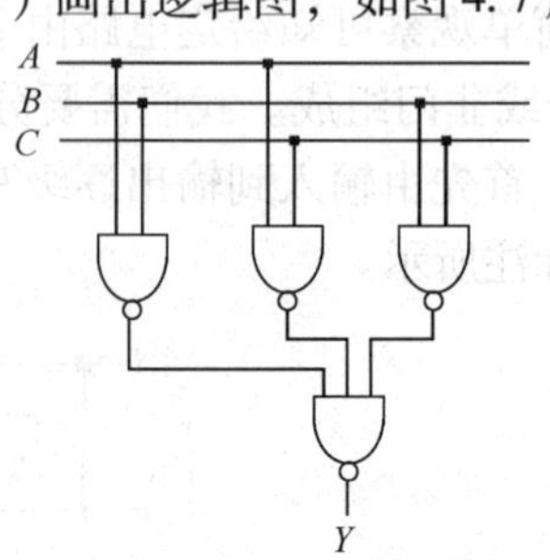

图 4.7　例 4.2 用与非门实现的逻辑图

【**例 4.3**】有一水箱由大、小两台泵 M_L和 M_S供水，如图 4.8 所示。水箱中设置了 3 个水位检测元件 A、B、C。水面低于检测元件时，检测元件给出高电平；水面高于检测元件时，检测元件给出低电平。现要求当水位超过 C 点时水泵停止工作；水位低于 C 点而高于 B 点时 M_S单独工作；水位低于 B 点而高于 A 点时 M_L单独工作；水位低于 A 点时 M_L和 M_S同时工作。试用门电路设计一个控制两台水泵的逻辑电路，要求电路尽量简单。

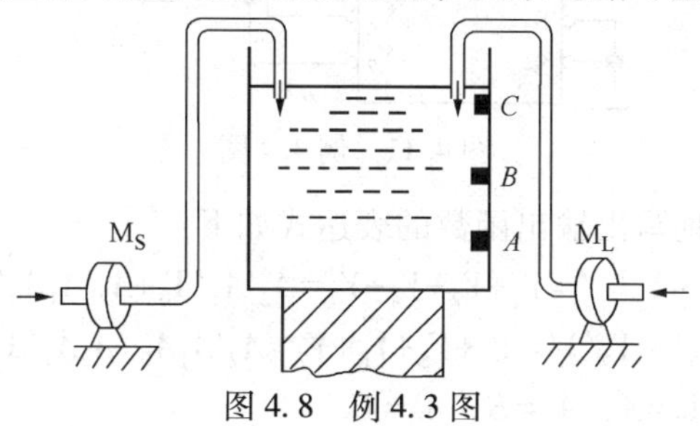

图 4.8　例 4.3 图

【**解题思路**】

根据设计要求，首先对变量进行赋值：设水泵 M_L和 M_S为 1 时表示工作，为 0 时表示停止工作；水位高于检测元件为 0，低于检测元件为 1，例如 $ABC=000$，表示水位高于 ABC 三个点，即在 C 点之上。若 $ABC=010$，表示水位高于 AC 点同时低于 B 点，此种取值情况实际中不可能发生，视为约束项(表 4.7)。

表 4.7　例 4.3 真值表

A	B	C	M_S	M_L
0	0	0	0	0
0	0	1	1	0
0	1	0	×	×
0	1	1	0	1
1	0	0	×	×
1	0	1	×	×
1	1	0	×	×
1	1	1	1	1

利用卡诺图化简，结果如图 4.9 和图 4.10 所示。

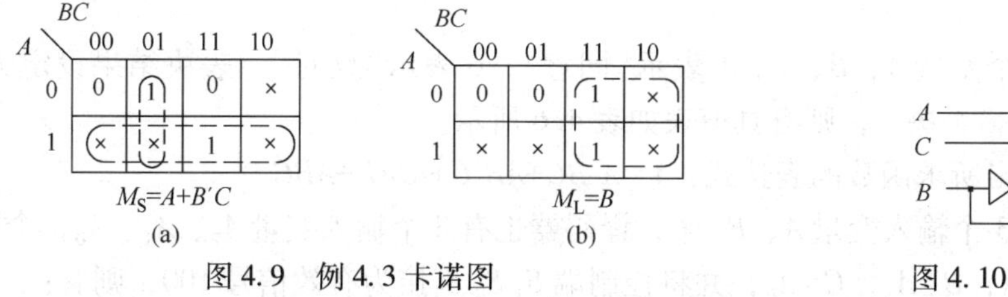

图 4.9　例 4.3 卡诺图　　图 4.10　例 4.3 逻辑图

逻辑图如图 4.9 所示。

【**例 4.4**】试分析如图 4.11 所示电路，说明该电路实现的逻辑功能。

【**解题思路**】

本题采用的中规模器件是 3 线-8 线二进制译码器 74HC138。

(1)首先，二进制译码器也称为最小项译码器，它的每一个输出信号都对应输入变量的

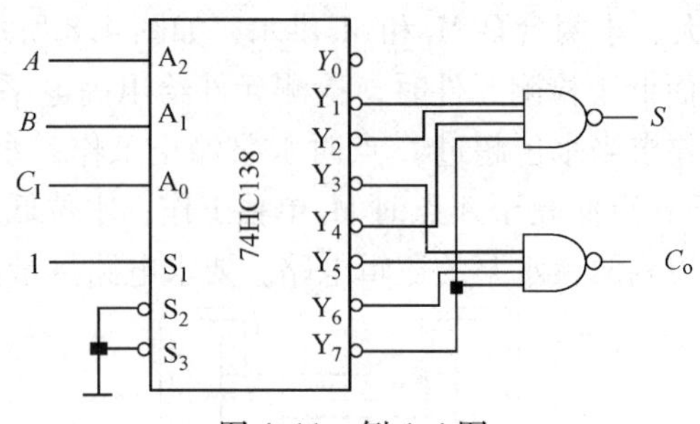

图 4.11 例 4.4 图

一个最小项。据此特点可列写出输出函数的表达式如下：

$$S=(Y_1' \cdot Y_2' \cdot Y_4' \cdot Y_7')'=Y_1+Y_2+Y_4+Y_7=A_2'A_1'A_0+A_2'A_1A_0'+A_2A_1'A_0'+A_2A_1A_0$$

$$C_O=(Y_3' \cdot Y_5' \cdot Y_6' \cdot Y_7')'=Y_3+Y_5+Y_6+Y_7=A_2'A_1A_0+A_2A_1'A_0+A_2A_1A_0'+A_2A_1A_0$$

通过观察电路可知：$A_2=A$，$A_1=B$，$A_0=C_I$。

代入函数表达式可得(不需要化简)：

$$S=A'B'C_I+A'BC_I'+AB'C_I'+ABC_I$$

$$C_O=A'BC_I+AB'C_I+ABC_I'+ABC_I$$

(2) 为方便分析，据表达式列出真值表如表 4.8 所示。

表 4.8 例 4.4 真值表

A	B	C_I	S	C_O	A	B	C_I	S	C_O
0	0	0	0	0	1	0	0	1	0
0	0	1	1	0	1	0	1	0	1
0	1	0	1	0	1	1	0	0	1
0	1	1	0	1	1	1	1	1	1

(3) 通过真值表，可以清楚看出图示电路所实现的是全加器功能。A、B 表示两个加数，C_I表示低位的进位，S 为和数，C_O为向高位的进位。

【例 4.5】用 3 线-8 线译码器 74HC138 和门电路实现例 4.2 功能(三人表决电路)。

【解题思路】

中规模组合电路设计与小规模门电路设计类似，欲解决实际问题，都应先进行逻辑抽象，分析输入变量和输出变量的个数，列出相应的真值表，写出表达式，但不需要进行化简。

(1) 三人对应三个变量 A、B、C，1 表示“同意”，0 表示“反对”。表决结果设定为 Y，1 表示“通过”，0 表示“否决”，则有真值表如表 4.6 所示。

(2) 由真值表写出所求函数的表达式：$Y=A'BC+AB'C+ABC'+ABC$

(3) 所求函数有 3 个输入变量 A、B、C，译码器也有 3 个输入变量 A_2、A_1、A_0，个数正好相等。所以令 $A=A_2$，$B=A_1$，$C=A_0$，并将控制端 S_1 S_2 S_3接为有效信号 100，则有：

所求函数 $Y=A'BC+AB'C+ABC'+ABC$

$$=A_2'A_1A_0+A_2A_1'A_0+A_2A_1A_0'+A_2A_1A_0$$

$$=Y_3+Y_5+Y_6+Y_7$$

$$=(Y_3' \cdot Y_5' \cdot Y_6' \cdot Y_7')'$$

(4) 用一片 74HC138 和一个与非门就可实现该组合逻辑电路，逻辑图如图 4.12 所示。

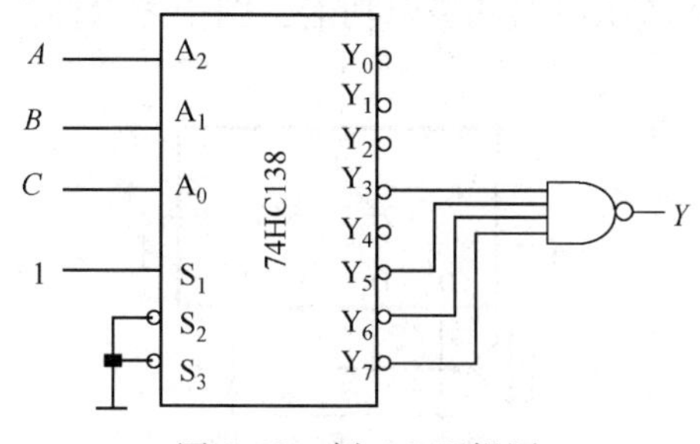

图 4.12　例 4.5 逻辑图

【例 4.6】某组合逻辑电路的真值表如表 4.9 所示，试用译码器和门电路实现。

表 4.9　例 4.6 真值表

输　入			输　出		
A	B	C	F_1	F_2	F_3
0	0	0	0	0	1
0	0	1	1	0	0
0	1	0	1	0	1
0	1	1	0	1	0
1	0	0	1	0	1
1	0	1	0	1	0
1	1	0	0	1	1
1	1	1	1	0	0

【解题思路】

将所求函数写为最小项表达式，再转换成与非—与非形式。

$F_1=A'B'C+A'BC'+AB'C'+ABC=m_1+m_2+m_4+m_7=(m'_1\cdot m'_2\cdot m'_4\cdot m'_7)'=(Y'_1\cdot Y'_2\cdot Y'_4\cdot Y'_7)'$

$F_2=A'BC+AB'C+ABC'=m_3+m_5+m_6=(m'_3\cdot m'_5\cdot m'_6)'=(Y_3'\cdot Y_5'\cdot Y_6')'$

$F_3=A'B'C'+A'BC'+AB'C'+ABC'=m_0+m_2+m_4+m_6=(m'_0\cdot m'_2\cdot m'_4\cdot m'_6)'=(Y_0'\cdot Y_2'\cdot Y_4'\cdot Y_6')'$

用一片 74LS138 加三个与非门就可实现该组合逻辑电路，逻辑图如图 4.13 所示。

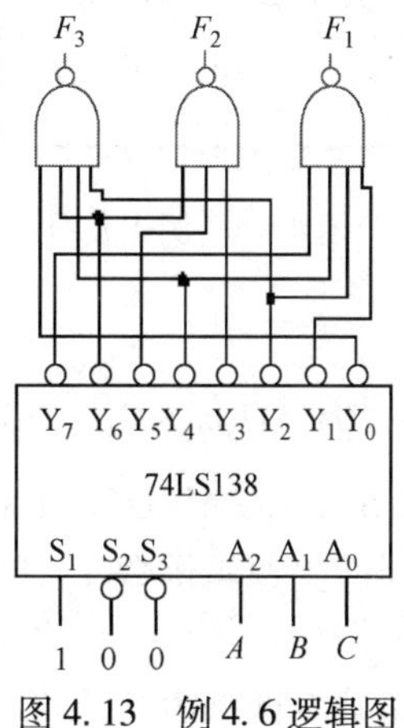

图 4.13　例 4.6 逻辑图

【**例 4.7**】试分析图 4.14 所示电路的逻辑功能，图中逻辑器件为 4 选 1 数据选择器。

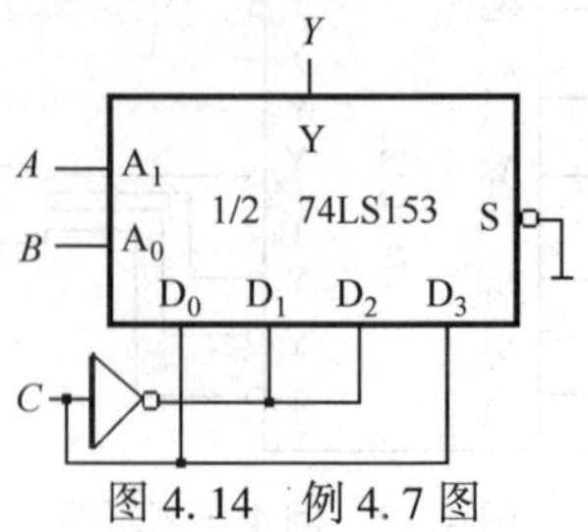

图 4.14 例 4.7 图

【**解题思路**】

本题采用的中规模器件是 4 选 1 数据选择器。

(1) 首先，4 选 1 数据选择器的函数表达式如下：

$Y=A_1'A_0'D_0+A_1'A_0 D_1+A_1A_0'D_2+A_1A_0 D_3$

通过观察电路可知：$A_1=A$，$A_0=B$，$D_0=D_3=C$，$D_1=D_2=C'$

代入函数表达式，整理可得：$Y=A'B'C+A'BC'+AB'C'+ABC$

(2) 为方便分析，据表达式列出真值表如表 4.10 所示。

表 4.10 例 4.7 真值表

A	B	C	Y	A	B	C	Y
0	0	0	0	1	0	0	1
0	0	1	1	1	0	1	0
0	1	0	1	1	1	0	0
0	1	1	0	1	1	1	1

(3) 通过真值表，可以清楚看出图示电路所实现的是三变量奇偶检测功能，当三个变量中 1 的个数是奇数时，输出为 1，否则为 0。

【**例 4.8**】分析如图 4.15 所示电路，写出输出 F 的逻辑函数式。74HC151 为 8 选 1 数据选择器。

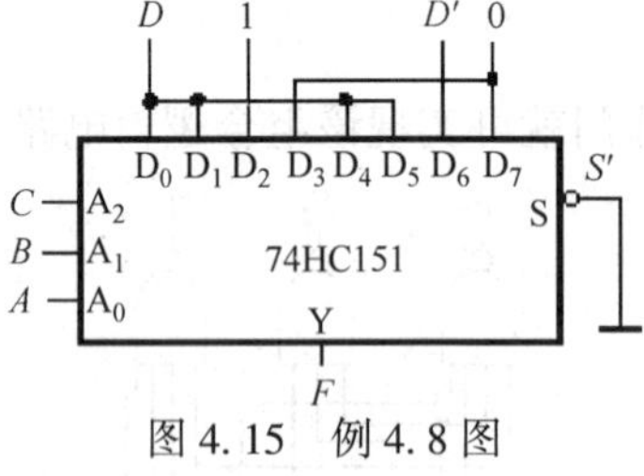

图 4.15 例 4.8 图

【**解题思路**】

$$F=D_0m_0+D_1m_1+D_2m_2+D_3m_3+D_4m_4+D_5m_5+D_6m_6+D_7m_7$$

$$=DC'B'A'+DC'B'A+C'BA'+DCB'A'+DCB'A+D'CBA'$$

【**例 4.9**】试用 4 选 1 数据选择器产生逻辑函数 $Y=AB'C'+A'C'+BC$

【**解题思路**】

用 4 选 1 数据选择器产生逻辑函数有两种方法：真值表对比法和表达式对比法。

方法一：表达式对比法

4 选 1 数据选择器的输出表达式为：

$$Y=(A_1'A_0')D_0+(A_1'A_0)D_1+(A_1A_0')D_2+(A_1A_0)D_3$$

而所求函数的表达式为：

$$Y=AB'C'+A'C'+BC=A'B'C'+A'BC'+A'BC+AB'C'+ABC$$
$$=(A'B')C'+(A'B)1+(AB')C'+(AB)C$$

将所求函数与 4 选 1 数据选择器两个表达式相比较可知，若：

$A=A_1$，$B=A_0$，$D_0=C'$，$D_1=1$，$D_2=C'$，$D_3=C$，则两个表达式相等。

接线图如图 4.16 所示。

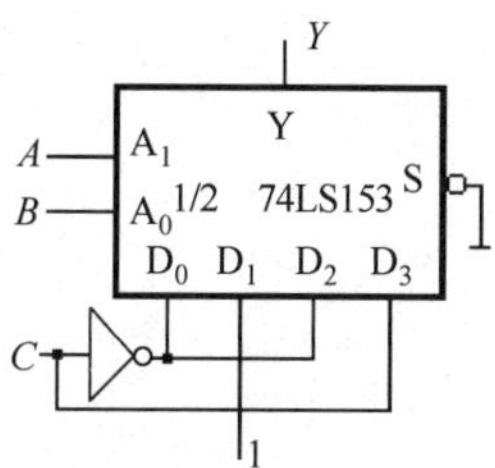

图 4.16　例 4.9 逻辑图

方法二：真值表对比法

若 4 选 1 数据选择器的真值表与所求函数的真值表完全相同，则说明数选器的功能与所求功能一致，即完成要求。通过观察可以清楚的看到，若令 $A=A_1$，$B=A_0$。同时令 $D_0=C'$，$D_1=1$，$D_2=C'$，$D_3=C$，则两个真值表会完全一致，真值表如表 4.11 和表 4.12 所示。

表 4.11　例 4.9 所求函数的真值表

A	B	C	Y
0	0	0	1
0	0	1	0
0	1	0	1
0	1	1	1
1	0	0	1
1	0	1	0
1	1	0	0
1	1	1	1

表 4.12　例 4.9 真值表

A_1	A_0	4 选 1
0	0	D_0
0	1	D_1
1	0	D_2
1	1	D_3

【**例 4.10**】试分别用 4 选 1 数据选择器、8 选 1 数据选择器(74HC151)实现题例 4.2 的三人多数表决电路。

【**解题思路**】

采用真值表比较法实现。

(1) 用 4 选 1 数据选择器实现。

将三人表决电路的真值表与 4 选 1 数据选择器的真值表相对比，如表 4.13、表 4.14 所示。令 $D_0=0$，$D_1=D_2=C$，$D_3=1$，则两个真值表完全一致，线路图如图 4.17 所示。

表 4.13　例 4.10 三人表决电路真值表

A	B	C	Y
0	0	0	0
0	0	1	0
0	1	0	0
0	1	1	1
1	0	0	0
1	0	1	1
1	1	0	1
1	1	1	1

表 4.14　例 4.10　真值表(1)

A_1	A_0	4 选 1
0	0	D_0
0	1	D_1
1	0	D_2
1	1	D_3

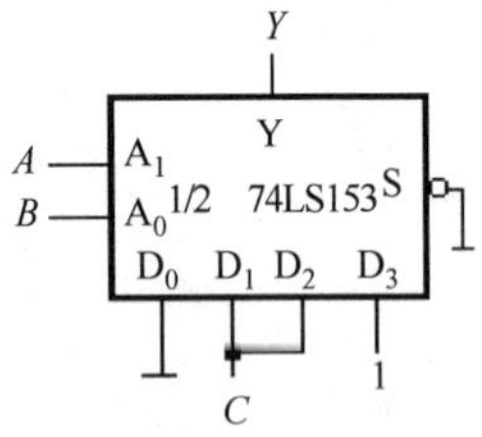

图 4.17　例 4.10 逻辑图(1)

(2) 用 8 选 1 数据选择器(74HC151)实现。

将三人表决电路的真值表与 8 选 1 数据选择器的真值表相对比，如表 4.13、表 4.15 所示。可以清楚看出，所求函数与 8 选 1 数据选择器的输入输出变量个数一样，若令两张表相同，只需所求函数的输入变量接至数据选择器的地址输入端，即 $A=A_2$，$B=A_1$，$C=A_0$。将所求函数的输出变量 Y 接至数据选择器的输出端 Y，同时令 $D_0=D_1=D_2=D_4=0$，$D_3=D_5=D_6=D_7=1$ 即可，连线图如图 4.18 所示。

表 4.15　例 4.10 真值表(2)

A_2	A_1	A_0	8 选 1
0	0	0	D_0
0	0	1	D_1
0	1	0	D_2
0	1	1	D_3
1	0	0	D_4
1	0	1	D_5
1	1	0	D_6
1	1	1	D_7

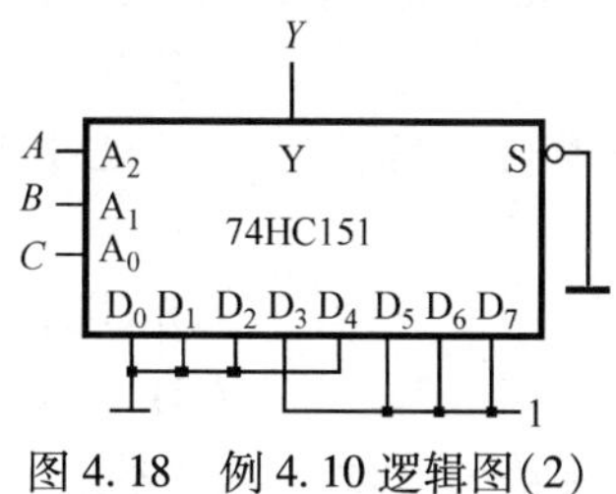

图 4.18　例 4.10 逻辑图(2)

习题与答案

习题

一、填空题

1. 组合逻辑电路任一时刻的输出信号，只与该时刻的输入信号(　　)，与电路以前的输入信号(　　)，组合电路由(　　)组成。

2. 当(　　)编码器几个输入端同时出现有效信号时，只对优先权(　　)的输入信号编码。

3. 8 线-3 线优先编码器 74LS148 输入输出均为低电平有效。，当输入信号为 11010101 时，输出 $Y_2'Y_1'Y_0'$应为(　　)。

4. 3 线-8 线译码器 74LS138 处于译码状态时，当输入 $A_2A_1A_0=001$ 时，输出 $Y_7'\sim Y_0'=$ (　　)。

5. 两片 3 线-8 线译码器级联，可以实现(　　)线-(　　)线的译码器。

6. 对于共阳接法的发光二极管数码显示器，应采用(　　)电平驱动的七段显示译码器。

7. 一位数值比较器，输入信号为两个要比较的 1 位二进制数，用 A、B 表示，输出信号为比较结果：$Y(A>B)$、$Y(A=B)$和 $Y(A<B)$，则 $Y(A>B)$的逻辑表达式为(　　)。

8. 能完成两个 1 位二进制数相加，并考虑到低位进位的器件称为(　　)。

9. 在组合逻辑电路中，当输入信号改变状态时，输出端可能出现虚假过渡干扰脉冲的现象称为(　　)。

10. 组合逻辑电路中的险象是由于(　　)引起的。

二、单项选择题

1. 组合电路分析的结果一般是要得到(　　)。

A. 逻辑电路图　　B. 电路的逻辑功能　C. 电路的真值表　　D. 逻辑函数式

2. 组合电路设计的结果一般是要得到(　　)。

A. 逻辑电路图　　B. 电路的逻辑功能　C. 电路的真值表　　D. 逻辑函数式

3. 若编码器有50个输入编码对象，则输出二进制代码位数最少为(　　)位。

A、5　　B. 6　　C. 10　　D. 50

4. 采用共阳极数码管的译码显示电路，当显示码数为4时，译码器的输出端应为(　　)。

A. $a=b=e=0$，$d=c=f=g=1$

B. $a=d=e=1$，$b=c=f=g=0$

C. $a=d=e=0$，$b=c=f=g=1$

D. $a=b=e=1$，$d=c=f=g=0$

5. 在二进制译码器中，若输入有4位代码，则输出有(　　)个信号。

A. 2　　B. 4　　C. 8　　D. 16

6. 以下电路中，加以适当辅助门电路，(　　)适于实现多输入、单输出的组合逻辑电路。

A. 二进制译码器　　B. 七段显示译码器

C. 数值比较器　　D. 数据选择器

7. 16选1数据选择器，其地址输入端有(　　)个。

A. 1　　B. 2　　C. 3　　D. 4

8. 半加器“和”的输出端与输入端逻辑关系是(　　)。

A. 与非　　B. 或非　　C. 与或非　　D. 异或

9. 4位二进制数值比较器处于最低位时，级联输入端 $I(A>B)$、$I(A=B)$、$I(A<B)$ 的接法应为：(　　)。

A. 111　　B. 100　　C. 010　　D. 001

10. 函数 $F=A'C+AB+B'C'$，当变量的取值为(　　)时，可能出现冒险现象。

A. $B=C=1$　　B. $B=C=0$

C. $A=0$，$C=0$　　D. $A=0$，$B=1$

三、判断题(正确打√，错误打×)

1. 组合逻辑电路有记忆功能。(　　)

2. 优先编码器的编码信号是相互排斥的，不允许多个编码信号同时有效。(　　)

3. 101键盘编码器的输出为6位二进制代码。(　　)

4. 在大多数情况下，对于译码器而言，其输入端数目少于输出端数目。(　　)

5. 74LS47显示译码器用于驱动共阴极数据显示管。(　　)

6. 为测试数码管每个显示段的好坏，通常给显示译码器试灯端LT′加高电平。(　　)

7. 一个8选1数据选择器有8个地址输入端，1个数据输出端。(　　)

8. 译码器与数据分配器的功能相近，实际应用中通常用译码器来构成数据分配器。(　　)

9. 用译码器和数据选择器实现逻辑函数时不需要化简。(　　)

10. 只完成加数和被加数相加，不考虑低位进位的加法电路，称为半加器。(　　)

四、分析设计题

1. 分析如图题4.4-1所示电路，要求写出表达式，列出真值表。

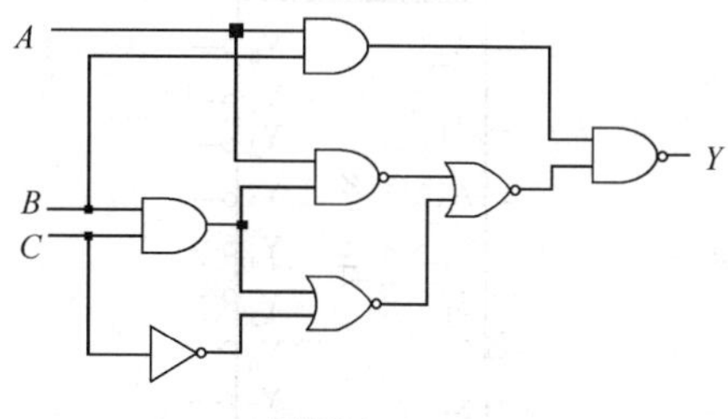

图题 4.4-1

2. 分析如图题 4.4-2 所示电路，写出逻辑表达式，列出真值表，并说明电路实现的逻辑功能。

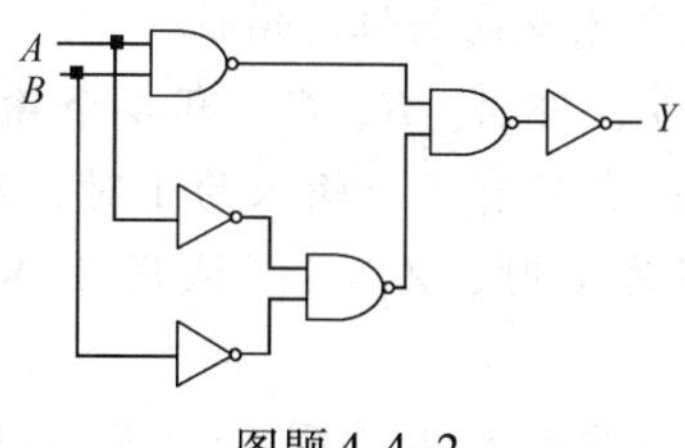

图题 4.4-2

3. 某汽车驾驶员培训班结业考试，有三名评判员，其中 A 为主评判员，B、C 为副评判员。评判时，当主评判员认为合格且两个副评判中至少一名认为合格时，成绩可以通过。试用与非门实现。

4. 试用与非门设计一个水箱电路(图题 4.4-4)，当水面在 A 以下和 C 以上时，红灯亮，水面在 AB 之间时黄灯亮，水面在 BC 之间时，绿灯亮。

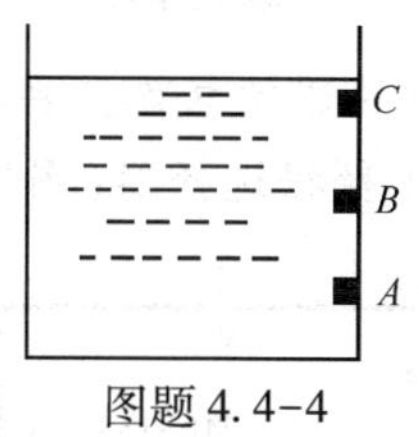

图题 4.4-4

5. 某医院有一、二、三、四号病室 4 间，每室设有呼叫按钮，同时在护士值班室内对应地装有一号、二号、三号、四号 4 盏指示灯。

现要求当一号病室的铵钮按下时，无论其他病室内的按钮是否按下，只有一号灯亮。当一号病室的按钮没有按下，而二号病室的按钮按下时，无论三、四号病室的按钮是否按下，只有二号灯亮。当一、二号病室的按钮都未按下而三号病室的按钮按下时，无论四号病室的铵钮是否按下，只有三号灯亮。只有在一、二、三号病室的按钮均未按下，而四号病室的按钮按下时，四号灯才亮。试用优先编码器 74HC148 及门电路设计满足上述要求的逻辑电路。

6. 试画出用 3 线-8 线译码器 74HC138(图题 4.4-6)和门电路产生多输出逻辑函数的逻辑图。

$$Y_1=AC$$

$$Y_2=A'B'C+AB'C'+BC$$

$$Y_3=B'C'+ABC'$$

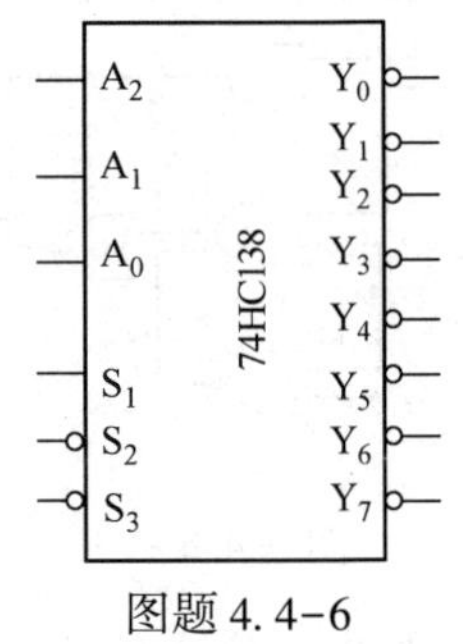

图题 4.4-6

7. 用 3 线-8 线译码器 74HC138 和门电路设计 1 位二进制全减器电路。输入为被减数、减数和低位的借位；输出为两数之差及向高位的借位。

8. 一个电路有 3 个输入信号，即 A、B、C，有 4 个输出信号，即 Z_1、Z_2、Z_3、Z_4，当所有输入信号为 0 时，$Z_1=1$；当只有 1 个输入为 1 时，$Z_2=1$；当任意 2 个输入信号为 1 时，$Z_3=1$；当 3 个输入全部为 1 时，$Z_4=1$。试用 3-8 线译码器 74HC138 和门电路实现。

9. 请用 4 选 1 数据选择器(图题 4.4-9)实现 $Y=A'BC+AB'C'+AB$，给出分析过程。

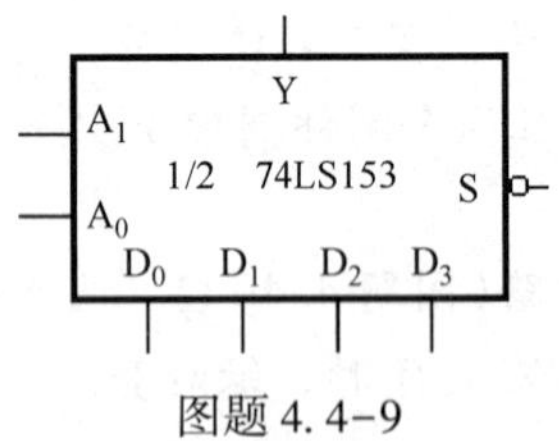

图题 4.4-9

10. 设计用 3 个开关控制一个电灯的逻辑电路，要求改变任何一个开关的状态都控制电灯由亮变灭或由灭变亮。要求用 4 选 1 数据选择器(图题 4.4-10)来实现。

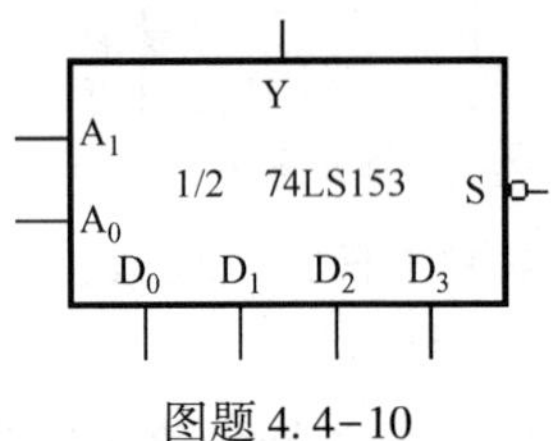

图题 4.4-10

11. 设计一个四变量判奇电路，当输入变量 A，B，C，D 中有奇数个 1 时，其输出 Y 为 1；否则输出为 0。要求写出真值表，并用 4 选 1 数据选择器(图题 4.4-11)和适当门电路实现。

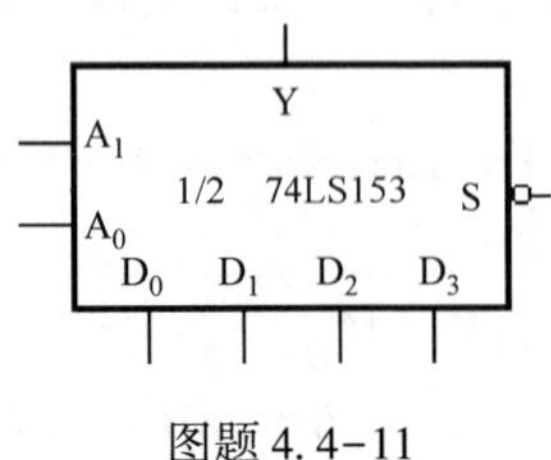

图题 4.4-11

12. 如图题 4.4-12 所示为由 8 选 1 数据选择器构成的组合逻辑电路，图中 $a_1a_0b_1b_0$ 为两个 2 位二进制数，试列出电路的真值表，并说明其逻辑功能。

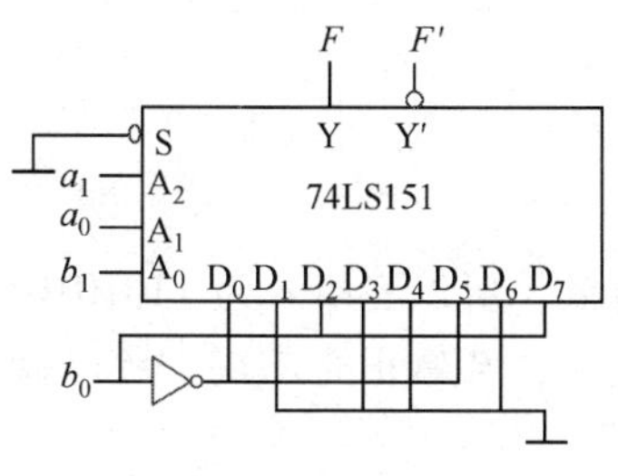

图题 4. 4-12

13. 用 8 选 1 数据选择器 74HC151(图题 4. 4-13)产生逻辑函数 $Y=AC+A'BC'+A'B'C$

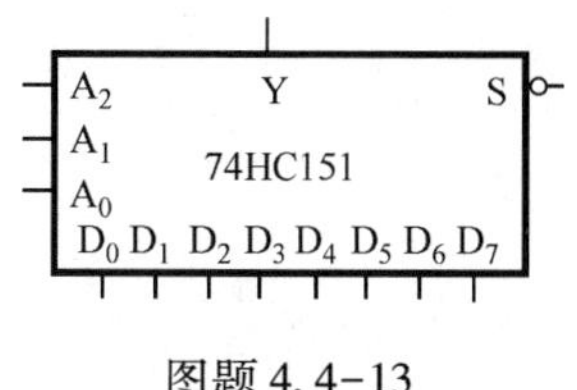

图题 4. 4-13

14. 用 8 选 1 数据选择器 74HC151(图题 4. 4-14)产生逻辑函数 $Y=AC'D+A'B'CD+BC+BC'D'$

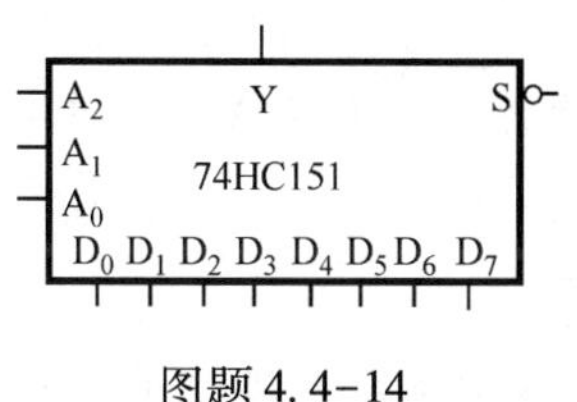

图题 4. 4-14

15. 试用一片 4 位并行加法器 74LS283(图题 4. 4-15)实现比较电路，当一个 4 位二进制数 $A \geqslant 10$ 时，输出为 1，否则为 0。

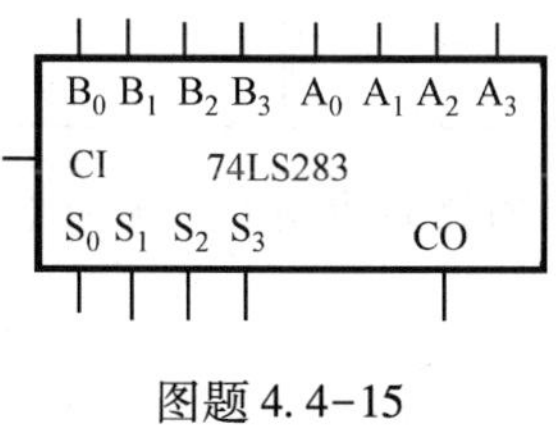

图题 4. 4-15

16. 如图题 4. 4-16 所示电路是否存在冒险现象？属于哪种冒险？

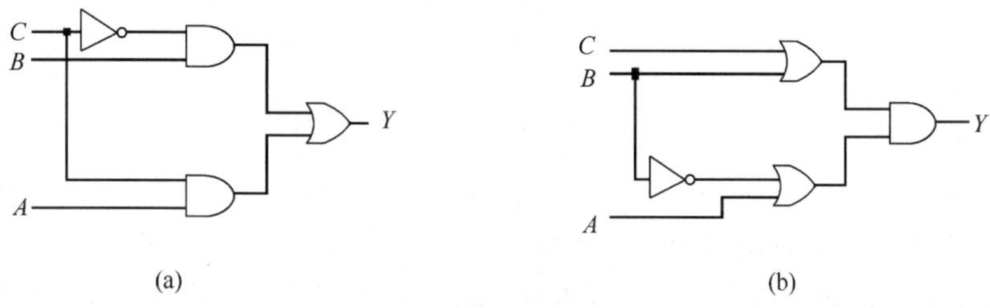

图题 4. 4-16

答案

一、填空题

1. 有关；无关；门电路

2. 优先；最高

3. 010

说明：因为输入信号是低有效，所以当输入为11010101时，信号5线、3线、1线都有效，但只对优先权最高的5线编码，且输出为反码，所以输出结果为5的反码010。

4. 11111101

5. 4；16

6. 低

7. AB'

8. 全加器

9. 竞争冒险

10. 电路中的时延

二、单项选择题

1. B；2. A；3. B；4. B；5. D；6. D；7. D；8. D；9. C ；10. A

三、判断题

1. ×；2. ×；3. ×；4. √；5. ×；6. ×；7. ×；8. √；9. √；10. √

四、分析设计题

1. 从输入到输出逐级写出输出的逻辑表达式：$Y=(AB\cdot((ABC)'+(BC+C')')')'$

化简得 $Y=(ABC)'$

真值表如表题4.4-1(答)所示。

表题4.4-1(答)　真值表

A	B	C	Y	A	B	C	Y
0	0	0	1	1	0	0	1
0	0	1	1	1	0	1	1
0	1	0	1	1	1	0	1
0	1	1	1	1	1	1	0

2. 从输入到输出逐级写出输出的逻辑表达式：$Y=((AB)'\cdot(A'B')')''$

化简得 $Y=A'B+AB'$

真值表如表题4.4-2(答)所示。

表题4.4-2(答)　真值表

A	B	Y
0	0	0
0	1	1
1	0	1
1	1	0

观察真值表可知电路的逻辑功能为异或功能，即当AB不同时，输出为1。

3. (1)设三名评判同意为1，不同意为0，成绩变量设为Y，通过为1，不通过为0。则根据题目要求真值表如表题4.4-3-1(答)所示。

表题 4.4-3-1(答)　真值表

A	B	C	Y	A	B	C	Y
0	0	0	0	1	0	0	0
0	0	1	0	1	0	1	1
0	1	0	0	1	1	0	1
0	1	1	0	1	1	1	1

(2) 化简得 $F=AB+AC$，并转换为与非-与非式 $F=((AB)'\cdot(AC)')'$。

(3) 逻辑图如图题 4.4-3-3(答)所示。

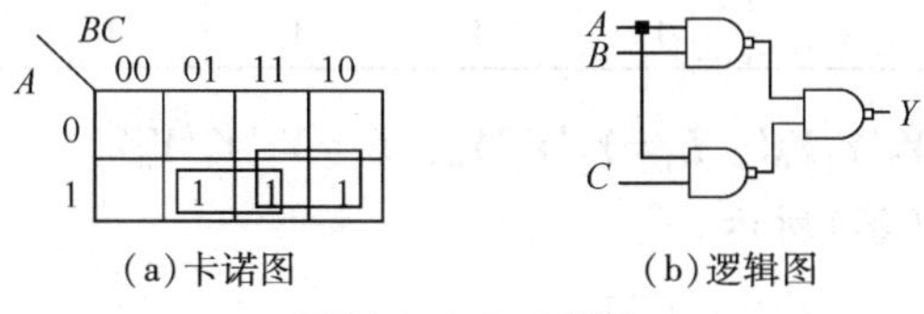

(a)卡诺图　　(b)逻辑图

图题 4.4-3-3(答)

4. (1)根据设计要求，首先对变量进行赋值：设水位高于检测元件为 0，低于检测元件为 1，红灯设为 R，黄灯设为 Y，绿灯设为 G，灯亮为 1，不亮为 0；则根据题目要求真值表如表题 4.4-4-1(答)所示

表题 4.4-4-1(答)　真值表

A	B	C	R	Y	G	A	B	C	R	Y	G
0	0	0	1	0	0	1	0	0	×	×	×
0	0	1	0	0	1	1	0	1	×	×	×
0	1	0	×	×	×	1	1	0	×	×	×
0	1	1	0	1	0	1	1	1	1	0	0

(2) 化简函数 $R=A+C'=(A'C)'$，$Y=A'B=(A'B)''$，$G=B'C=(B'C)''$，卡诺图如图题 4.4-4-2(答)所示。

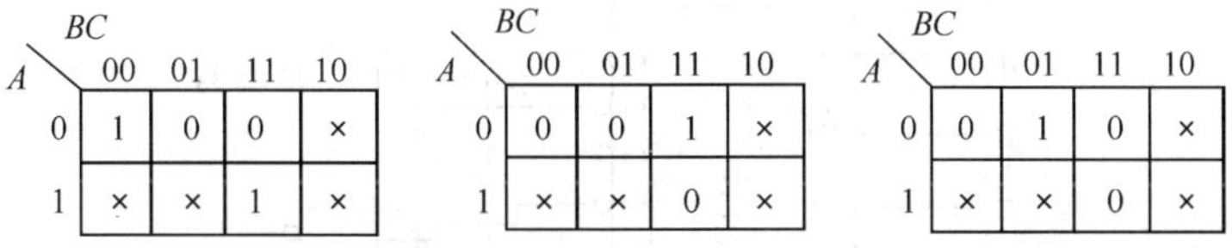

图题 4.4-4-2(答)　卡诺图

(3) 逻辑图如图题 4.4-4-3(答)所示。

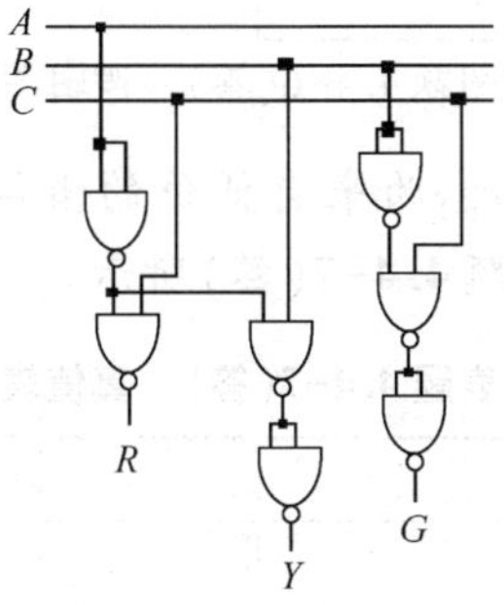

图题 4.4-4-3(答)

5. 设一、二、三、四号病室中呼叫按钮分别为输入变量 A、B、C、D，按下用 0 表示，没按用 1 表示；设一、二、三、四号病室呼叫指示灯分别为 L_1、L_2、L_3、L_4，指示灯亮用 1 表示，不亮用 0 表示，列出真值表如表题 4.4-5-1(答)所示。

表题 4.4-5-1(答)　真值表

A	B	C	D	Y_2'	Y_1'	Y_0'	L_1	L_2	L_3	L_4
0	×	×	×	1	0	0	1	0	0	0
1	0	×	×	1	0	1	0	1	0	0
1	1	0	×	1	1	0	0	0	1	0
1	1	1	0	1	1	1	0	0	0	1

则 $L_1 = Y_2'Y_1Y_0$，$L_2 = Y_2'Y_1Y_0'$，$L_3 = Y_2'Y_1'Y_0$，$L_4 = Y_2'Y_1'Y_0'$

逻辑图如图题 4.4-5(答)所示。

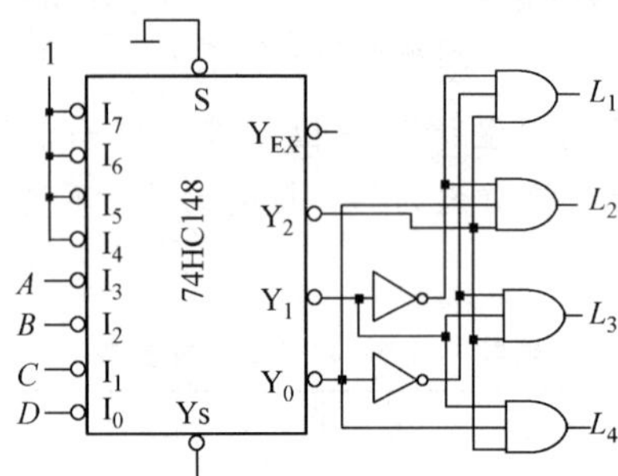

图题 4.4-5(答)　逻辑图

6. 将 $Y_1Y_2Y_3$ 写成最小项之和形式，并转换为与非-与非形式。

$Y_1 = ABC + AB'C = \Sigma m(5,\ 7) = (Y_5'Y_7')'$

$Y_2 = A'B'C + AB'C' + ABC + A'BC = \Sigma m(1,\ 3,\ 4,\ 7) = (Y_1'Y_3'Y_4'Y_7')'$

$Y_3 = AB'C' + A'B'C' + ABC' = \Sigma m(0,\ 4,\ 6) = (Y_0'Y_4'Y_6')'$

输入变量 A、B、C 分别接 A_2、A_1、A_0；逻辑图如图题 4.4-6(答)所示。

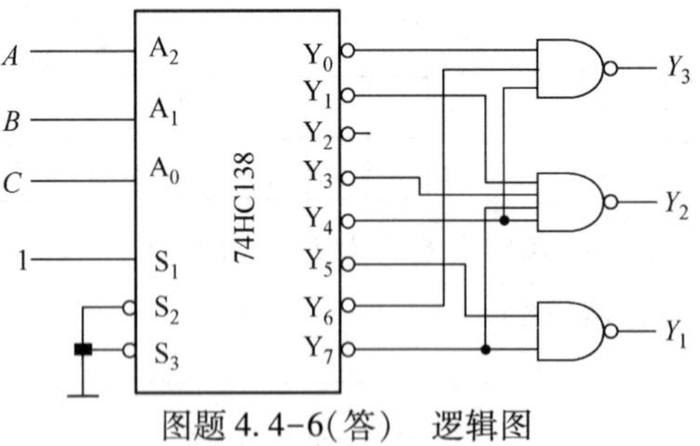

图题 4.4-6(答)　逻辑图

7. 设 a_i 为被减数，b_i 为减数，c_{i-1} 为来自低位的借位，D_i 为差，C_i 为向高位的借位信号。首先列出全减器真值表，如表题 4.4-7(答)所示。

表题 4.4-7(答)　真值表

a_i	b_i	c_{i-1}	D_i	C_i
0	0	0	0	0
0	0	1	1	1

a_i	b_i	c_{i-1}	D_i	C_i
0	1	0	1	1
0	1	1	0	1
1	0	0	1	0
1	0	1	0	0
1	1	0	0	0
1	1	1	1	1

将 D_i，C_i 逻辑式写成最小项形式(不需要化简)，并转换为与非-与非形式：

$$D_i = m_1 + m_2 + m_4 + m_7 = (Y_1' Y_2' Y_4' Y_7')'$$

$$C_i = m_1 + m_2 + m_3 + m_7 = (Y_1' Y_2' Y_3' Y_7')'$$

将输入变量 a_i、b_i、c_{i-1} 分别接 A_2、A_1、A_0，电路如图题 4.4-7(答)所示。

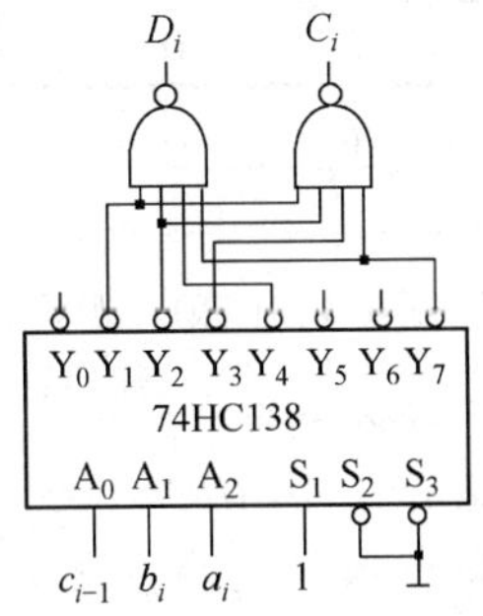

图题 4.4-7(答)　逻辑图

8. 真值表如表题 4.4-8(答)所示，逻辑图如图题 4.4-8(答)所示。

表题 4.4-8(答)　真值表

A	B	C	Z_1	Z_2	Z_3	Z_4	A	B	C	Z_1	Z_2	Z_3	Z_4
0	0	0	1	0	0	0	1	0	0	0	1	0	0
0	0	1	0	1	0	0	1	0	1	0	0	1	0
0	1	0	0	1	0	0	1	1	0	0	0	1	0
0	1	1	0	0	1	0	1	1	1	0	0	0	1

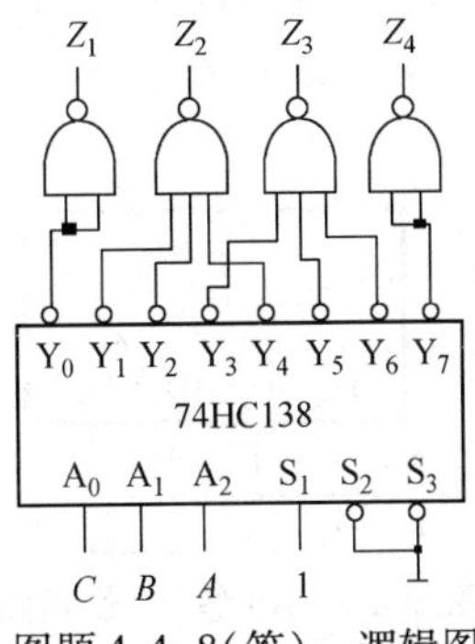

图题 4.4-8(答)　逻辑图

9. 采用真值表对比法，如表题 4.4-9(答)所示，逻辑图如图题 4.4-9(答)所示。

表题 4.4-9(答)　真值表

A	B	C	Y	4 选 1
0	0	0	0	$D_0=0$
0	0	1	0	
0	1	0	0	$D_1=C$
0	1	1	1	
1	0	0	1	$D_2=C'$
1	0	1	0	
1	1	0	1	$D_3=1$
1	1	1	1	

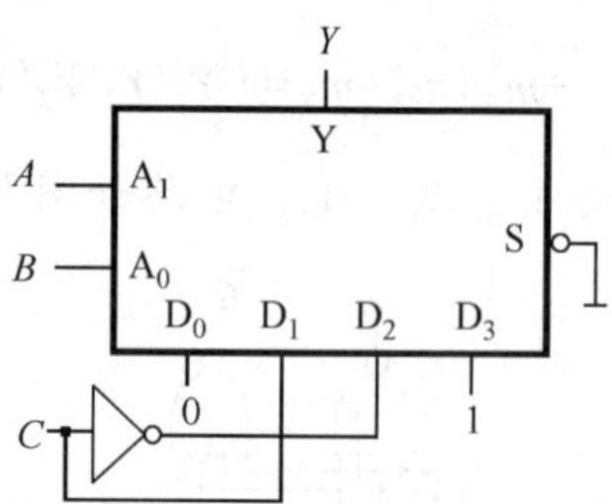

图题 4.4-9(答)　逻辑图

10. 设三个开关为 A、B、C，灯的状态为 Y，开关的开关两种状态分别用 1 和 0 表示，灯亮和灭两种状态也分别用 1 和 0 表示。令 $ABC=000$、$Y=0$ 为电路的初始状态，即从这个状态开始，单独改变任何一个开关的状态 Y 的状态都要发生变化。据此列出 Y 与 A、B、C 之间逻辑关系的真值表。真值表如表题 4.4-10(答)所示。

表题 4.4-10(答)　真值表

A	B	C	Y	A	B	C	Y
0	0	0	0	1	0	0	1
0	0	1	1	1	0	1	0
0	1	0	1	1	1	0	0
0	1	1	0	1	1	1	1

从真值表写出逻辑式 $Y=A'B'C+A'BC'+AB'C'+ABC$

4 选 1 数据选择器的表达式为 $Y=(A_1'A_0')D_0+(A_1'A_0)D_1+(A_1A_0')D_2+(A_1A_0)D_3$

可得 $A_1=A$，$A_0=B$，$D_0=D_3=C$，$D_1=D_2=C'$，逻辑图如图题 4.4-10(答)所示。

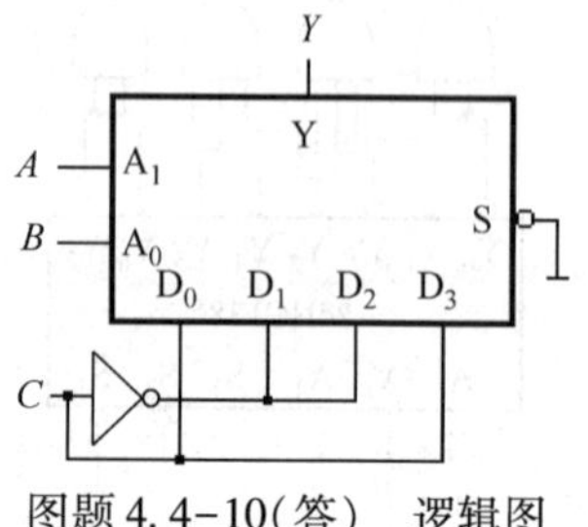

图题 4.4-10(答)　逻辑图

11. 真值表如表题 4.4-11(答)所示。

表题 4.4-11(答) 真值表

A	B	C	D	Y	4选1	A	B	C	D	Y	4选1
0	0	0	0	0	D_0	1	0	0	0	1	D_2
0	0	0	1	1		1	0	0	1	0	
0	0	1	0	1		1	0	1	0	0	
0	0	1	1	0		1	0	1	1	1	
0	1	0	0	1	D_1	1	1	0	0	0	D_3
0	1	0	1	0		1	1	0	1	1	
0	1	1	0	0		1	1	1	0	1	
0	1	1	1	1		1	1	1	1	0	

令 $D_0=D_3=C\oplus D$；$D_1=D_2=(C\oplus D)'$ 即可实现所求功能，逻辑图如图题 4.4-11(答)所示。

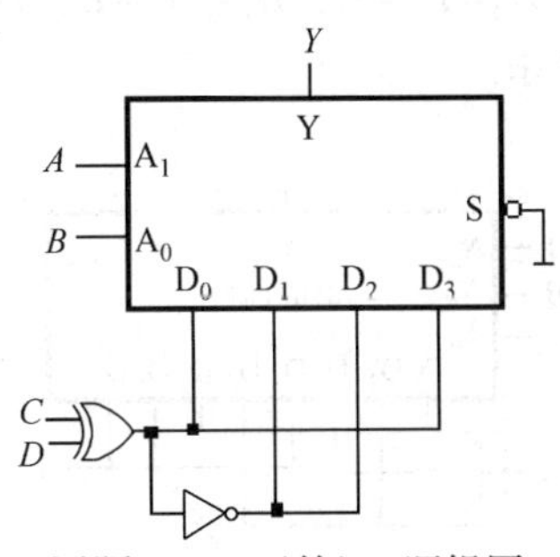

图题 4.4-11(答) 逻辑图

12. 真值表如表题 4.4-12(答)所示。

表题 4.4-12(答) 真值表

a_1	a_0	b_1	b_0	F	a_1	a_0	b_1	b_0	F
0	0	0	0	1	1	0	0	0	0
0	0	0	1	0	1	0	0	1	0
0	0	1	0	0	1	0	1	0	1
0	0	1	1	0	1	0	1	1	0
0	1	0	0	0	1	1	0	0	0
0	1	0	1	1	1	1	0	1	0
0	1	1	0	0	1	1	1	0	0
0	1	1	1	0	1	1	1	1	1

其逻辑功能为：当 $a_1\ a_0$ 与 $b_1\ b_0$ 相等时，输出 F 为 1。

13. 将所求函数 Y 变换成最小项之和形式，并与 8 选 1 数据选择器表达式比较。

$$Y=AC+A'BC'+A'B'C=ABC+AB'C+A'BC'+A'B'C=$$

$$(A'B'C')0+(A'B'C)1+(A'BC')1+(A'BC)0+(AB'C')0+(AB'C)1+(ABC')0+(ABC)1$$

可得：$D_1=D_2=D_5=D_7=1$，其他接 0，逻辑图如图题 4.4-13(答)所示。

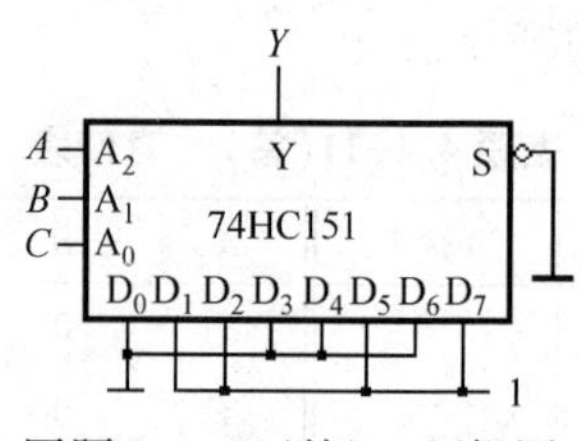

图题 4. 4-13(答)　逻辑图

14. 8 选 1 数据选择器的输出表达式为：

$Y=(A_2'A_1'A_0')D_0+(A_2'A_1'A_0)D_1+(A_2'A_1A_0')D_2+\cdots+(A_2A_1A_0)D_7$

所求函数转换为最小项表达式为：

$Y=AC'D+A'B'CD+BC+BC'D'$

$=ABC'D+AB'C'D+A'B'CD+A'BCD'+A'BCD+ABCD'+ABCD+A'BC'D'+ABC'D'$

$=(A'B'C')0+(A'B'C)D+(A'BC')D'+(A'BC)1+(AB'C')D+(AB'C)0+(ABC')1+(ABC)1$

将所求函数与 8 选 1 数据选择器两个表达式相比较令其相等，则可得：

$A=A_2$，$B=A_1$，$C=A_0$，$D_0=D_5=0$，$D_1=D_4=\mathrm{D}$，$D_2=\mathrm{D}'$，$D_3=D_6=D_7=1$

逻辑图如图题 4. 4-14(答)所示。

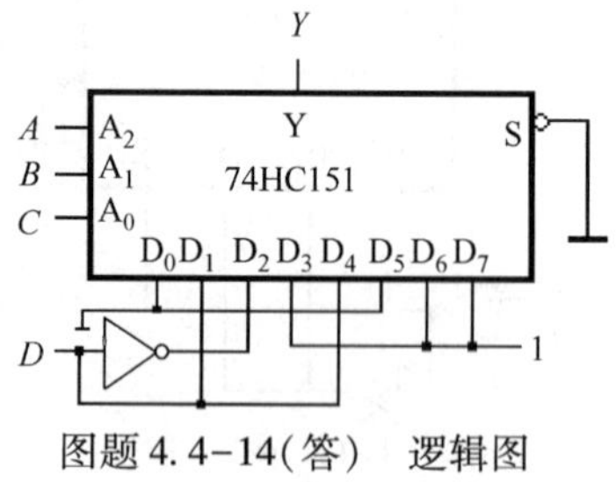

图题 4. 4-14(答)　逻辑图

15. 分析题目要求可知，只要令 B 为 6(0110)，则当 A 大于等于 10 时，$A+B\geqslant16$，就会产生进位，进位 CO 就会输出 1，逻辑图如图题 4. 4-15(答)所示。

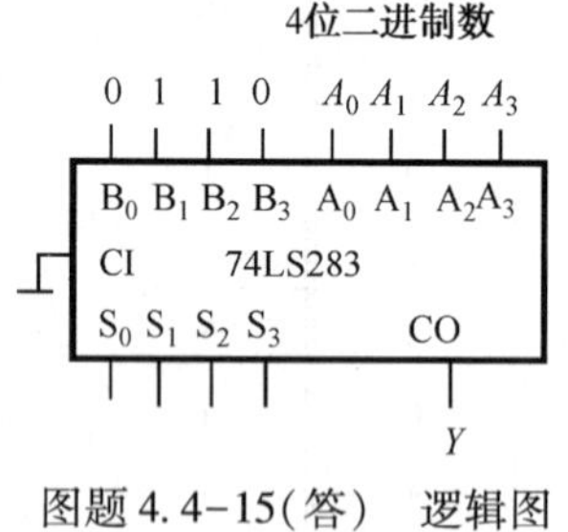

图题 4. 4-15(答)　逻辑图

16. 图题 4. 4-16(a)中表达式为 $Y=AC+BC'$；则当 $A=B=1$ 时，$Y=C+C'$，有“0”冒险。

图题 4. 4-16(b)中表达式为 $Y=(A+B')\cdot(B+C)$；则当 $A=C=0$ 时，$Y=B\cdot B'$，有“1”冒险。

❖第 5 章　触 发 器❖

5.1　教学内容及要求

为了实现触发器的“记忆”功能，要求触发器有两个稳定状态(0 状态和 1 状态)，同时触发器还要能够接收、保存和输出信号。

触发器按照电路结构和工作特点不同，可以分为基本触发器、同步触发器、主从触发器和边沿触发器等四种类型，以基本 *SR* 触发器、同步 *SR* 触发器、主从 *SR* 触发器、主从 *JK* 触发器和边沿 *D* 触发器为例，总结这五种触发器电路结构和工作特点。

5.2　内容综述

5.2.1　*SR* 锁存器

(1) 电路结构与逻辑符号如图 5.1 所示。

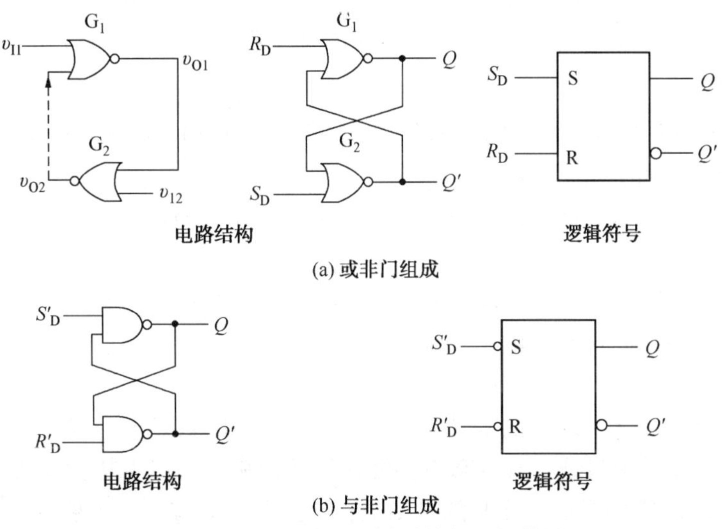

图 5.1　*SR* 锁存器电路结构与逻辑符号

(2) 工作特点

输入信号 S_D、R_D 在全部作用时间内都能直接改变输出端 Q 和 Q'的状态，即能直接置“1”或直接置“0”。因为这种动作特点，所以 S_D、R_D 称为直接置位端和直接复位端。

5.2.2　电平触发的触发器(同步 *SR* 触发器)

(1) 电路结构与逻辑符号如图 5.2 所示。

(2) 工作特点

在 $CLK=1$ 的全部时间里，S 和 R 的变化都会引起触发器输出端 Q 和 Q'的变化，因此，如果在 $CLK=1$ 时输入信号多次发生变化，则触发器也会产生多次翻转，这就降低了电路的抗干扰能力。

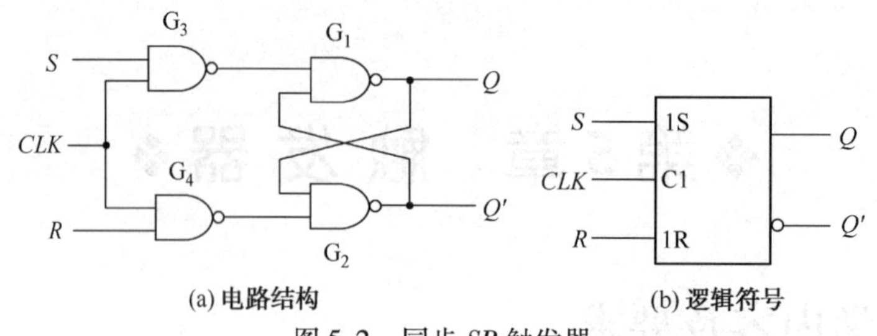

(a) 电路结构　　(b) 逻辑符号

图 5.2　同步 *SR* 触发器

5.2.3　脉冲触发的触发器

(1) 主从 *SR* 触发器

① 电路结构与逻辑符号如图 5.3 所示。

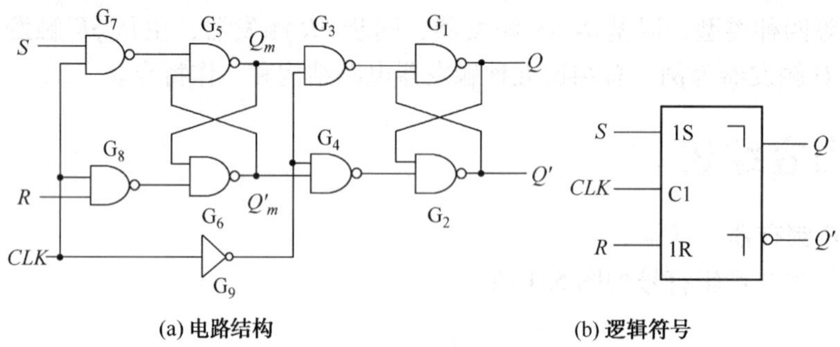

(a) 电路结构　　(b) 逻辑符号

图 5.3　主从 *SR* 触发器

② 工作特点

主从结构 *SR* 触发器(简称主从 *SR* 触发器)由两个同样的同步 *SR* 触发器组成，但它们的时钟信号相位相反，如图 5.3 所示。

当 $CLK=1$ 时，G_7、G_8 打开，主触发器接受 *S* 和 *R* 端的输入信号，$CLK'=0$，从触发器被封锁，保持原来状态不变。

当 *CLK* 由 1 跃变到 0 时，即 $CLK=0$，$CLK'=1$。主触发器被封锁，输入信号 *S* 和 *R* 不再影响主触发器的状态。而这时，由于 $CLK'=1$，G_3、G_4 打开，从触发器接受主触发器输出端的状态。

由上分析可知，主从触发器的翻转是在 *CLK* 由 1 变 0 时(*CLK* 下降沿)发生的，*CLK* 一旦变为 0 后，主触发器被封锁，其状态不再受 *S* 和 *R* 影响，所以主从触发器对输入信号的敏感时间大大缩短，只在 *CLK* 由 1 变 0 的时刻翻转，因此不会有空翻现象。

(2) 主从 *JK* 触发器

① 电路结构与逻辑符号如图 5.4 所示。

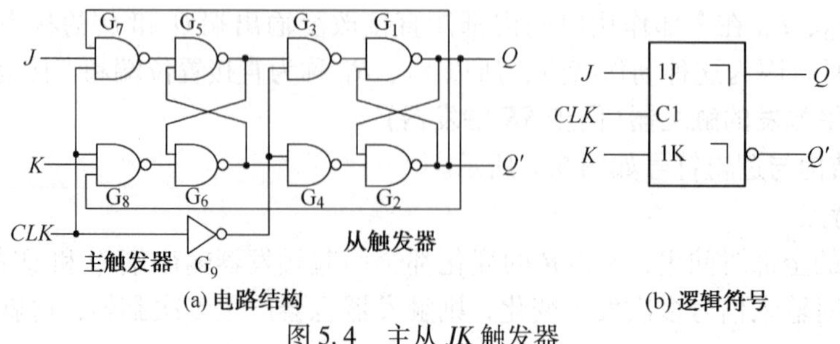

(a) 电路结构　　(b) 逻辑符号

图 5.4　主从 *JK* 触发器

② 工作特点

JK 触发器的逻辑功能与 *SR* 触发器的逻辑功能基本相同，不同之处是 *JK* 触发器没有约束条件，在 $J=K=1$ 时，每输入一个时钟脉冲后，触发器向相反的状态翻转一次。

5.2.4 边沿触发的触发器(D 触发器)

(1) 电路结构与逻辑符号如图 5.5 所示。

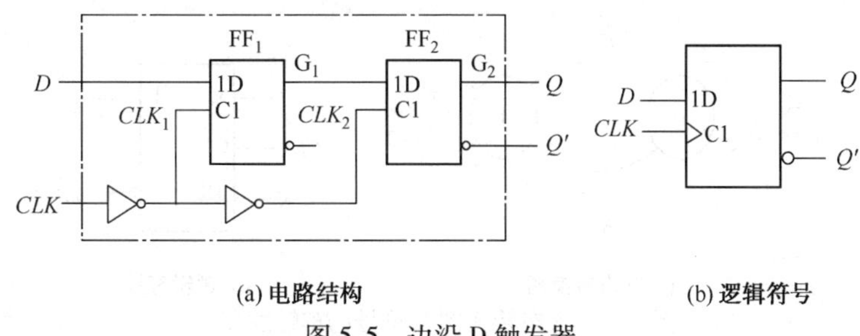

(a) 电路结构　　(b) 逻辑符号

图 5.5　边沿 D 触发器

(2) 工作特点

CLK 边沿触发，在 *CLK* 的上升沿(或下降沿)时刻，触发器按照特性方程转换状态，实际上是锁存输入信号并输出；边沿触发抗干扰能力强，只要 *D* 端信号稳定触发器就能可靠接受。

5.2.5 触发器逻辑功能及其描述方法

(1) *SR* 触发器

定义：凡在时钟信号作用下，具有特性表 5.1 功能的触发器称为 *SR* 触发器。

特征方程：

$$\begin{cases} Q^* = S + R'Q \\ SR = 0 \end{cases}$$

状态转换图和符号如图 5.6 所示，其特性表如表 5.1 所示。

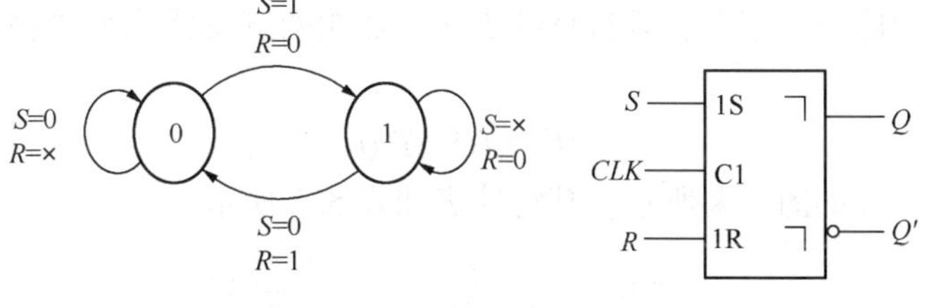

(a) 状态转换图　　(b) 逻辑符号

图 5.6　状态转换图及符号(*SR* 触发器)

表 5.1　*SR* 特性表

S	*R*	*Q*	Q^*
0	0	0	0
0	0	1	0
0	1	0	0
0	1	1	0
1	0	0	1
1	0	1	1

(2) *JK* 触发器

定义：凡在时钟信号作用下，具有特性表 5. 2 功能的触发器称为 *JK* 触发器。

特征方程：

$$Q^{*}=JQ'+K'Q$$

状态转换图和符号如图 5. 7 所示，其特性表如表 5. 2 所示。

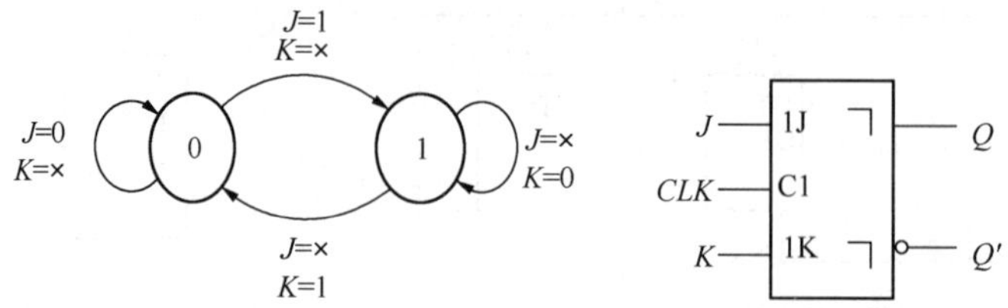

图 5. 7　状态转换图及符号(*JK* 触发器)

表 5. 2　*JK* 特性表

J	K	Q	Q^{*}
0	0	0	0
0	0	1	1
0	1	0	0
0	1	1	0
1	0	0	1
1	0	1	1
1	1	0	1
1	1	1	0

(3) *T* 触发器

定义：凡在时钟信号作用下，具有特性表 5. 3 功能的触发器称为 *T* 触发器。

特征方程：

$$Q^{*}=TQ'+T'Q$$

状态转换图和符号如图 5. 8 所示，其特性表如表 5. 3 所示。

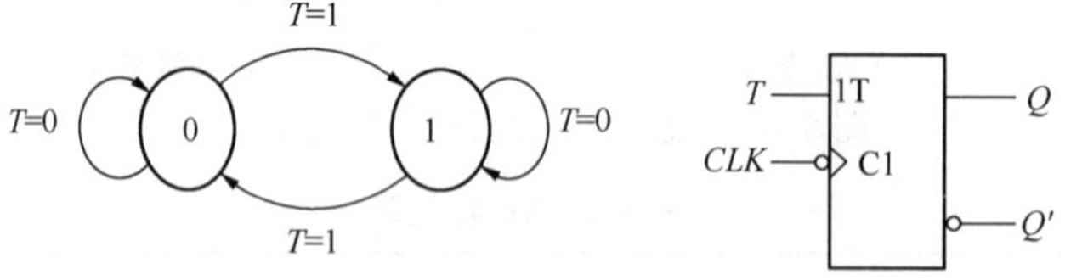

图 5. 8　状态转换图及符号(*T* 触发器)

表 5. 3　*T* 特性表

T	Q	Q^{*}
0	0	0
0	1	1

续表

T	Q	Q^*
1	0	1
1	1	0

(4) D 触发器

定义：凡在时钟信号作用下，具有特性表 5.4 功能的触发器称为 D 触发器。

特征方程：

$$Q^* = D$$

状态转换图和符号如图 5.9 所示，其特性表如表 5.4 所示。

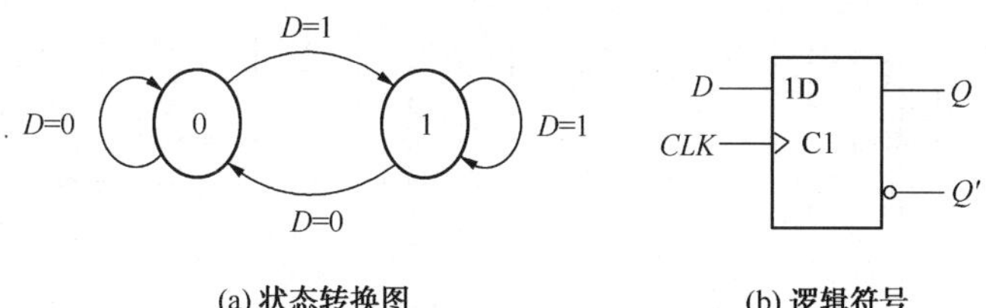

(a) 状态转换图　　(b) 逻辑符号

图 5.9　状态转换图及符号(D 触发器)

表 5.4　D 特性表

D	Q	Q^*
0	0	0
0	1	0
1	0	1
1	1	1

5.3　典型题型及例题精解

【例 5.1】电路及波形如图 5.10 所示，触发器为主从结构的 JK 触发器，试画出电路 Q，Q'，P_1，P_2 各端的波形。设其初始状态为 0。

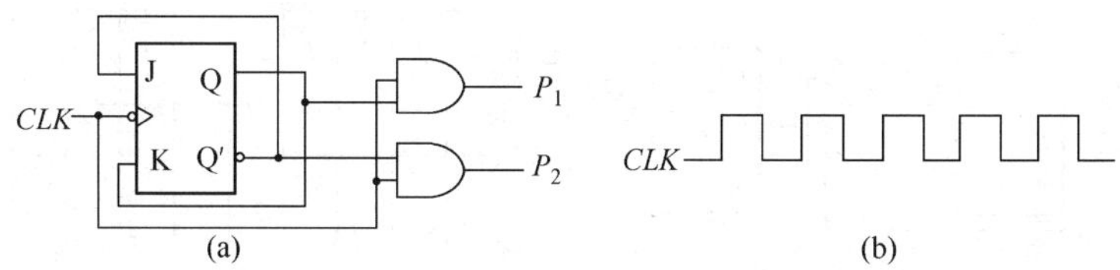

(a)　　(b)

图 5.10　例 5.1 电路图及波形图

【解题思路】

JK 触发器是下降沿触发的触发器，当 $J=K=0$ 时，状态保持；当 $J=K=1$ 时，状态反转；当 $J\neq K$ 时，输出随 J 变化。本例题 J 与 Q' 相连，次态等于 $Q^*=J=Q'$，依题意各端波形如图 5.11 所示。

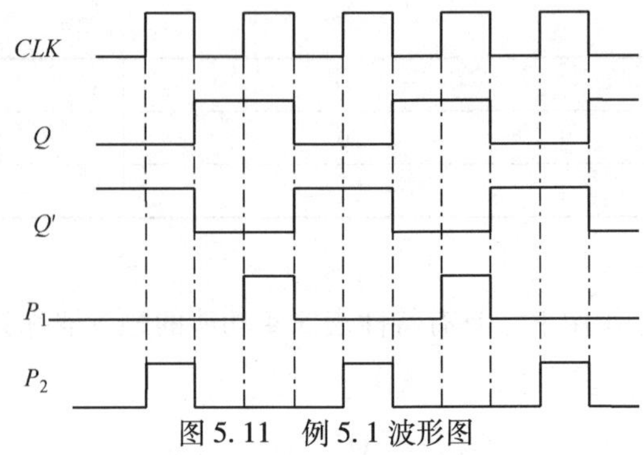

图 5. 11　例 5. 1 波形图

【例 5. 2】如图 5. 12(a)所示为维持-阻塞 *D* 触发器电路，其输入时钟脉冲信号 *CLK* 及 *D* 信号波形如图 5. 12(b)所示，试画出对应 *Q* 的输出波形。设触发器的初始状态为 0。

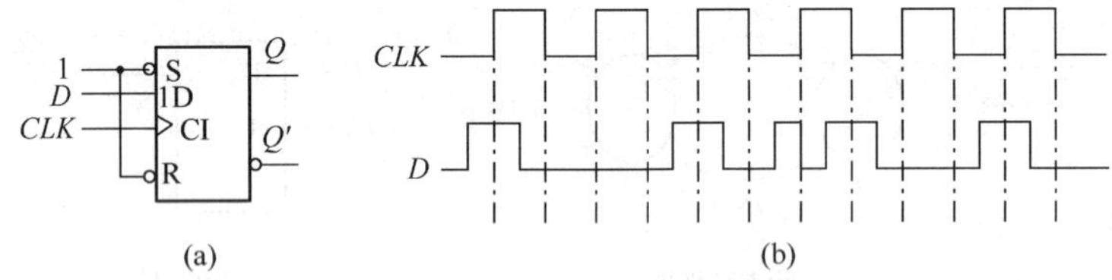

图 5. 12　例 5. 2 电路图及波形图

【解题思路】

本例题 *D* 触发器触发方式是上升沿触发的，其次态取决于该时刻的输入信号 *D*。第一个时钟脉冲上升沿到来时，$D=1$，*Q* 由 0 变为 1；同理可知，在第二、第三、第四、第五、第六时钟脉冲信号的上升沿，*Q* 次态的波形如图 5. 13 所示。

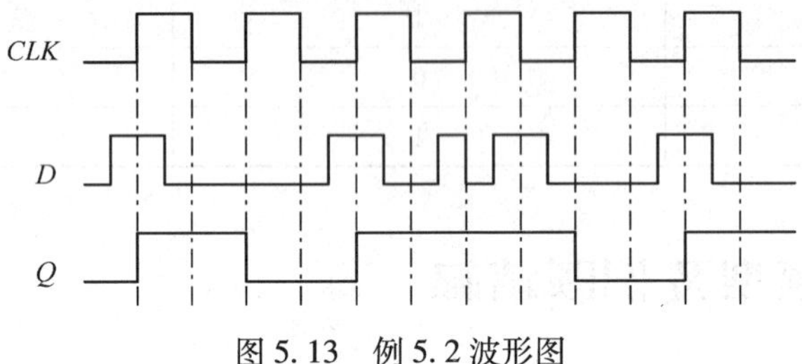

图 5. 13　例 5. 2 波形图

【例 5. 3】电路如图 5. 14(a)所示，已知 *CLK* 和 *X* 的波形，如图 5. 14(b)所示，试画出 Q_1 和 Q_2 的波形。设触发器的初始状态均为 0。

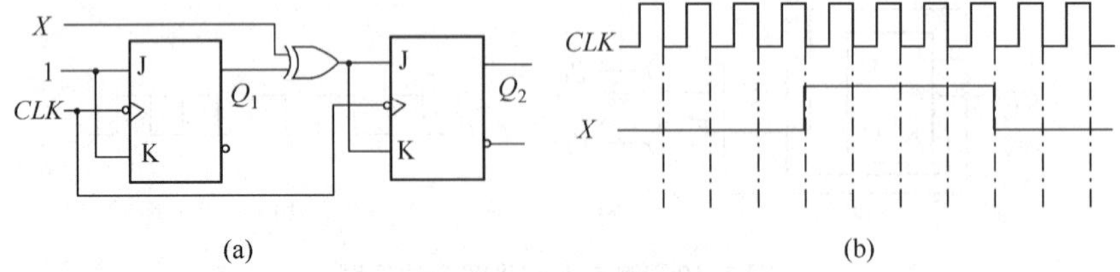

图 5. 14　例 5. 3 电路图及波形图

【解题思路】

第一个 *JK* 触发器，$J=K=1$，所以 Q_1 的次态随时钟脉冲信号的下降沿反转；第二个 *JK* 触发器 Q_2 的次态 $Q_2^* = (X \oplus Q_1)Q_2' + (X \oplus Q_1)'Q_2 = X \oplus Q_1 \oplus Q_2$，所以可得波形如图 5. 15 所示。

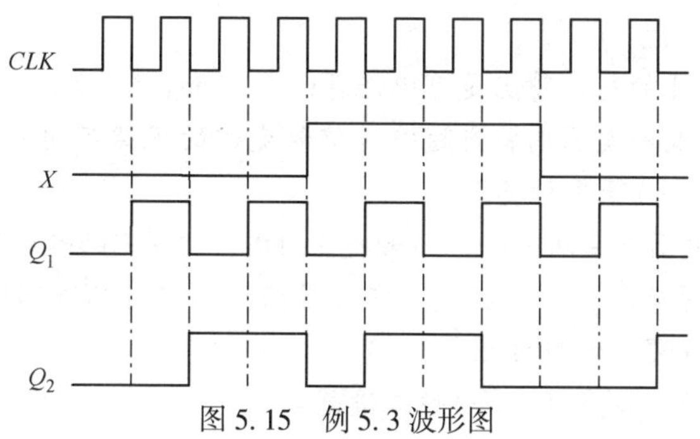

图 5.15　例 5.3 波形图

习题与答案

习题

一、填空题

1. 触发器是双稳态触发器的简称，它由逻辑门加上适当的(　　)线耦合而成，具有两个互补的输出端 Q 和 Q'。

2. 双稳态触发器有两个基本性质，一是(　　)，二是(　　)。

3. 由与非门构成的基本 SR 触发器，正常工作时必须保证输入 R'_d、S'_d 中至少有一个为(　　)，即必须满足(　　)约束条件。

4. 触发器有两个输出端 Q 和 Q'，正常工作时 Q 和 Q' 端的状态(　　)，以(　　)端的状态表示触发器的状态。

5. 按结构形式的不同，触发器可分为两大类：一类是没有时钟控制的(　　)触发器；另一类是具有时钟控制端的(　　)触发器。

6. 按逻辑功能划分，触发器可以分为 SR 触发器、(　　)触发器、(　　)触发器和(　　)触发器四种类型。

7. 时钟控制的触发器也称同步触发器，其状态的变化不仅取决于(　　)信号的变化，还取决于(　　)信号的作用。

8. 钟控 SR 触发器的特性方程为(　　)、(　　)(约束条件)。

9. 当 CLK 无效时，D 触发器的状态为 $Q^*=$(　　)；当 CLK 有效时，D 触发器的状态为 $Q^*=$(　　)。

10. JK 触发器的特性方程为：$Q^*=$(　　)；当 CLK 有效时，$J=K=1$，则 JK 触发器的状态为 $Q^*=$(　　)。

11. 主从触发方式具有主从结构，以(　　)方式工作，从而有效地避免了电位式触发器在一个 CLK 期间的多次翻转问题。

12. 边沿触发器有两种实现方法，一种是利用内部电路(　　)的差异来实现；另一种是利用电路内部(　　)线来实现。

13. 各种时钟控制的触发器中，不需具备时钟条件的输入信号是(　　)和(　　)。

14. 具有直接复位端 R'_d 和置位端 S'_d 的触发器，当触发器处于受 CLK 脉冲控制的情况下工作时，应使 $R'_d=$(　　)，$S'_d=$(　　)。

15. JK 触发器的特性方程为 $Q^*=JQ'+K'Q$，当 CLK 有效时，若 $Q=0$，则 $Q^*=$(　　)；

若 $Q=1$，则 $Q^{*}=$(　　)。

16. 触发器逻辑功能的基本特点是可以保存(　　)和(　　)。

17. 根据输入方式及触发器的状态随输入信号变化的规律不同，将触发器分为(　　)、(　　)、(　　)和(　　)等几种类型。

18. 主从型 *SR* 触发器是由两个(　　)触发器组成，但它们的时钟信号 *CLK* 相位(　　)。

19. 一个 *JK* 触发器有(　　)个稳态，它可存储(　　)位二进制数。

20. 主从型 *JK* 触发器的特性方程(　　)。

21. 用 4 个触发器可以存储(　　)位二进制数。

22. 根据触发器结构的不同，边沿型触发器状态的变化发生在 *CLK*(　　)时，其他时刻触发器保持原态不变。

23. 当 *T* 触发器的输入端接固定高电平，则特性方程为(　　)。

24. 触发器或锁存器在电路上具有(　　)状态，输入信号变换前的状态称为(　　)，输入信号变化后的状态称为(　　)。

25. 锁存器靠(　　)工作，而触发器则靠(　　)工作。

26. 触发器异步置 0，必须使 $S'_{d}=$(　　)，$R'_{d}=$(　　)。

27. 在 *JK*，*SR*，*T* 三种类型触发器中，其中(　　)触发器的功能最强。在需要使用 *SR* 触发器时，只要将 *JK* 触发器的(　　)当做 *S*、*R* 端使用，就可以实现 *SR* 触发器的功能；在需要 *T* 触发器时，只要将(　　)连在一起当 *T* 端使用，就可以实现 *T* 触发器功能。

28. 各种触发器电路基本构成部分(　　)。

二、单项选择题

1. 能够存储 0、1 二进制信息的器件是(　　)。

A. TTL 门　　B. CMOS 门　　C. 触发器　　D. 译码器

2. 触发器是一种(　　)。

A. 单稳态电路　　B. 无稳态电路　　C. 双稳态电路　　D. 三稳态电路

3. 用与非门构成的基本 *SR* 触发器处于置 1 状态时，其输入信号 R'、S' 应为(　　)。

A. $R'S'=00$　　B. $R'S'=01$　　C. $R'S'=10$　　D. $R'S'=11$

4. 用与非门构成的基本 *SR* 触发器，当输入信号 $R'=1$，$S'=0$ 时，其逻辑功能为(　　)。

A. 置 1　　B. 置 0　　C. 保持　　D. 不定

5. 下列触发器中，输入信号直接控制输出状态的是(　　)。

A. 基本 *SR* 触发器　　B. 异步 *SR* 触发器

C. 主从 *JK* 触发器　　D. 维持阻塞 *D* 触发器

6. 使触发器的状态变化分两步完成的触发方式是(　　)。

A. 主从触发方式　　B. 边沿触发方式

C. 电位触发方式　　D. 维持阻塞触发方式

7. 下列触发器中，存在一次变化问题的是(　　)。

A. 基本 *SR* 触发器　　B. 主从 *JK* 触发器

C. 主从 *SR* 触发器　　D. 维持阻塞 *D* 触发器

8. 具有直接复位端 R'_{d} 和置位端 S'_{d} 的触发器，当触发器处于受 *CLK* 脉冲控制的情况下工作时，这两端所加的信号为(　　)。

A. $R'_{d}S'_{d}=00$　　B. $R'_{d}S'_{d}=01$　　C. $R'_{d}S'_{d}=10$　　D. $R'_{d}S'_{d}=11$

9. SR 触发器中，不允许的输入是(　　)。

A. $SR=00$　　B. $SR=01$　　C. $SR=10$　　D. $SR=11$

10. 下列触发器中，具有置0、置1、保持、翻转功能的是(　　)。

A. SR 触发器　　B. JK 触发器　　C. D 触发器　　D. T 触发器

11. 当输入 $J=K=1$ 时，JK 触发器所具有的功能是(　　)。

A. 置0　　B. 置1　　C. 保持　　D. 翻转

12. 当现态 $Q=0$ 时，具备时钟条件后 JK 触发器的次态 Q^* 为(　　)。

A. $Q^*=J$　　B. $Q^*=K$　　C. $Q^*=0$　　D. $Q^*=1$

13. SR 触发器当输入 $S=R'$ 时，具备时钟条件后次态 Q^* 为(　　)。

A. $Q^*=S$　　B. $Q^*=R$　　C. $Q^*=0$　　D. $Q^*=1$

14. 如图题 5.2-14 所示触发器，正确的输出波形是(　　)。

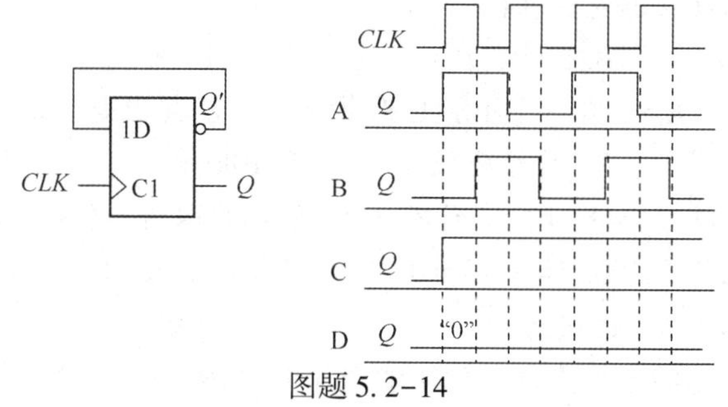

图题 5.2-14

15. 如图题 5.2-15 所示触发器，正确的输出波形是(　　)。

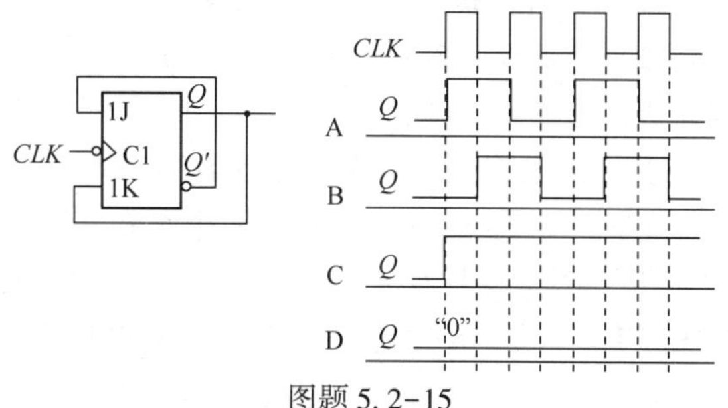

图题 5.2-15

16. 不属于组合逻辑电路的部件是(　　)。

A. 编码器　　B. 译码器　　C. 触发器　　D. 数据选择器

17. T 触发器中，当 $T=1$ 时，触发器实现(　　)功能。

A. 置1　　B. 置0　　C. 计数　　D. 保持

18. 存在一次变化问题的触发器是(　　)。

A. SR 触发器　　B. D 触发器　　C. 主从 JK 触发器　　D. 边沿 JK 触发器

19. 一个 T 触发器，在 $T=0$ 时，加上时钟脉冲，则触发器(　　)。

A. 保持原态　　B. 置0　　C. 置1　　D. 翻转

20. 用触发器设计一个二十四进制的计数器，至少需要(　　)个触发器。

A. 3　　B. 4　　C. 6　　D. 5

21. 若将 D 触发器的 D 端连在 Q' 端上，经100个脉冲后，它的次态 $Q(t+100)=0$，则原

态 Q 应为(　　)。

A. 0　　B. 1　　C. 与原状态无关　　D. 不确定

22. 触发器如图题 5.2-22 所示电路，其次态方程为(　　)。

A. $Q^*=1$　　B. $Q^*=0$　　C. $Q^*=Q$　　D. $Q^*=Q'$

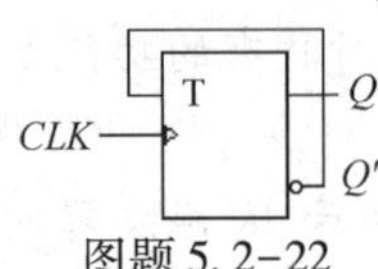

图题 5.2-22

23. 对于 JK 触发器，输入 $J=0$，$K=1$，CLK 脉冲作用后，触发器的次态应为(　　)。

A. 0　　B. 1　　C. 不变　　D. 都不对

24. JK 触发器在 CLK 脉冲作用下，欲使 $Q^*=Q'$，则不能作为输入信号的是(　　)。

A. $J=K=1$　　B. $J=Q$，$K=Q'$　　C. $J=Q'$，$K=Q$　　D. $J=Q'$，$K=1$

25. SR 锁存器的无效状态发生在(　　)。

A. $S=1$，$R=0$　　B. $S=0$，$R=1$　　C. $S=1$，$R=1$　　D. $S=0$，$R=0$

26. JK 触发器 $J=1$，$K=1$ 有一个 10kHz 时钟输入，Q 输出是(　　)。

A. 持续为高　　B. 持续为低　　C. 10kHz　　D. 5kHz

27. JK 触发器要实现 $Q^*=1$ 时，下列不是 J、K 端的取值为(　　)。

A. $J=0$，$K=1$　　B. $J=0$，$K=0$　　C. $J=1$，$K=1$　　D. $J=1$，$K=0$

三、判断题(正确打√，错误打×)

1. 主从 SR 触发器能够克服空翻，但不能消除不定态。(　　)

2. 一个触发器能够记忆“0”和“1”两种状态。(　　)

3. 主从式的 JK 触发器在工作时对输入信号没有约束条件。(　　)

4. SR 触发器、JK 触发器均具有状态翻转功能。(　　)

5. SR 触发器、JK 触发器均具有约束条件。(　　)

6. 对边沿 JK 触发器，在 CLK 为高电平期间，当 $J=K=1$ 时，状态会翻转一次。(　　)

7. JK 触发器在 CLK 作用下，若 $J=K=1$，其状态保持不变。(　　)

8. D 触发器的特性方程 $Q^*=D$，而与 Q 无关，所以 D 触发器不是时序电路。(　　)

9. JK 触发器在 CLK 作用下，若 J、K 端悬空，其状态保持不变。(　　)

四、画图题

1. 如图题 5.4-1(a)所示由与非门组成的 SR 锁存器，输出端 S'_D、R'_D 的电压波形如图题 5.4-1(b)所示，画出 Q 和 Q' 的电压波形。

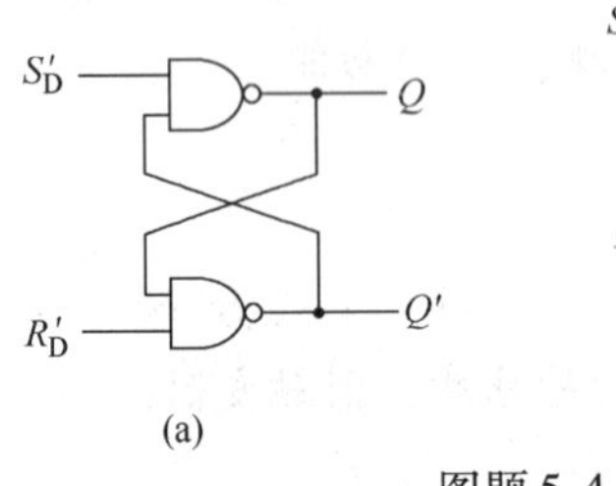

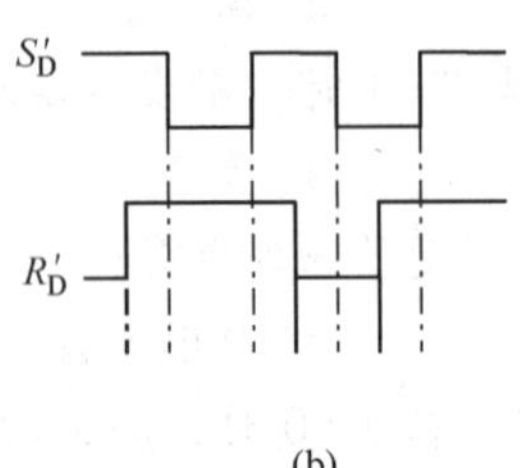

图题 5.4-1

2. 画出图题 5.4-2(a)由或非门组成的 SR 锁存器 Q 和 Q' 的电压波形，输出端 S'_D、R'_D 的电压波形如图题 5.4-2(b)所示。

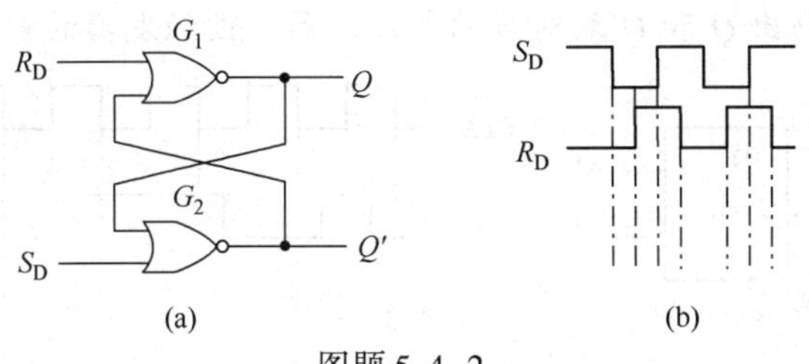

图题 5.4-2

3. 主从结构 SR 触发器如图题 5.4-3(a)所示，若 CKL、S、R 端的电压波形如图题 5.4-3(b)所示，试画出 Q 和 Q' 端对应的电压波形。假设触发器的初始状态为 $Q=0$。

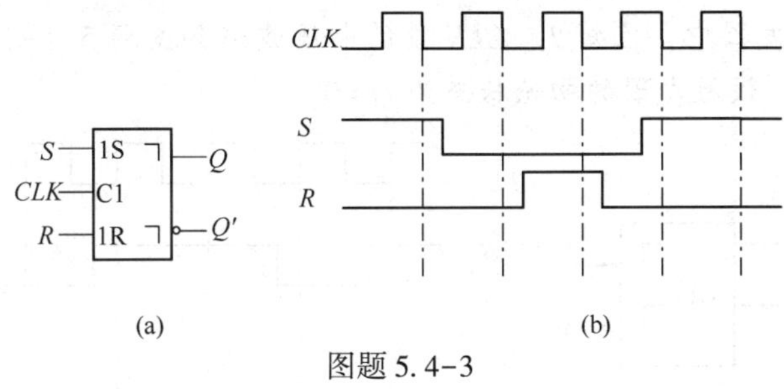

图题 5.4-3

4. 主从结构 SR 触发器如图题 5.4-4(a)所示，CKL、S、R、R'_D 各输入端的电压波形如图题 5.4-4(b)所示，$S'_D=1$，试画出 Q 和 Q' 端对应的电压波形。

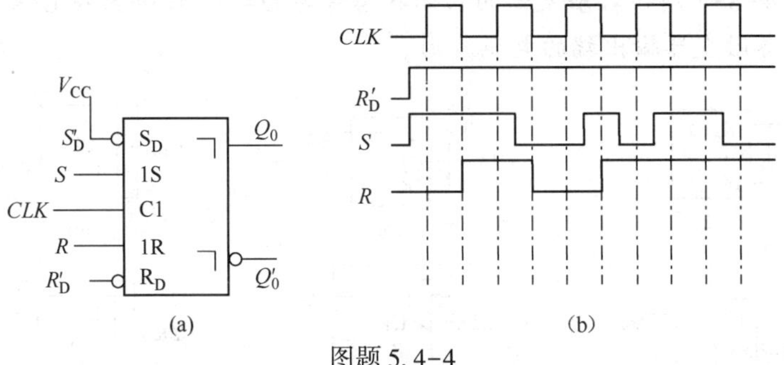

图题 5.4-4

5. 主从 JK 触发器如图题 5.4-5(a)所示，已知 J、K、CLK 端电压波形如图题 5.4-5(b)所示，试画出 Q 和 Q' 端对应的电压波形。设触发器的初始状态为 $Q=0$。

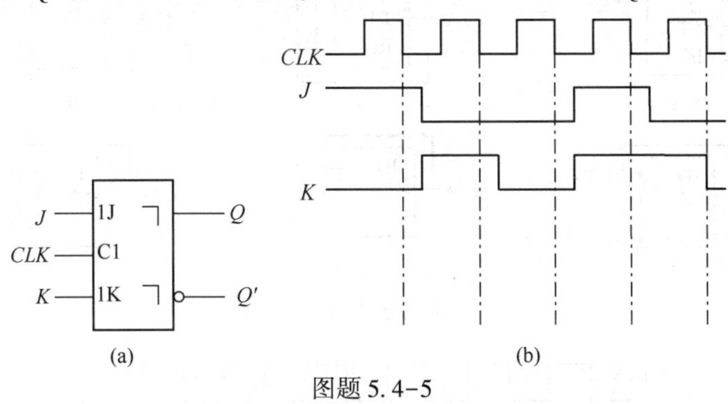

图题 5.4-5

6. CMOS 边沿触发器输入端 D 如图题 5.4-6 所示，时钟信号 CLK 的电压波形如图题 5.4-6(b) 所示，试画出 Q 和 Q' 端对应的电压波形。设触发器的初始状态为 $Q=0$。

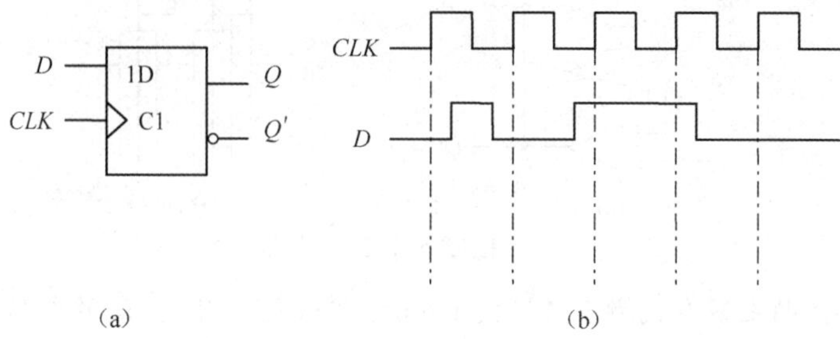

图题 5.4-6

7. 在主从结构触发器中，已知 T、CLK 段的电压波形如图题 5.4-7 所示，试画出 Q 和 Q' 端对应的电压波形。设触发器的初始状态为 $Q=0$。

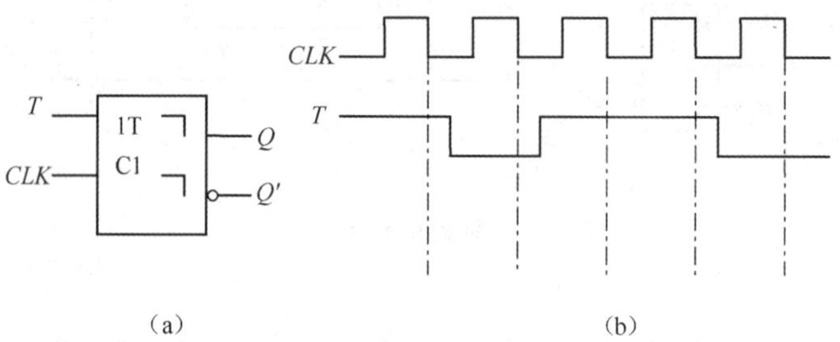

图题 5.4-7

8. 设图题 5.4-8-1 所示各触发器的初始状态皆为 $Q=0$，试画出在 CLK 信号(图题 5.4-8-2)连续作用下各触发器输出端的电压波形。

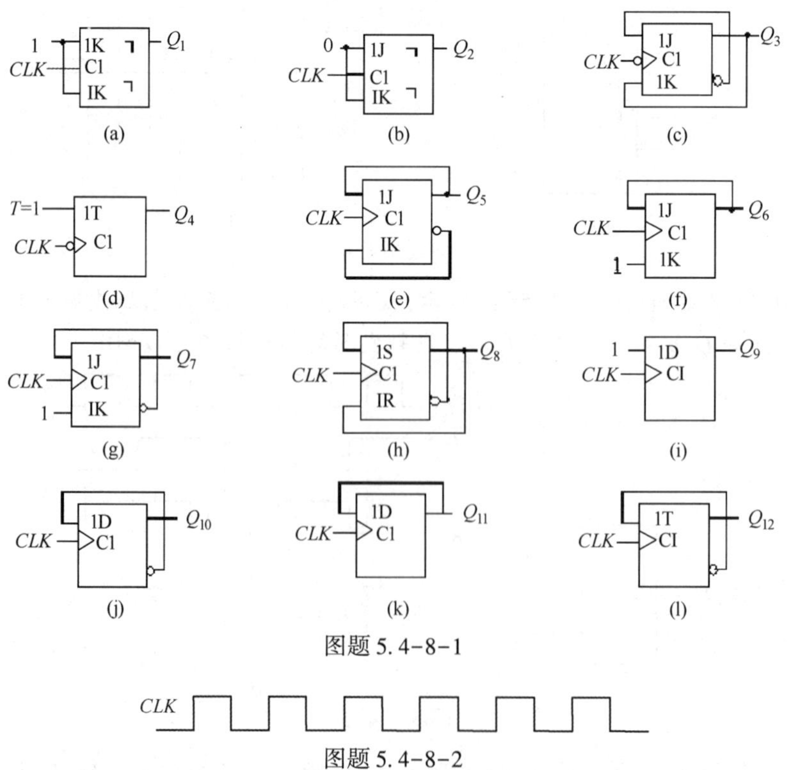

图题 5.4-8-1

图题 5.4-8-2

9. 请画出图题 5.4-9 电路 Q_1、Q_2 的输出波形，假设初始状态皆为 1。

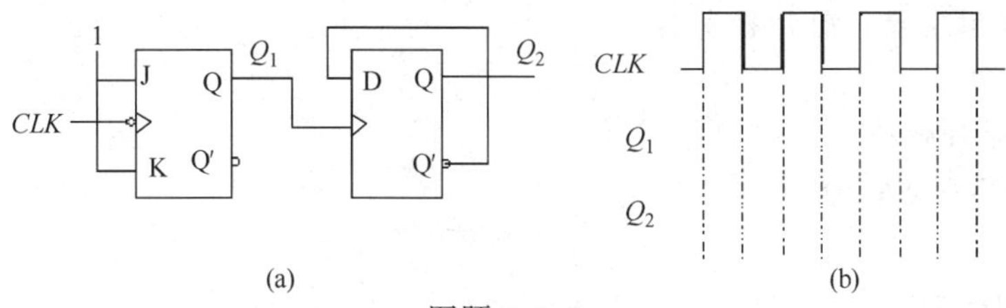

图题 5.4-9

10. 由或非门构成的触发器电路如图题 5.4-10(a) 所示，写出触发器输出 Q 的次态方程。图中已给出输入信号 a、b、c 的波形如图题 5.4-10(b) 所示。设触发器的初始状态为 1，画出输出 Q 波形。

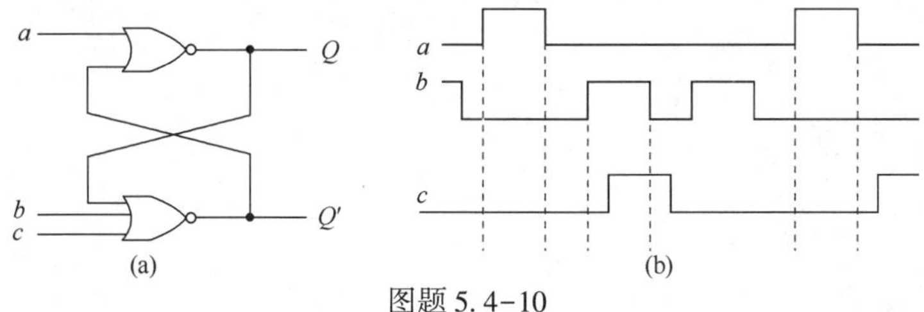

图题 5.4-10

11. 电路及输入波形如图题 5.4-11(a)、图题 5.4-11(b) 所示，试画出 Q_1 和 Q_2 的波形。

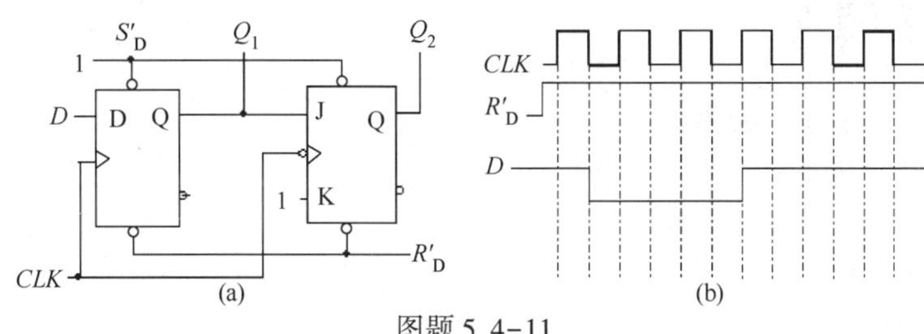

图题 5.4-11

12. 电路如图题 5.4-12(a) 所示，触发器为 JK 触发器，设初始状态均为 0。试按图给定的输入信号波形，如图题 5.4-12(b) 所示，画出输出 Q_1、Q_2 端的波形。

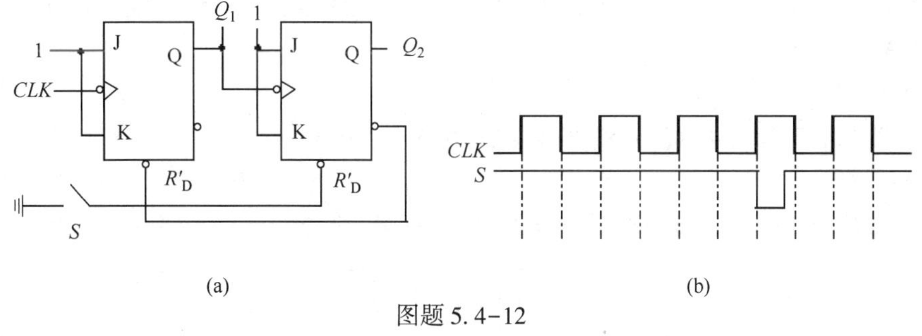

图题 5.4-12

答案

一、填空题

1. 反馈

2. 有两个稳定状态；根据不同的输入信号置 1 或置 0 状态

3. 1、$R'_d+S'_d=1$

4. 互补；Q

5. 基本 SR 触发器；时钟触发器

6. D；JK；T

7. 输入；时钟脉冲

8. $Q^*=S+R'Q$；$SR=0$

9. Q；D

10. $JQ'+K'Q$；Q'

11. 主从

12. 时延；维持-阻塞

13. 直接置位信号 S'_d；直接复位信号 R'_d

14. 1；1

15. J；K'

16. 0；1

17. SR；JK；T、D

18. S；相反

19. 两；一

20. $Q^*=JQ'+K'Q$

21. 四

22. 上升沿或下降沿

23. $Q^*=Q'$

24. 两个稳定；原态；次态

25. 电位；脉冲边沿

26. 1；0

27. JK；J、K；J、K

28. SR 锁存器

二、单项选择题

1. C ；2. C；3. C；4. A；5. A；6. A；7. B；8. D；9. D；10. B；11. D；12. A；13. A；14. A；15. B；16. C；17. C；18. C；19. A；20. D；21. A；22. A；23. A；24. B；25. C；26. D；27. A

三、判断题

1. √；2. √；3. √；4. ×；5. ×；6. ×；7. ×；8. ×；9. ×

四、画图题

1. 根据 SR 的特性表，可以作图如图题 5.4-1(答)所示。

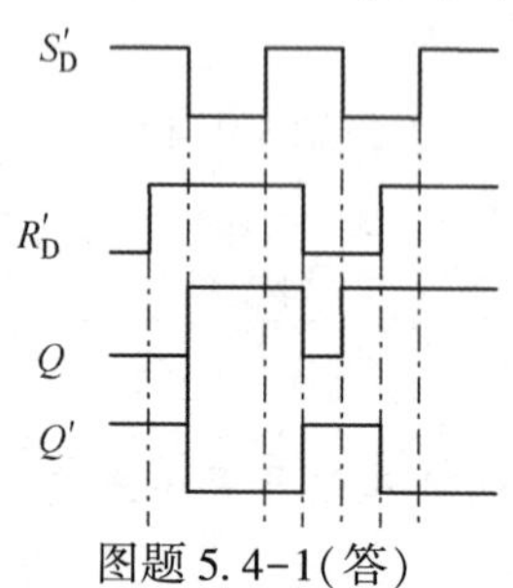

图题 5.4-1(答)

2. 根据 *SR* 的特性表，可以作图如图题 5.4-2(答)所示。

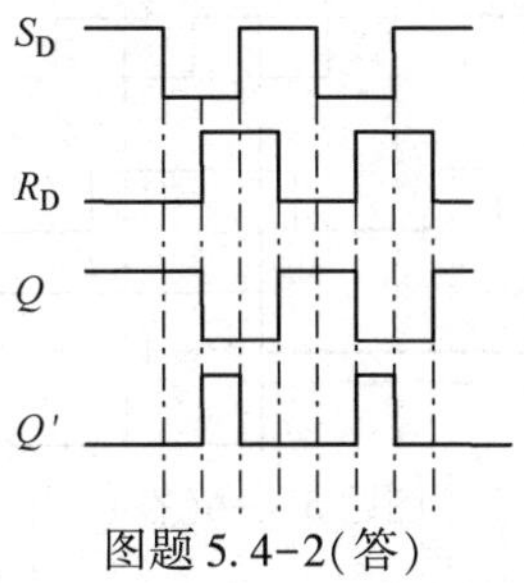

图题 5.4-2(答)

3. 根据主从结构 *SR* 触发器特性方程和真值表来作图，可以作图如图题 5.4-3(答)所示。

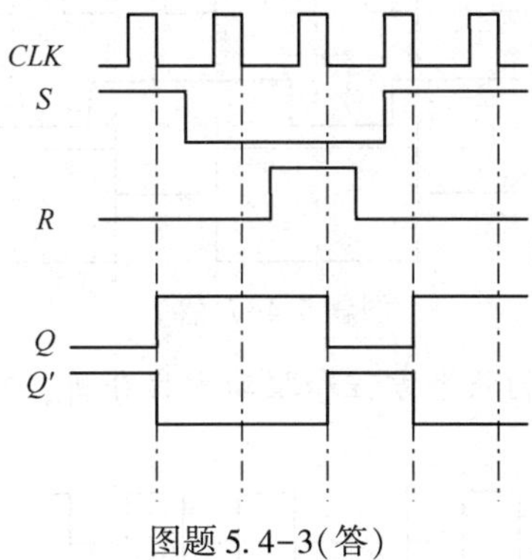

图题 5.4-3(答)

4. 异步置零和异步置数功能的同步 *RS* 触发器，R'_D 的作用，使 Q 的初始状态 $Q=0$，Q 和 Q'端输出波形如图题 5.4-4(答)所示。

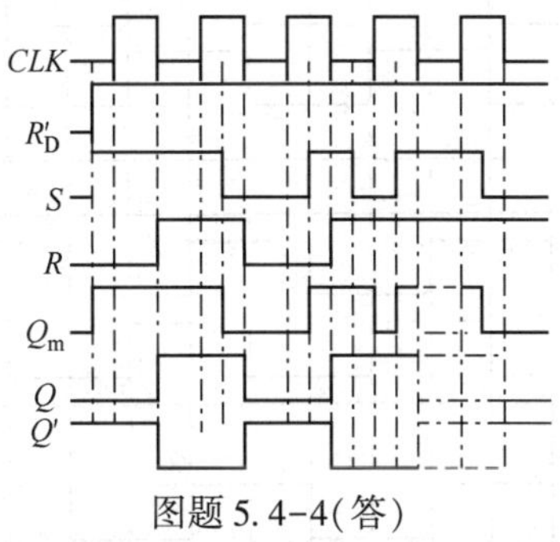

图题 5.4-4(答)

5. 根据主从结构 *JK* 触发器的特性功能，Q 和 Q'端输出波形如图题 5.4-5(答)所示。

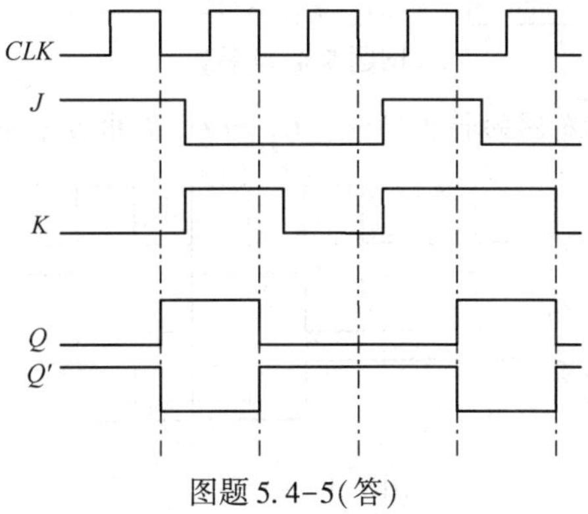

图题 5.4-5(答)

6. 根据边沿触发器的特性功能，Q 和 Q'端输出波形如图题 5.4-6(答)所示。

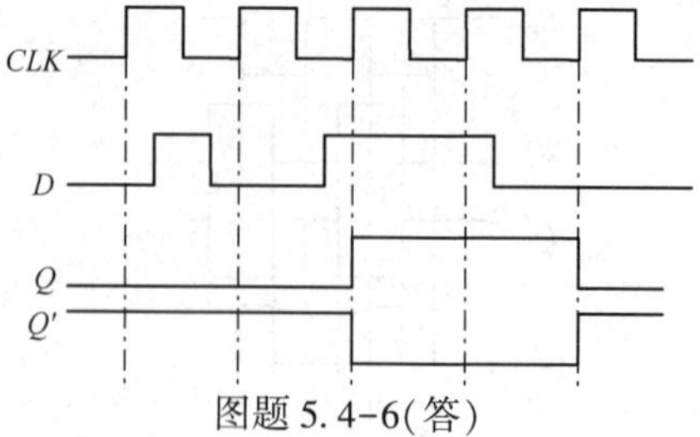

图题 5.4-6(答)

7. 根据主从结构 T 触发器的特性功能，Q 和 Q'端输出波形如图题 5.4-7(答)所示。

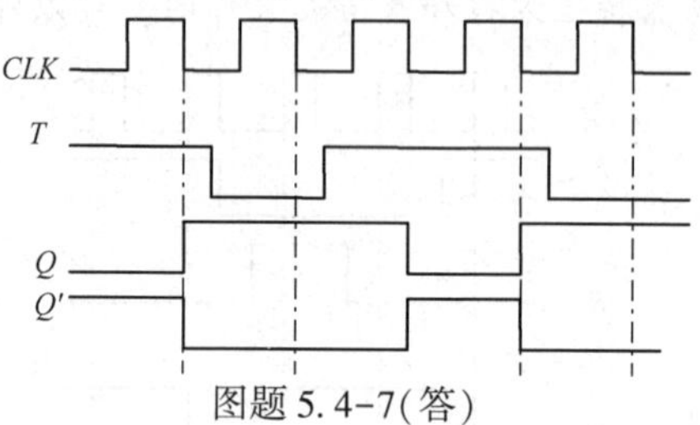

图题 5.4-7(答)

8. 根据脉冲和边沿触发器的状态方程和驱动方程分析，可画出各输出波形如图题 5.4-8(答)所示。

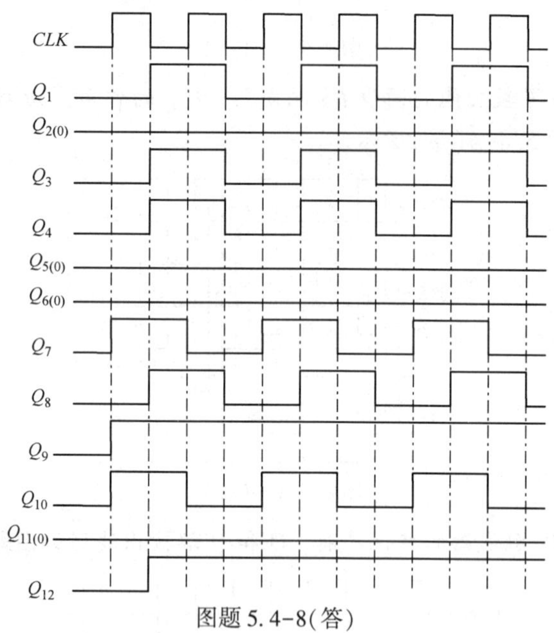

图题 5.4-8(答)

9. 根据 JK 和 D 边沿触发器的特性功能，Q_1 和 Q_2 输出波形如图题 5.4-9(答)所示。

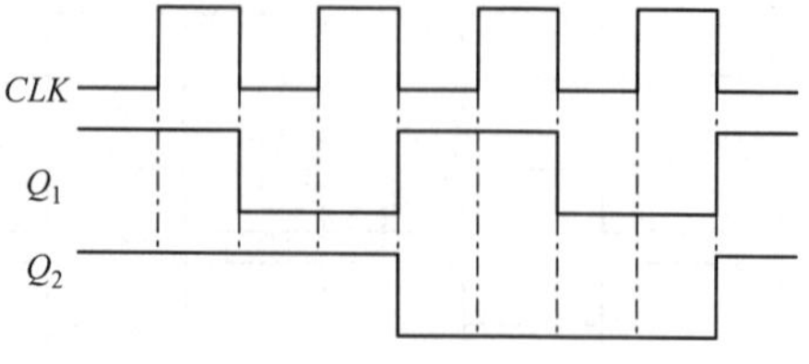

图题 5.4-9(答)

10. 可列出输入和输出的关系如表题 5.4-10(答)所示，由此可以画出输出 Q 波形如图题 5.4-10(答)所示。

表题 5.4-10(答)

a	b	c	Q^{n+1}
0	0	0	保持
0	0	1	1
0	1	0	1
0	1	1	1
1	0	0	0
1	0	1	不稳
1	1	0	不稳
1	1	1	不稳

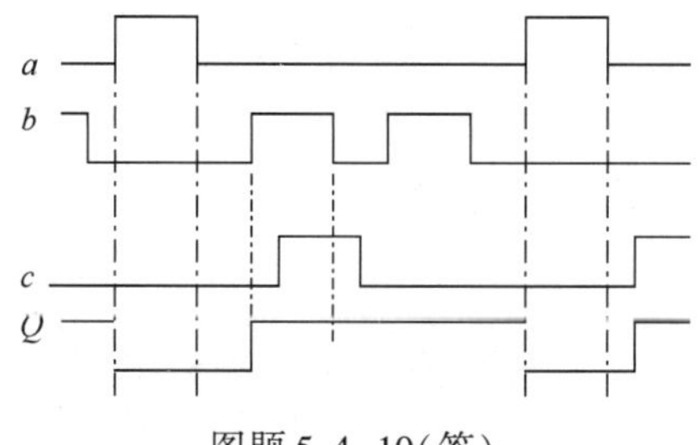

图题 5.4-10(答)

11. R'_D 信号对两个触发器都有效：为 D 触发器时上升沿触发，为 JK 触发器时下降沿触发；且 $J=Q_1$，$K=1$。由此可画出 Q_1 和 Q_2 的波形。R'_D 为 0 时，初始状态 $Q_1=Q_2=0$。当第一个 CLK 脉冲上升沿出现时，$D=1$，所以 Q_1 由 0 变为 1；当它的下降沿出现时，$J=Q_1=1$，$K=1$，所以 Q_2 由 0 变为 1，当第二个脉冲出现时，$D=1$，所以 Q_1 保持 1 不变；它的下降沿出现时，$J=Q_1=1$，$K=1$，因此，Q_2 由 1 变为 0。依此类推，可画出其他脉冲作用下的波形如图题 5.4-11(答)所示。

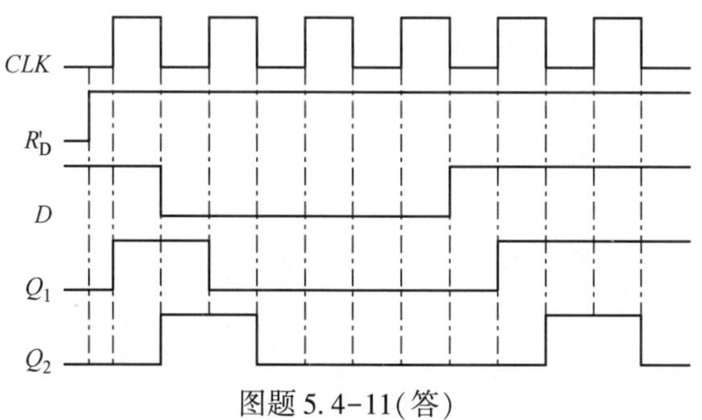

图题 5.4-11(答)

12. 两个触发器的 $J=K=1$，所以都是 T 触发器，只是触发器 1 的时钟是 CLK 脉冲，而触发器 2 的时钟是 Q_1 输出。此外触发器 1 的异步清零信号来自 Q'_2，而触发器 2 的异步清零信号由开关信号 S 提供，如图题 5.15 所示，第一个 CLK 脉冲信号下降沿到来时，Q_1 由 0 变为 1，Q_2 保持 0 状态不变(无触发信号)，第二个 CLK 脉冲信号下降沿到来时，Q_1 由 1 变为 0，因此 Q_2 由 0 变为 1；第三个 CLK 脉冲信号下降沿到来时，由于 Q'_2 为低电平，使 Q_1 处于异步清零状态。因此 Q_1 保持 0 状态，Q_2 保持 1 状态；随后出现 S 负脉冲，Q_2 由 1 变为 0；第四个 CLK 脉冲信号下降沿到来时，Q_1 由 0 变为 1，依此类推，输出波形如图题 5.4-12（答）所示。

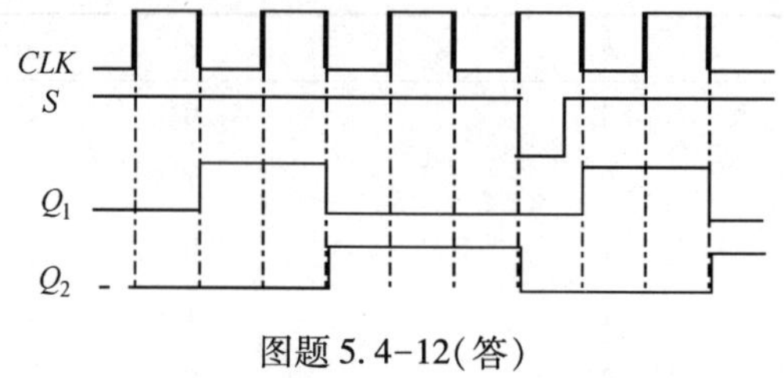

图题 5.4-12（答）

第6章　时序逻辑电路

6.1　教学内容及要求

本章以一般时序逻辑电路的分析和设计为基础，着重介绍数字系统中常用的几种时序逻辑部件：寄存器、移位寄存器、计数器、顺序脉冲发生器、序列信号发生器等。学习时应紧紧围绕时序电路的分析和设计方法这条主线，抓住时序时序电路的结构特点、描述方法的特点以及各常用逻辑电路的逻辑功能，区分小规模(SSI)集成时序电路与中规模(MSI)集成时序电路在分析与设计方法上的各自不同特点，联系实际结合实例，亲自动手并有比较地做些典型例题，从中去仔细体会本章各知识点之间的层次性、逻辑性，领悟出分析与设计时序电路的技巧与规律，只有这样才能将本章的内容学深学透，掌握牢。

6.2　内容综述

6.2.1　时序逻辑电路特点

与组合逻辑电路相比，时序逻辑电路在逻辑功率上的共同特点是，任意时刻的输出信号不仅取决于当时的输入信号，而且还取决于信号作用前电路原来的状态，或者说，还与电路以前的输入有关。即时序逻辑电路具有记忆功能。

(1) 时序逻辑电路特点

时序逻辑电路的结构框图，如图6.1所示，它有两个特点：

① 通常由组合电路和存储电路两部分组成，存储电路必不可少，且大都为触发器组，用以实现“记忆”功能；

② 存储电路的状态必须反馈到输入端，与输入信号一起决定组合电路的输出。

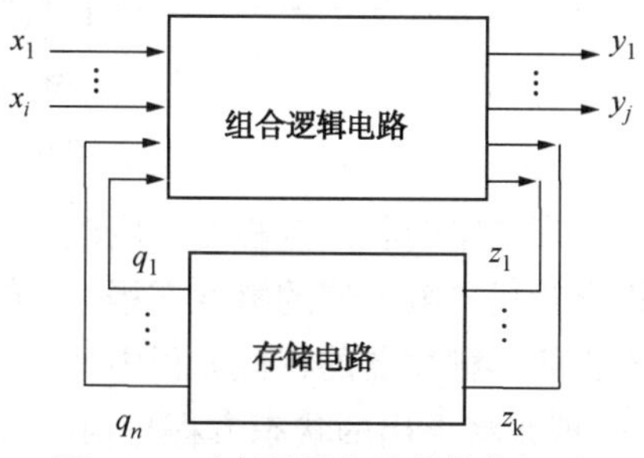

图6.1　时序逻辑电路的结构框图

从时序逻辑电路的结构上看，时序逻辑电路又可以分为Mealy和Moore型两种。在Mealy型电路中，有输入信号，所以输出同时取决于存储电路状态和输入。而在Moore型电路中，无输入信号，所以输出只是现态的函数。显然，Moore型是Mealy型的特例。

时序逻辑电路其逻辑功能可用三个方程表示：

输出方程：$Y(t_n)=F[X(t_n),\ Q(t_n)]$

驱动方程：$Z(t_n)=H[X(t_n),\ Q(t_n)]$

状态方程：$Q(t_{n+1})=G[Z(t_n),\ Q(t_n)]$

这种用输入信号和状态变量的逻辑函数来描述时序逻辑电路逻辑功能的方法叫做时序机(SM)。因此在分析和设计时序电路时，就是依据方程分析电路或寻求方程设计电路。这是分析和设计时序电路的基本思路。

(2) 时序逻辑电路分类

① 从时序逻辑电路的结构上看，时序逻辑电路又可以分为 Mealy 和 Moore 型两种。在 Mealy 型电路中，有输入信号，所以输出同时取决于存储电路状态和输入。而在 Moore 型电路中，无输入信号，所以输出只是现态的函数。显然，Moore 型是 Mealy 型的特例。

② 从存储电路中触发器的动作特点不同，在实现电路中就有同步时序逻辑电路和异步时序逻辑电路之分。在同步时序逻辑电路中，所有触发器的状态变化都是在同一时钟信号(CLK)的控制下同时发生的；而在异步时序逻辑电路中，各触发器状态的变化不是同时发生的，所以各触发器没有统一的时钟脉冲(CLK)。

综上所述，时序逻辑电路无论在逻辑功能上还是电路结构上，通常都比组合电路要复杂些。正因如此，它的分析方法和设计方法也比组合电路要复杂些。尽管这样，只要把电路的状态变量和输入信号一样作为输入变量来处理，则第 4 章介绍的组合逻辑电路的分析和设计方法，原则上同样适用于时序逻辑电路的分析和设计。当然，鉴于时序逻辑电路的新特点，为方便起见，我们必须要引入一些新的表示方法和分析方法，如状态转换表、状态转换图和状态方程、驱动方程、输出方程等。

6.2.2 时序逻辑电路分析

在分析时序逻辑电路时，应该区分同步时序逻辑电路与异步时序逻辑电路分析方法是不同的。分析步骤如图 6.2 所示。

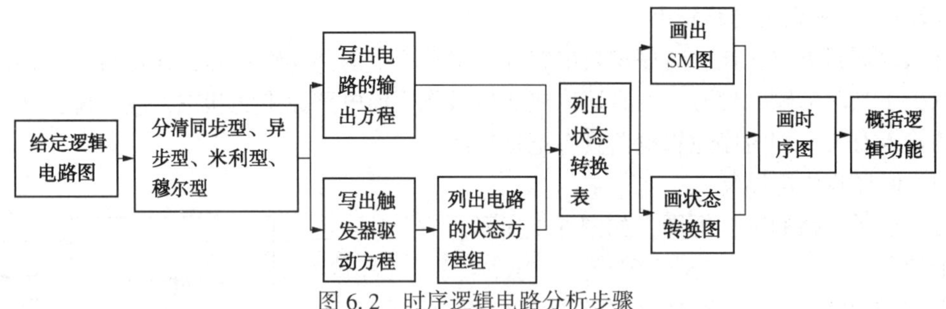

图 6.2　时序逻辑电路分析步骤

在列电路的状态方程时，应注意同步和异步时序电路的区别。对同步时序电路只要驱动方程直接代入触发器的特性方程中(有时需作适当的化简)即可，而对异步时序电路除将驱动方程代入触发器的特性方程中外，还应注明该状态方程是在哪个时钟有效信号作用下才成立(一般是将求出的状态方程与相应的时钟的有效信号 CLK_i“相与”的表达式来表示)。

列出状态方程组后，一般要将电路的初态及输入变量代入状态方程和输出方程，求出电路次态和现态下的输出值，然后再以所得次态作为新初态，和此时的新的输入变量再代入状态方程和输出方程中得到新次态和新输出，以此类推。直到求出全部的次态和输出(即计算到最后的次态回到第一次计算时所庙宇的初态)为止，并将所有结果按时钟输入的先后次序得到状态转换表。至于 SM 图、状态转换图可选择画或不画，但时序图一般都要画出，只是波形要与时钟 CLK 的有效信号相对应起来，以清楚表达出它们之间的时间对应关系。

值得注意的是：教材中所指的状态转换表有三种表达形式：一种是现态与次态转换表(见教材 264 页表 6.2.1)；第二种是按时钟电路状态转换表(见教材 265 页表 6.2.2)；第三种是按卡诺图方式表示的现态与次态(含输出)的转换表(见教材 266 页表 6.2.3)。通常在时序电路分析时，第二种表达形式用的较多。为了便于画出状态转换图时常要用到第一、第三种表达形式，尤其是在时序电路的设计时，为了能较清楚看破出“等价状态”以便合并简化设计，第三种表达形式很常用。

6.2.3 时序逻辑电路设计

同组合逻辑电路的设计一样，所谓时序逻辑电路的设计，也是要求设计者从实际的逻辑问题出发，设计出满足逻辑功能要求的电路，并力求最简。

（1）小规模时序电路设计

① 小规模同步时序逻辑电路设计

当选用小规模集成电路（SS）设计时，电路最简的标准是所用的触发器和门电路的数目最少，而且发器和门电路的输入端数目也最少。

基于 SSI 设计同步时序逻辑电路时，一般按以下步骤进行：

a. 逻辑抽象，建立原始状态转换图/表

这一步是基础，也是关键，因为原始状态转换图/表建立的正确与否，将决定着所设计的电路能否实现预定的逻辑功能。

b. 状态化简，以便消去多余状态，得到最小状态转换图/表。

c. 状态分配（或叫状态编码），画出编码后的状态转换图/表。

因为时序逻辑电路的状态是用触发器状态的不同组合来表示的。所以，这一步所做的工作就是确定触发器个数 n，并给每个状态分配一组二值代码。其中，n 为满足公式 $n \geq \log_2 N$（N 为状态数）的最小整数。

d. 选定触发器类型，求出电路的输出方程、驱动方程。（如果是异步电路，还要求出时钟方程）

e. 根据得到的方程式画出逻辑图。

f. 检查设计的电路能否自启动。

② 小规模异步时序电路设计

小规模异步时序电路的设计步骤与小规模同步时序电路的设计步骤基本相同，最大的区别在触发器数目及类型确定的同时还必须选定每个触发器的时钟来源；在化简电路次态/输出卡诺图时，应把没有有效时钟触发时的次态作为任意项处理，以便得到最简状态方程组；得出的状态 2 中应标注时钟信号来源（将 CLK_i 与状态 2 的“与”逻辑来表示）。

自启动设计问题发生在时序逻辑电路的实际工作状态数小于电路所有可能状态数的情况下。自启动设计应在电路设计的电路次态/输出卡诺图化简时一并解决。解决方法是，将卡诺图中的无效状态（任意项）的一个或几个的次态指定为有效态中的一个或几个，以便使所有的无效在电路接通后都能进入有效态的循环中。

（2）中、大规模时序电路设计

复杂时序逻辑电路的设计的关键是将复杂电路模块化，然后按照“自项向下”或“自底向上”，或两者相结合的方法来进行。设计中尽量多采用中、大规模集成数字电路来实现。

采用中、大规模时序电路设计时序电路时，最关键的是要根据逻辑问题选择功能最合适的中、大规模时序电路来实现，并达到使用的集成电路的数目最少、种类最少，而且互相的连线也最少。设计时，要特别注意同步/异步置零、置数、送数时的有效时钟个数与电路状态之间的关系，并注意避免尖峰干扰的出现（注意使能端的使用）。

6.2.4 常用集成芯片

(1) 寄存器(Register)

在数字系统和数字计算机中，用于将一组二值代码暂时存储起来的逻辑电路称为寄存器。

因为一个触发器可存储 1 位二值代码，所以，有多少位代码要存储，寄存器就必须有多少个触发器。寄存器存入数码的方式和从寄存器取出数码的方式都有并行方式和串行方式两种。输入、输出都为并行方式的寄存器一般称为数码寄存器和静态寄存器。

通常，这种寄存器中的触发器只要求具有置“1”、置“0”的功能即可，因而，无论是电平 *SR* 结构触发器，还是主从结构或边沿触发结构的触发器都可用于构成寄存器。例如教材中 74LS75 和 74LS175、CC4076 就分别是由同步 *SR* 触发器和维持-阻塞 *D* 触发器构成的 4 位寄存器。当然，其中 CC4076 除具有代码存储功能外，还附加了一些控制电路，使之又增添了异步置“0”、输出三态控制和“保持”(指 *CLK* 信号到达时不随输入信号的变化而改变原输出状态)等功能。

除了并行输入并行输出的寄存器外，其他串行输入并行输出、并行输入串行输出和串行输入串行输出的三种寄存器，统称为移位寄存器。所谓移位，就是指寄存器里存储的代码能在移位脉冲(时钟脉冲)的作用下依次左移或右移。因此，移位寄存器不但可以用来寄存代码，还可以用来实现数据的串-并转换、数据运算以及数据处理等。

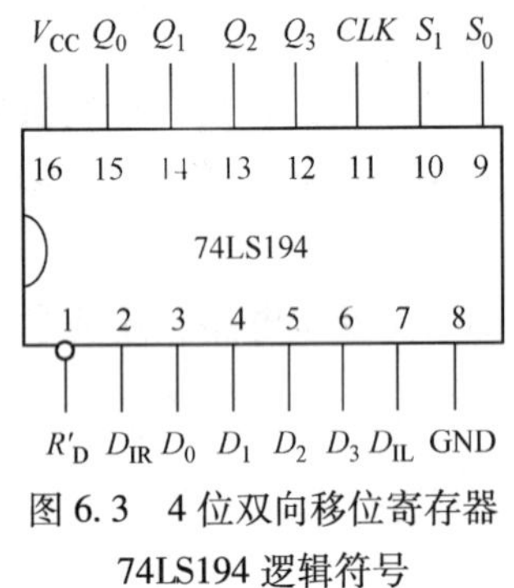

图 6.3　4 位双向移位寄存器 74LS194 逻辑符号

中规模的移位寄存器种类很多，就移位方向而言，有左移、右移和双向移位的；就寄存数据的输入/输出方式而言，有串入/串出、串入/并出、并入/串出的；此外还有综合功能的。例如教材 74LS194A 就是一种具有异步清零、状态保持、右移、左移和同步置数(即并行输入)等综合功能的 4 位双向移位寄存器。其管脚如图 6.3 所示，其功能表如表 6.1 所示。

表 6.1　双向移位寄存器 74LS194 的功能表

输入										输出				工作方式
清零	控制		串行输入		时钟	并行输入								
R_D'	S_1	S_0	D_{IL}	D_{IR}	CLK	D_0	D_1	D_2	D_3	Q_0	Q_1	Q_2	Q_3	
0	×	×	×	×	×	×	×	×	×	0	0	0	0	异步清零
1	0	0	×	×	×	×	×	×	×	Q_0^n	Q_1^n	Q_0^n	Q_0^n	保　持
1	0	1	×	1	↑	×	×	×	×	1	Q_0^n	Q_1^n	Q_2^n	右移，D_{IR} 为串行输入，Q_3 为串行输出
1	0	1	×	0	↑	×	×	×	×	0	Q_0^n	Q_1^n	Q_2^n	
1	1	0	1	×	↑	×	×	×	×	Q_1^n	Q_2^n	Q_3^n	1	左移，D_{IL} 为串行输入，Q_0 为串行输出
1	1	0	0	×	↑	×	×	×	×	Q_1^n	Q_2^n	Q_3^n	0	
1	1	1	×	×	↑	D_0	D_1	D_2	D_3	D_0	D_1	D_2	D_3	并行置数

(2) 计数器(Counter)

计数器是数字系统中应用最广的一种时序逻辑电路。其基本功能是对时钟脉冲进行累加或累减计数。利用这一功能，可主要用于数字测量、数字运算、数字(如定时控制等)、分频及产生节拍脉冲和脉冲序列等。

① 关于计数器的几个术语

计数器的模：计数器所能表示的状态的总数。如 n 位二进制计数器，其能表示 2^n 种不同状态，所以其模为 2^n。一般计数器的模为几，就称之为模几计数器。如 4 位二进制计数器，也叫模 16 计数器。

计数器的容量：计数器所能表示的最大数值。如模 16 计数器，其容量为 15 等。

分频：就是把脉冲串的频率由高分低，使输出信号的频率比输入信号的频率低。

因为一个 N 进制计数器的特点是每输入 N 个计数脉冲，输出一个进位或借位脉冲，也就是说，输出脉冲的频率是输入脉冲频率的 N 分之一，所以 N 进制计数器实际上也就是一个"N 分频器"。

② 计数器分类

按进位模数分类。所谓进位模数，就是计数器所经历的独立状态总数，也可称进制数。

a. 模 2 计数器：进位模数为 2^n 的计数器统称为模 2 计数器。其中 n 为触发器的个数。如计数器的计数模数为 $2^4=16$，可称其为十六进制计数器，也可称为 4 位二进制计数器。

b. 非模 2 计数器；进位模不为 2^n。用得较多的是十进制计数器。

按计数脉冲输入方式分类，可分为同步计数器和异步计数器。

按计数增减趋势分类，可分为：

a. 递增计数器(又称加法计数器)。每来一个计数脉冲触发器组成的状态就按二进制代码规律增加。

b. 递减计数器(又称减法计数器)。每来一个计数脉冲触发器组成的状态就按二进制代码规律减少。

c. 双向计数器(可称可逆计数器)。一般它是由递增计数器和递减计数器组合而成的。至于它是进行递增计数还是递减计数，由控制端决定。

③ 二进制计数器

由于 1 位二进制计数单元正好用一个触发器构成，所以，如果用 n 个触发器串联起来，就可以组成 n 位二进制计数器。一个 n 位二进制计数器最多可计 2^n 个数。

那么，构成 n 位二进制计数器的这 n 个触发器之间应如何连接呢？这不仅取决于是异步还是同步计数器，而且还取决于计数器的计数功能(加法计数还是减法计数)和触发器的动作特点(是上升沿触发器翻转还是下降沿触发翻转)。表 6.2 给出了异步二进制计数器和同步二进制计数器的特点和级间连接规律。

表 6.2 异步二进制计数器和同步二进制计数器的特点和级间连接规律

计数器类型	异步二进制计数器		同步二进制计数器	
特点	计数脉冲输入时，计数器的各位触发器从低位到高位逐级触发、逐级翻转。即计数脉冲只接到最低触发器的 CLK 端，而其他各位触发器的 CLK 端则与其相邻的低位触发器输出端相连。这也正是"串行"和"异步"名称的由来		计数脉冲同时引入到各级触发器的 CLK 端，所以各级触发器的状态改变是同时发生的	
基本计数单元	T'触发器		T 触发器或 T'触发器	
	上升沿触发方式	下降沿触发方式	T 触发器	T'触发器

续表

计数器类型	异步二进制计数器		同步二进制计数器	
加法 计数器	$CLK_0 = CLK$ $CLK_{n+1} = Q_n'$	$CLK_0 = CLK$ $CLK_{n+1} = Q_n$	$T_0 = 1$ $T_n = \prod_{i=0}^{n-1} Q_i (n \neq 0)$	$CLK_0 = CLK$ $CLK_n = CLK \cdot \prod_{i=0}^{n-1} Q_i (n \neq 0)$
减法 计数器	$CLK_0 = CLK$ $CLK_{n+1} = Q_n$	$CLK_0 = CLK$ $CLK_{n+1} = Q_n'$	$T_0 = 1$ $T_n = \prod_{i=0}^{n-1} Q_i' (n \neq 0)$	$CLK_0 = CLK$ $CLK_n = CLK \cdot \prod_{i=0}^{n-1} Q_i' (n \neq 0)$
可逆计数器	在加法计数器和减法计数器的，一要增设加/减控制线 U'/D；二要在级间加“与或”门以形成 CLK_{n+1}		在加法计数器和减法计数器的，一要增设加/减控制线 U'/D；二要在级间加“与或”门以形成 T_n或 CLK_n	

注：1. 在构成异步二进制计数器时，不管是采用什么逻辑功能的触发器(如 D、JK 或 SR 等)，都应首先接成 T'触发器。

2. 在构成同步二进制计数器时，不管是采用什么逻辑功能的触发器(如 D、JK 或 SR 等)，都应首先接成 T'触发器或 T 触发器。

根据表 6.2 即可画出由任意触发器组成的任意位二进制计数器电路。

在实际的集成计数器电路中，所用的电路往往比上述原理性电路要复杂些，有的甚至要复杂得多，目的就是要增加电路的功用 使用灵活性。例如 74LS161 就是一种中规模集成 4 位同步二进制加法计数器，它除了二进制加法计数的基本功能外，还增加了预置数、清零和保持等功能，其图形符号和功能表分别如图 6.4 和表 6.3 所示。在图、表中，R'_D为异步清零端，LD'为预置数控制端，EP、ET 为工作状态控制端，$D_0 \sim D_3$为数据输入端，CO 为进位输出端，状态从 1111~0000 时，CO 从 1→0，即产生进位。

表 6.3　74LS161 的功能表

CLK	R'_D	LD'	EP	DT	工作状态
×	0	×	×	×	置零
↑	1	0	×	×	预置数
×	1	1	0	1	保持
×	1	1	×	0	保持(C=0)
↑	1	1	1	1	计数

另外，从表 6.2 可知，同步二进制加/减可逆计数器可在单向计数器的基础上通过增加级间“与-或”门演变而成，其基本计数单元同样可用 T 触发器或 T'触发器构成。当采用 T 触发器时，构成的是单时钟同步二进制加/减计数器；而当采用 T'触发器时，构成的是双时钟式同步加/减计数器。较典型的单时钟同步二进制加/减器是 4 位计数器 74LS191，其图形符号和功能表分别如图 6.5 和表 6.4 所示。而较典型的双时钟同步二进制加/减计数器有 4 位计数器 74LS193，其图形符号和功能表分别如图 6.6 和表 6.5 所示。

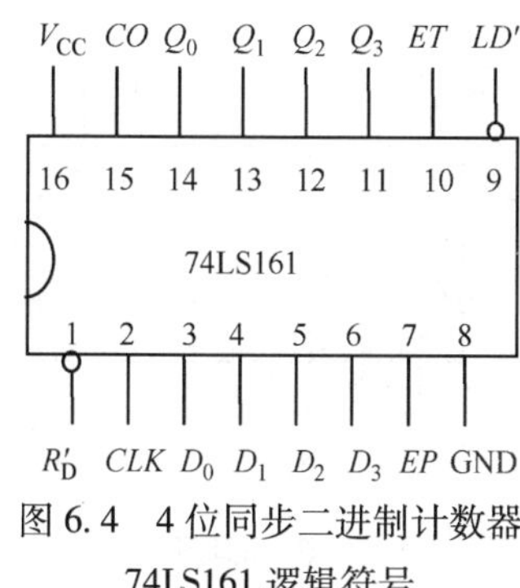

图 6.4 4 位同步二进制计数器 74LS161 逻辑符号

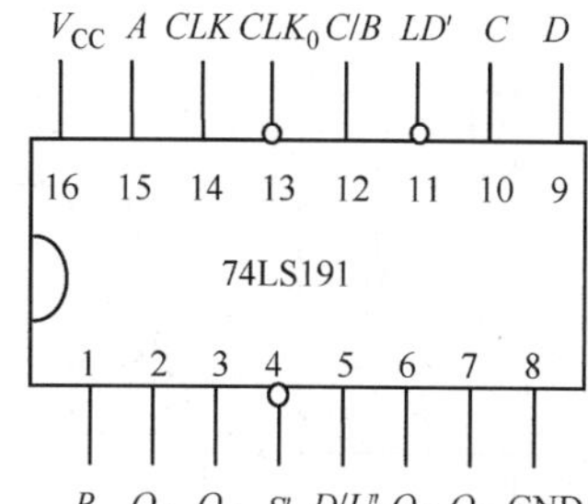

图 6.5 双时钟 4 位同步二进制加/减计数器 74LS191 逻辑符号

表 6.4 74LS191 功能表

预置	使能	加/减控制	时钟	预置数据输入				输出				工作模式
LD'	S'	D/U'	CP_1	D_3	D_2	D_1	D_0	Q_3	Q_2	Q_1	Q_0	
0	×	×	×	d_3	d_2	d_1	d_0	d_3	d_2	d_1	d_0	异步置数
1	1	×	×	×	×	×	×	保持				数据保持
1	0	0	↑	×	×	×	×	加法计数				加法计数
1	0	1	↑	×	×	×	×	减法计数				减法计数

表 6.5 74LS193 功能表

CLK_-	CLK_+	R_D	LD'	工作状态
×	×	1	×	异步置零
×	×	0	0	异步预置数
↑	1	0	1	加法计数
1	↑	0	1	减法计数

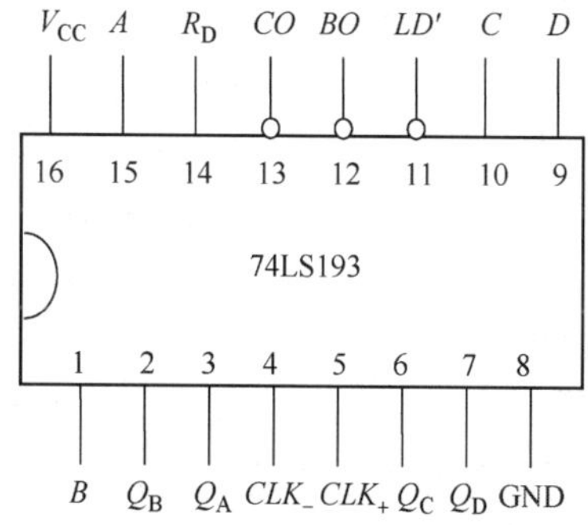

图 6.6 双时钟 4 位同步二进制加/减计数器 64LS193 逻辑符号

从表 6.5 可以看出，74LS193 不仅具有同步加/减计数功能(分别受 CKL_-、CLK_+控制)和异步置零功能(当 $R_D=1$ 时，将使所有触发器置成 $Q=0$ 的状态，而不受计数脉冲控制)，而且具有异步预置数功能，即当 $LD'=0$(同时令 $R_D=0$)时，将立即把计数器状态置为 $A\sim D$ 的状态，而与计数脉冲无关。

④ 十进制计数器

74LS290 就是一种常用的二-五十进制异步加法计数器，其逻辑图及功能表分别如图 6.7、表 6.6 所示。

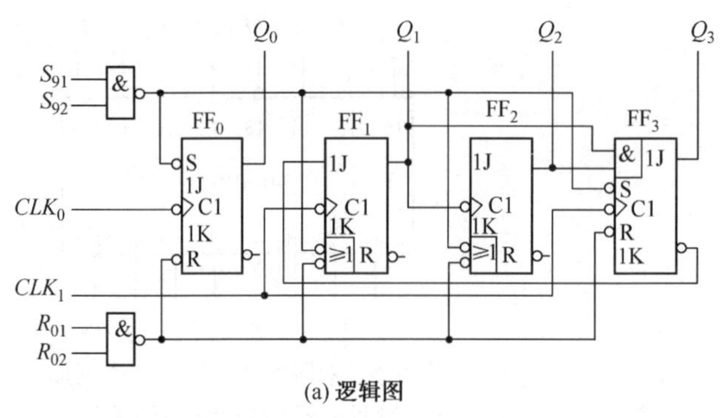

(a) 逻辑图

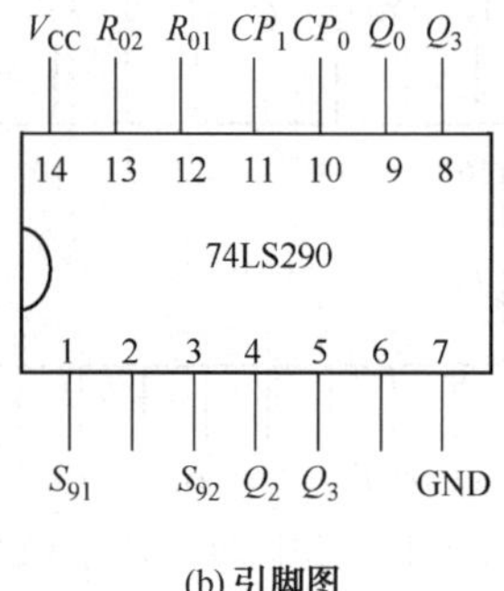

(b) 引脚图

图 6.7　异步十进制计数器 74LS290

表 6.6　74LS290 功能表

S_{91}	S_{92}	R_{01}	R_{02}	CLK_0	CLK_1	Q_3	Q_2	Q_1	Q_0
1	1	0	×	×	×	1	0	0	1
1	1	×	0						
0	×	1	1	×	×	0	0	0	0
×	0	1	1						
$S_{91}\cdot S_{92}=0$ $R_{01}\cdot R_{02}=0$				CLK	0	二进制			
				0	CLK	五进制			
				CLK	Q_0	8421 十进制			
				Q_3	CLK	5421 十进制			

为了增加使用的灵活性，便于用户选择功能，在 74LS290 芯片内部，FF_1 和 FF_3 的 CLK 端没有直接与 Q_0 固定相连，而是从 CLK_1 端单独引出，从而形成 CLK_0 和 CLK_1 两个计数时钟脉冲输入端。这样，若以 CLK_0 为计数输入，Q_0 为输出，则为二进制计数器；若以 CLK_1 为计数输入，Q_3 为输出，则为五进制计数器；若将 CLK_1 与 Q_0 相连，并以 CLK_0 为计数输入，$Q_3Q_2Q_1Q_0$ 为输出，则为 8421 码编码的十进制计数器；而若将 CLK_0 与 Q_3 相连，并以 CLK_1 为计数输入，$Q_0Q_3Q_2Q_1$ 为输出，则为 5421 编码的十进制计数器。另外，在 74LS290 集成电路内部还设置了两个异步置“0”输入端 R_{01}、R_{02} 和两个异步置“9”输入端 S_{91}、S_{92}，这样有利于工作时根据需要设置计数器的初始状态。

与 4 位同步二进制加法计数器芯片 74LS161 相对应，具有相同功能的中规模同步十进制加法计数器芯片为 74LS160，其控制信号和控制方法也与 74LS161 相同。74LS190 与 74LS191 相同，是同步十进制可逆计数器。

⑤ 任意进制计数器(单片)

集成计数器芯片 74LS161(74LS160)、74LS191(74LS190)和 74LS193(74LS192)可以实现最大模 N 为 16(10)的计数。而利用它们所具有的预置数功能可以实现模 N 小于 16(10)的任意模计数器。用多块同类芯片级联就可以实现模 N 大于 16(10)的任意模式计数器。为了便于叙述，只说明十六进制的计数器。

用集成计数器构成任意进制的计数器一般有以下两种办法。

a. 利用预置数据端

74LS161 和 74LS193 芯片预置数据的方法代表了集成计数器中两种不同预置数据类型。

同步预置数据类型(74LS161)：数据输入端 $D_3 \sim D_0$的信号是在 $LD'=0$ 的情况下分别送到各个触发器的 J、K 端，但还不能立即改变芯片的各触发器的状态，还必须在下一个时钟脉冲 CLK 作用后才能进入到各触发器，得到 $Q_3Q_2Q_1Q_0=D_3D_2D_1D_0$。

异步预置数据类型(74LS193)：数据输入端 D、C、B、A 的信号是在 $LD'=0$ 的情况下直接送到各个触发器的异步置 0 端(R_D)和异步置 1 端(LD')，因此数据可立即送入各触发器，得到 $Q_DQ_CQ_BQ_A=DCBA$，无需等到下一个时钟脉冲到来。

由于有这两和种预置数据的差别，所以在利用它们设计模小于 16 的任意模 N 计数器(在 $LD'=0$ 的条件下)时，求预置状态号 M(M 是预置的二进制数 $DCBA$ 所对应的十进制数)的计算公式是不一样的：

对于同步预置类型的 74LS161：$M=16-N$。

对于异步预置类型的 74LS193：$M=15-N$。

预置数据 $DCBA$ 与状态号 M 的关系是：若十进制的状态号用$(M)_{10}$表示，二进制的状态号用$(DCBA)_2$表示，则$(M)_{10}=(DCBA)_2$。这种模 N 计数器的工作特点是每个工作循环的起始状态不是从 0 开始，而是从预置的状态 M 以，以状态 15($Q_DQ_CQ_BQ_A=1111$)结束。

b. 利用清零控制端

清传诵是指当计数器计数到某一状态(由模数 N 决定)时，对此状态进行状态编码作为控制信号并送到清零控制端(R'_D一般是低电位有效)，使计数器清零，即输出状态变为 $Q_DQ_CQ_BQ_A=0000$，进入下 ·个循环计数周期。与预置数据方法相似，利用清零控制端也有两种方式，即同步清零和异步清零。

同步清零是指当清零信号送到清零端时，计数器输出状态并不立刻被清零，而是要等到下一个时钟脉冲信号到来以后才被清零，输出 $Q_DQ_CQ_BQ_A=0000$。

异步清零是指当清零信号送到清零端时，计数器输出状态立刻被清零，而不论是否有时钟脉冲信号到来，输出 $Q_DQ_CQ_BQ_A=0000$。与同步清零在模数 N 上相差 1。

求清零状态号 M 与模数 N 关系的计算公式是不一样的：

对于同步清零类型的 74LS161：$M=N-1$。

对于异步清零类型的 74LS193：$M=N$。

⑥ 任意进制计数器(多片)

利用 n 片 4 位二进制计数器(十六进制计数器)或 n 片十进制计数器(一般为 8421 码计数器)加译码电路，构成 17(11)以上进制计数器。

在具体实现时，各片之间的连接方式又可分为串行进位方式、并行进位方式、整体置零方式和整体置数方式等几种。下面分两种情况讨论：

若 N 可以分解为两个小于 16(用十六进制计数器时)或小于 10(用十进制计数器时)的因子相乘，即 $N=N_1\times N_2$，则可采用串行进位方式或并行进位方式将一个 N_1进制计数器和一个 N_2进制计数器连接起来，构成 N 进制计数器。用串行进位方式时，以低位片的进位输出信号作为高位片的时钟输入信号；用并行进位方式时，以低位片的进位输出信号作为高位片的的工作状态控制信号(计数的使能信号)，各片的 CLK 输入端同时接计数输入脉冲。

若 N 不能分解成 N_1和 N_2，则必须在或计数器的基础上，通过采用整体置零方式或整体置位方式跳过一些状态来构成 N 进制计数器。

实际中，除主要基于 4 位二进制计数器或 1 位十进制计数器构成 N 进制计数器外，也可选用移位寄存器加一定的反馈逻辑来构成。通常把这样构成的计数器叫做移位寄存器型计数器。

(3) 移位寄存器型计数器

这类计数器的结构示意图如图 6.8 所示。其中，移存器的基本寄存单元可以是 D 触发器，也可以是 JK 触发器或其他功能触发器。不过大都是 D 触发器，因为它最简单。

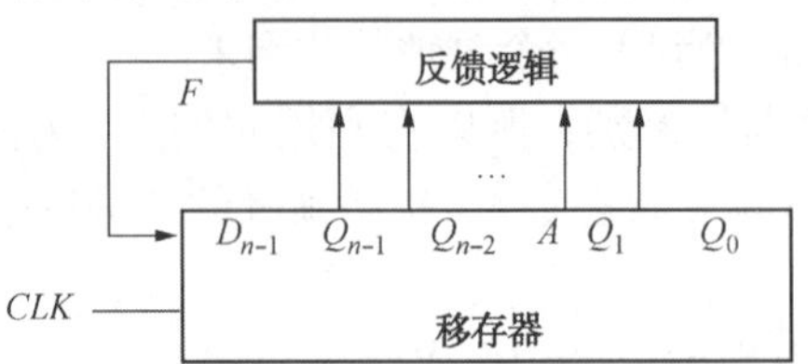

图 6.8　移位寄存器型计数器结构示意图

显然，反馈电路形式不同，计数器的形式和特点也不同。目前，最常用的有环形计数器和扭环形计数器两种：

① 环形计数器是移位寄存器型计数器中最简单的一种，其反馈逻辑为 $F=D_{n-1}=Q_0$；

② 扭环形计数器中，反馈到移位寄存器的串行输入端 D_{n-1} 的信号不是取自 Q_0，而是取自 Q'_0，即其反馈逻辑为 $F=D_{n-1}=Q'_0$。

(4) 顺序脉冲发生器

顺序脉冲发生器也叫节拍脉冲发生器或脉冲分配器。其功能是把输入的脉冲序列变换成一组在时间上顺序出现的脉冲，如图 6.9 所示。

因为计数器中各位触发器的翻转不可能完全同步(即使是同步计数器也是如此)，这样在各译码门有两个以上输入端改变状态时，就不可避免地会出现竞争-冒险现象，可能使 P_i 所控制的后续电路工作不可靠。

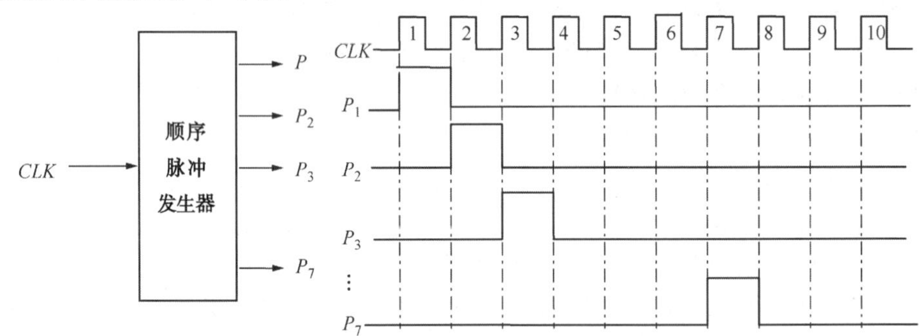

图 6.9　顺序脉冲发生器的示意图和电压波形图

为此，可采用以下办法构成无竞争-冒险的顺序脉冲发生器：

① 用扭环形计数器加译码器构成

因为在扭环形计数器的有效循环澡，只有一个触发器改变状态，所以根本不存在竞争，更不会出现冒险脉冲。

② 直接用环形计数器构成

利用环形计数器的有效循环中，每个状态只含一个“1”或“0”。

③ 采用消除，竞争-冒险现象的方法构成

在图 6.10 上采用消除竞争-冒险现象的方法构成，如封锁法、选通法、RC 滤波法等。

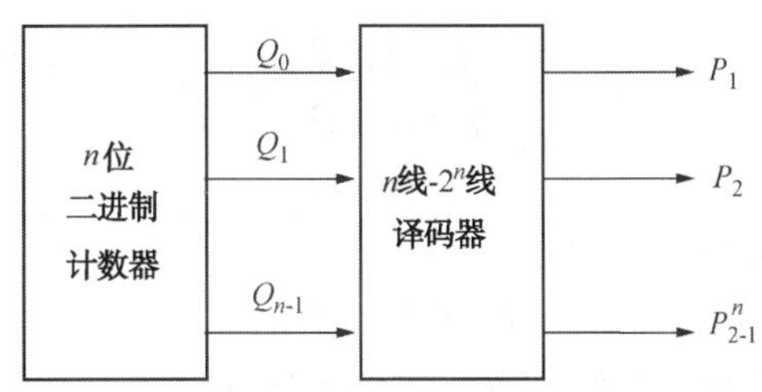

图 6. 10　用计数器和译码器构成脉冲发生器的结构框图

(5) 序列信号发生器

在数字信号的传输和数字系统的测试中，有时需用到一组特定的串行数字信号，如“00010111”等，这种串行数字信号叫做序列信号。产生序列信号的电路称为序列信号发生器。序列信号发生器的构成方法有多种。产生序列信号的电路称为序列信号发生器。

序列信号发生器的构成方法有多种。一咱比较简单、直观的方法是用“计数器”+“数据选择器”组成，框图如图 6. 11 所示，另一种常见方法是采用带反馈逻辑电路的移位寄存器，如图 6. 12 所示。

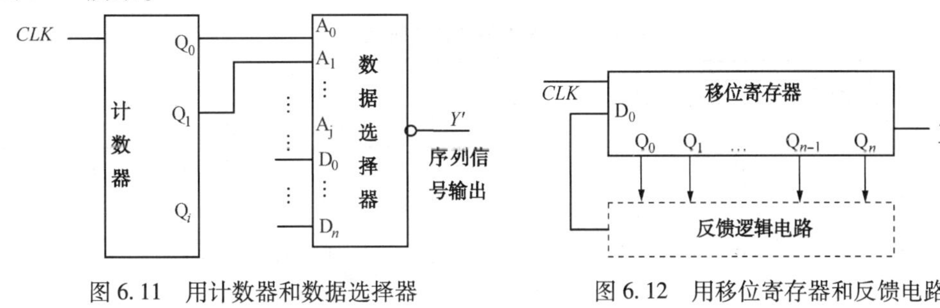

图 6. 11　用计数器和数据选择器构成序列信号发生器

图 6. 12　用移位寄存器和反馈电路构成序列信号发生器

6. 3　典型题型及例题精解

【例 6. 1】已知同步时序电路的逻辑图如图 6. 13 所示，试分析电路的逻辑功能。

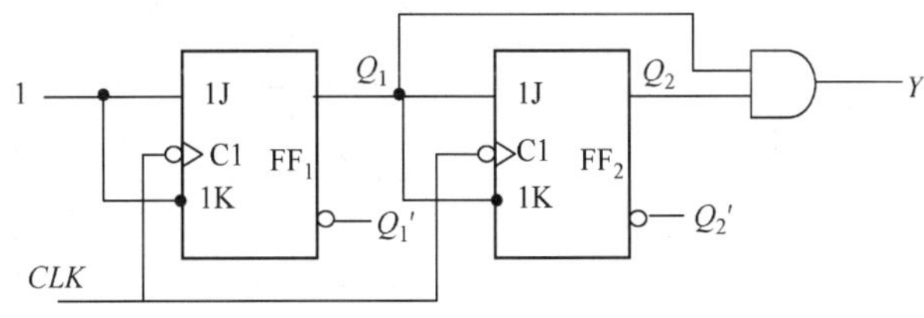

图 6. 13　例 6. 1 逻辑电路图

【解题思路】

如图所示电路是一个同步时序电路。时序电路的存储电路由两个 *JK* 触发器组成，时序电路的输出信号为 *Y*。

分析方法如下:

(1) 列写触发器的驱动议程和电路的输出方程

触发器的驱动方程为

$$J_1 = K_1 = 1$$

$$J_2 = K_2 = Q_1$$

电路的输出方程为

$$Y = Q_2 Q_1$$

(2) 求触发器的状态方程

JK 触发器的特征方程为 $Q^* = JQ' + K'Q$

将各触发器的驱动方程代入特征方程，得到状态方程

$$Q_1^* = J_1 Q_1' + K_1' Q_1 = Q_1'$$

$$Q_2^* = J_2 Q_2' + K' Q_2 = Q_1 Q_2' + Q_1' Q_2$$

(3) 列出电路的状态转换表及状态转换图

在时序电路的分析中，输入与状态转换之间的关系可以用表格来表示，即状态转换表，简称状态表。也可以用图形方式表示，即状态转换图，简称状态图。

状态转换表的具体求法是：首先将触发器的现态 Q_2Q_1 的组合填入表内，再将 Q_2Q_1 的取值代入状态方程，求出触发器的次态 $Q_2^* Q_1^*$；代入输出方程，求时序电路的输出 *Y*，填入状态转换表，如表 6.7 所示。

表 6.7　例 6.1 的状态转换表

现　　态		次　　态		输　　出
Q_2	Q_1	Q_2^*	Q_1^*	Y
0	0	0	1	0
0	1	1	0	0
1	0	1	1	0
1	1	0	0	1

为了更形象直观，状态转换表还可以绘成状态转换图的形式，如图 6.14 所示。

(4) 作时序图

有时为了更好地描述电路的工作过程，常给出时序图或称波形图，画出同步时序电路在时钟脉冲和输入信号的作用下，状态和输出信号变化的波形图。

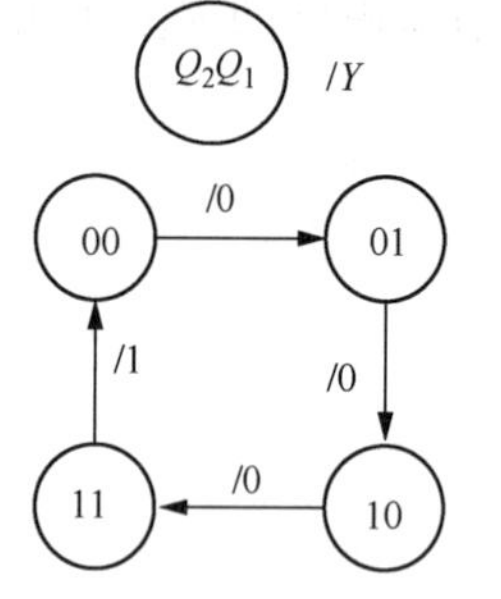

图6.14　Q_2Q_1 的状态转换图

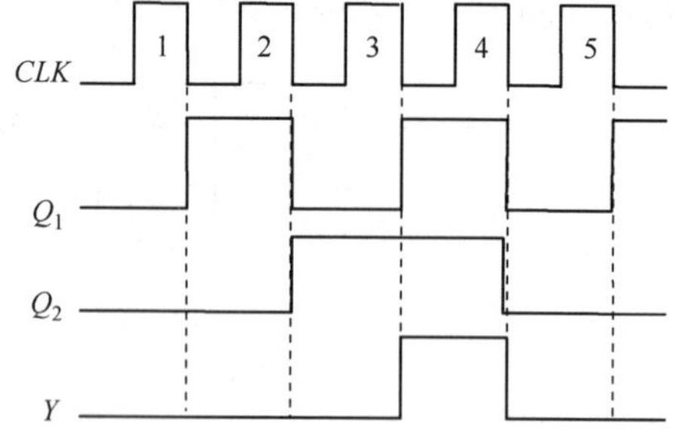

图 6.15　例 6.1 的时序图

(5) 逻辑功能分析

通过状态转换图的分析，可以清楚地看出，每经过 4 个时钟脉冲的作用，Q_2Q_1 的状态从 00 到 11，电路的状态循环一次，同时在输出端产生一个 1 信号输出。因此，图 6.15 所示电路是一个模 4 计数器，时钟脉冲 *CLK* 为计数脉冲输入，输出端 *Y* 是进位输出。也可将该计数器称为 2 位二进制计数器。

【**例 6.2**】分析如图 6.16 所示同步时序电路的逻辑功能。

【**解题思路**】

(1) 列写驱动方程及输出方程：$J=AB$

$K=(A+B)'$

$Y=A\oplus B\oplus Q$

(2) 求状态方程 $Q^{*}=JQ'+K'Q=ABQ'+(A+B)Q$

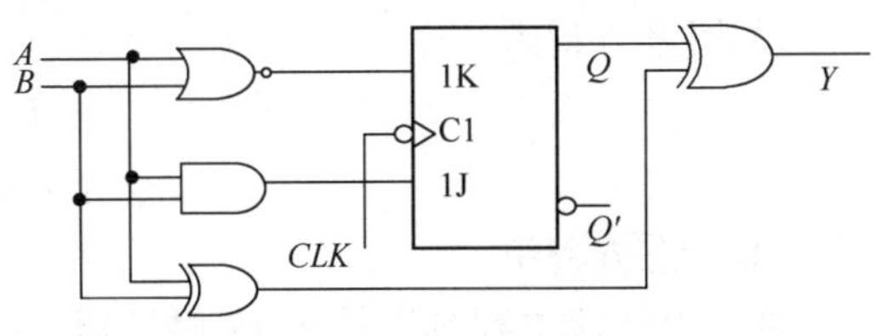

图 6.16　例 6.2 逻辑电路图

(3) 求状态转换表及状态转换图

状态转换表如表 6.8 所示，状态转换图如图 6.17 所示。

表 6.8　例 6.2 状态转换表

输　入		现　态	次　态	输　出
A	B	Q	Q^{*}	Y
0	0	0	0	0
0	1	0	0	1
1	1	0	1	0
1	0	0	0	1
0	0	1	0	1
0	1	1	1	0
1	1	1	1	1
1	0	1	1	0

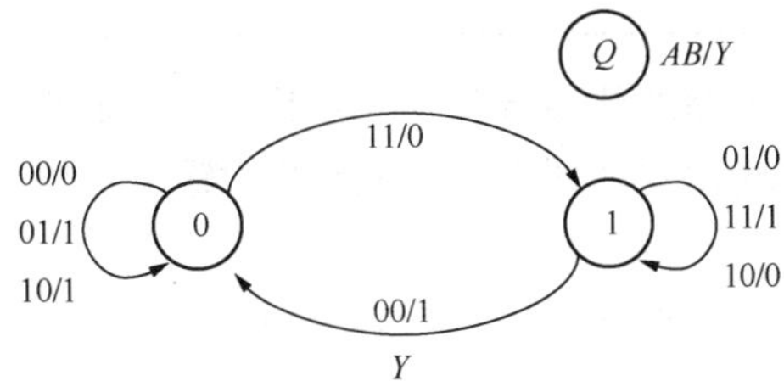

图 6.17　例 6.2 状态转换图

【**例 6.3**】分析图 6.18 所示同步时序电路

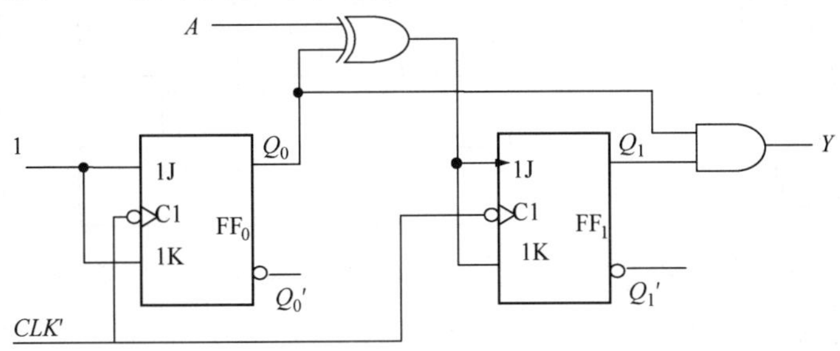

图 6.18　例 6.4 的逻辑电路图

【**解题思路**】

这是一个由两个下降沿触发的 JK 触发器、一个异或门及一个与门组成的时序电路。

(1) 根据电路列出三个方程组

① 输出方程组 $Y=Q_1Q_0$

② 激励方程组

$$J_0=K_0=1$$
$$J_1=K_1=A\oplus Q_0$$

③ 状态方程组

将两个激励方程分别代入 JK 触发器的特性方程，得到两个触发器的状态方程

$$Q_0^*=J_0Q'_0+K'_0Q_0=Q'_0$$
$$\begin{aligned}Q_1^*&=J_1Q'_1+K'_1Q_1\\&=(A\oplus Q_0)Q'_1+(A\oplus Q_0)'Q_1\\&=A\oplus Q_1\oplus Q_0\end{aligned}$$

（2）列出状态表

根据输出方程组和状态方程组可以列出状态表，如表 6.9 所示。

表 6.9　例 6.3 状态转换表

Q_1	Q_0	$Q_1^*Q_0^*$				Y
		$A=0$		$A=1$		
0	0	0	1	1	1	0
0	1	1	0	0	0	0
1	0	1	1	0	1	0
1	1	0	0	1	0	1

由于该电路的输出仅与电路的状态有关，因此其状态表中的每一行都有固定的输出。为了直观地表明这一为，可把输出单独列出，如表 6.9 中输出信号 Y 的一列。

（3）画出状态转换图

根据状态表可以画出状态转换图，如图 6.19 所示。

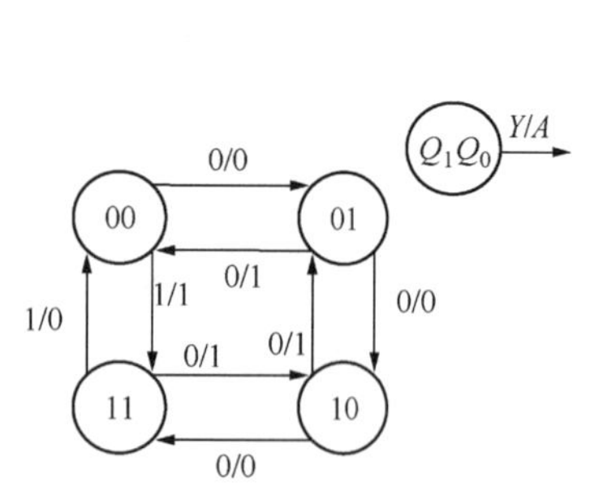

图 6.19　例 6.3 的状态转换图

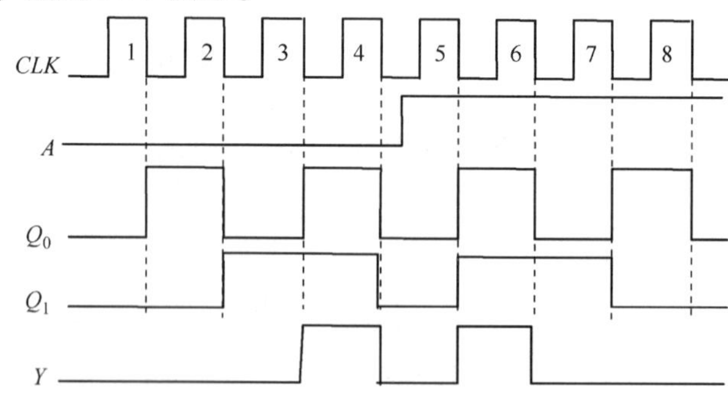

图 6.20　例 6.3 电路的时序图

（4）画出时序图

设电路的初始状态为 $Q_1Q_0=00$，根据状态表和状态图，可画出在一系列 CLK' 脉冲作用下的时序图，如图 6.20 所示。

（5）由状态图可以看出，图 6.18 所示电路是一个可逆二进制计数器。当 $A=0$ 时，进行加计数，每来一个时钟脉冲，计数器值 Q_1Q_0 加 1，依次为 00→01→10→11→00。每经过 4

个脉冲作用，电路的状态循环一次。当 $A=1$ 时，进行减 1 计数依次为 11→10→01→00→11。Y 端在 Q_1Q_0 为 11 时输出 1。在进行加计数时，可以利用 Y 信号的下降沿触发进位操作；在减计数时则可用 Y 信号的上升沿触发借位操作。

【**例 6.4**】分析如图 6.21 所示的异步时序电路。

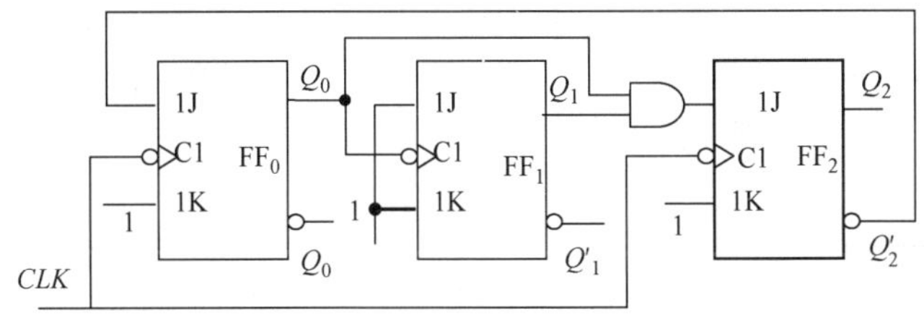

图 6.21　例 6.3 的逻辑电路图

【**解题思路**】

图 6.21 所示电路的时钟连接方式是 CLK_0、CLK_2 与计数脉冲 CLK 相连，CKL_1 与 Q_0 相连。由于触发器的时钟输入端不统一，因此各触发器的状态转换不是同时进行的，该电路是异步时序电路。

分析异步时序电路的状态转换时，要特别注意各触发器的时钟输入端是否有边沿信号，只有当触发器的时钟边沿有效时，该触发器才能翻转，否则触发器将保持原状态不变。

（1）列写各触发器的驱动方程的时钟方程

$$J_0=Q'_2,\ K_0=1$$
$$J_1=K_1=1$$
$$J_2=Q_0Q_1,\ K_2=1$$
$$CLK_0=CLK_2=CLK$$
$$CLK=Q_0$$

（2）求触发器的状态方程

$$Q_0^*=(J_0Q'_0+K'_0Q_0)CLK_0=(Q'_2Q'_0)CLK_0$$
$$Q_1^*=(J_1Q'_1+K'_1Q_1)CLK_1=(Q'_1)CLK_1$$
$$Q_2^*=(J_2Q'_2+K'_2Q_2)CLK_2=(Q'_2Q_1Q_0)CLK_2$$

（3）求状态转换表

电路中的 JK 触发器为下降沿触发，所以各状态方程只有在它的时钟下降沿到来时才成立。

假设电路现态为 $Q_2Q_1Q_0=011$，在计数脉冲 CLK 作用下，$Q_0^*=Q'_2Q'_0=1\cdot 0=0$，此时 Q_0 由 1→0，Q_0产生一个下降沿作用于触发器 1，使 $Q_1^*=Q'_1=1'=0$，在计数脉冲 CLK 的作用下，$Q_2^*=(Q'_2Q_1Q_0)=0'\cdot 1\cdot 1=1$ 因此电路的状态由 011 转换到 100。

若电路的现态为 $Q_2Q_1Q_0=011$，在计数脉冲 CLK 作用下，$Q_0^*=Q'_2Q'_0=1\cdot 0'=0$，$Q_0^*$ 没有产生下降沿，因此触发器 1 维持原状态不变，$Q_1^*=0$；在计数脉冲 CLK 作用下，$Q_2^*=(Q'_2Q_1Q_0)=1'\cdot 0\cdot 0=0$。因此电路状态由 100 转换到 000。

其余各状态转换同上面分析相同，由此可得到该电路的状态转换表如表 6.10 所示，时序图如图 6.22 所示。由状态转换表可以看出，该电路是一个模 5 异步计数器。

表 6.10　例 6.4 状态转换表

初态			时钟			次态		
Q_2	Q_1	Q_0	CLK_2	CLK_1	CLK_0	Q_2^*	Q_1^*	Q_0^*
0	0	0	↓	0	↓	0	0	1
0	0	1	↓	↓	↓	0	1	0
0	1	0	↓	0	↓	0	1	1
0	1	1	↓	↓	↓	1	0	0
1	0	0	↓	0	↓	0	0	0

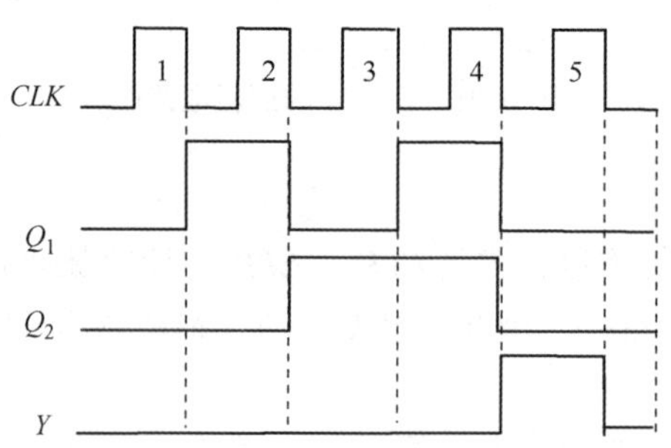

图 6.22　例 6.3 的时序图

异步计数器与同步计数器的时序图表面看相同，实际上各触发器的棱不相同。同步计数器各触发器的动作是同时发生的，而异步计数器各触发器的动作不是同时发生的。如图 6.19所示，当加入第二个时钟脉冲 CLK 的下降沿时，触发器 Q_0先由 1→0，出现 Q_0的下降沿，才会使触发器 Q_1由 0→1。加入第四个时钟脉冲 CLK 的下降沿时，触发器 Q_0由 1→0，Q_0产生下降沿，才使触发器 Q_1由 1→0。因此，异步计数器各触发器的动作有先有后。

【例 6.5】试画出图 6.23 所示逻辑电路的输出(Q_3~Q_0)波形，并分析该电路的逻辑功能。

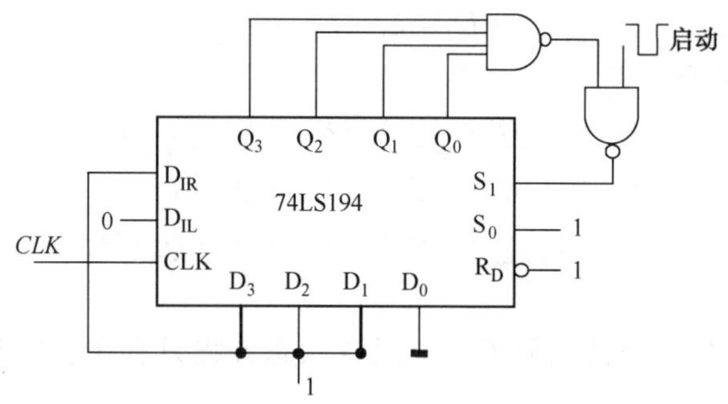

图 6.23　例 6.5 逻辑电路图

【解题思路】

当启动信号端输入一低电平时，使 $S_1=1$，这时有 $S_0=S_1=1$，移位 74LS194 执行并行输入功能，$Q_3Q_2Q_1Q_0=D_3D_2D_1D_0=1110$。启动信号撤消后，由于 $Q_0=0$，经两级与非门后，使 $S_1=0$，这时有 $S_1S_0=01$，寄存器开始执行右移操作。在移位过程中，因为 Q_0、Q_1、Q_2、Q_3中总有一个为 0，因而能够维持 $S_1S_0=01$ 状态，使右移操作持续进行下去。其移位情况如图 6.24 所示。

由图 6.24 可知，该电路能按固定的时序输出低电平脉冲，是一个四相时序脉冲产生电路。

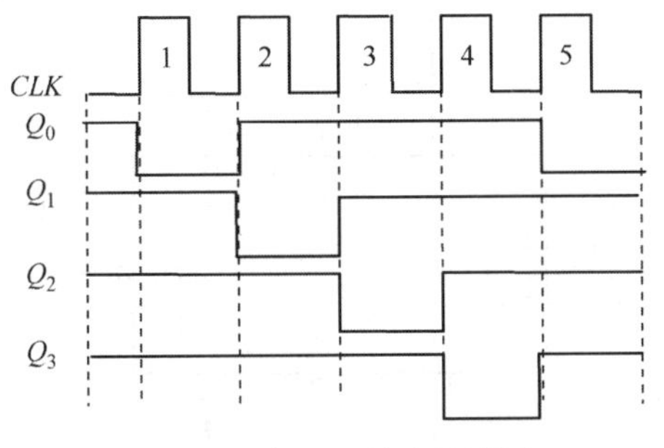

图 6.24　例 6.5 输出波形图

【例 6.6】试分析图 6.25 所示逻辑电路，画出它的状态图，说明它是几进制计数器。

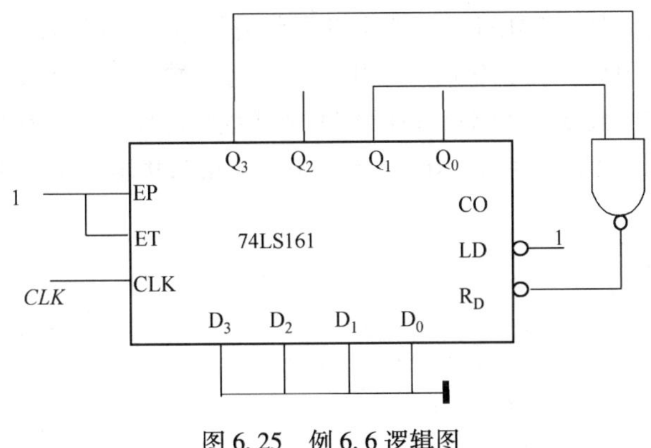

图 6.25　例 6.6 逻辑图

【解题思路】

图 6.25 所示逻辑电路图是由 74LS161 用“反馈清零法”构成的计数器。设电路的初始为 0000，在第 10 个脉冲作用后，$Q_3Q_2Q_1Q_0=1010$。这时，Q_3、Q_1信号经与非门使 74LS161 的异步清零输入端 R'_D由 1 变为 0，使整个计数器回到 0000 状态，完成一个计数周期。此后 R'_D恢复为 1，计数器又进入正常计数状态。其中，1010 仅在极短的时间内出现，电路的基本状态只有 0000~1001 十个状态，状态图如图 6.26 所示。该电路经 10 个时钟完成一次循环，因此，模为 $M=10$，是十进制计数器。

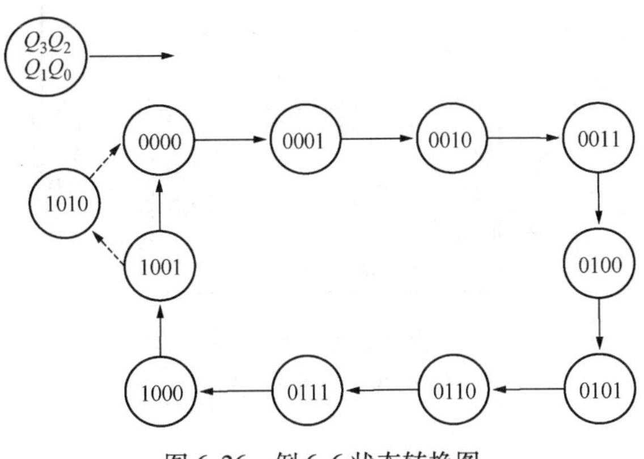

图 6.26　例 6.6 状态转换图

【例 6.7】试分析图 6.27 所示逻辑电路，画出它的状态图，说明它是几进制计数器。

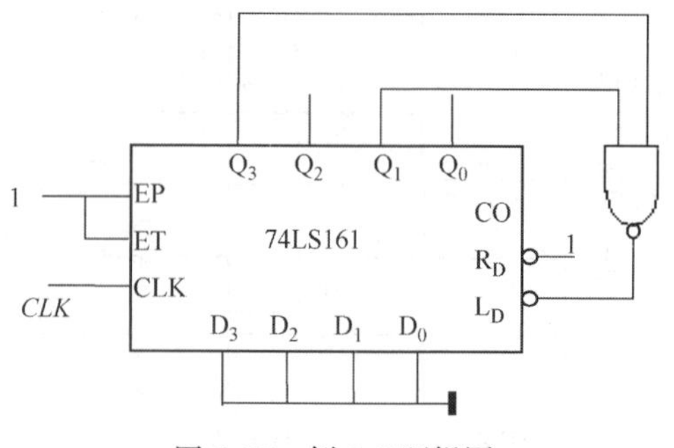

图 6.27　例 6.7 逻辑图

【解题思路】

由图 6.27 所示电路是由 74LS161 用“反馈置数法”构成的计数器。设电路初态为 0000，在第 10 个计数脉冲作用后，$Q_3Q_2Q_1Q_0=1010$，使并行置数使能端由 1 变为 0 而有效，由于 74LS161 是同步预置数计数器，因此只有在第 11 个计数脉冲作用后，数据输入端 $D_3D_2D_1D_0=0000$ 的状态才衩置入计数器，使 $Q_3Q_2Q_1Q_0=0000$。电路的状态转换图如图 6.28 所示，它是一个十一进制计数器。

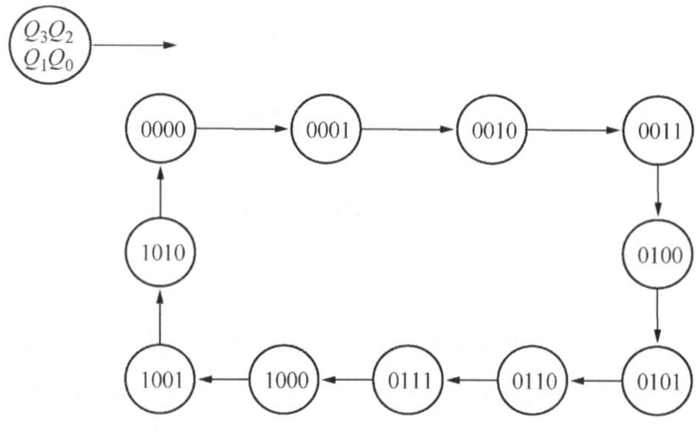

图 6.28　例 6.7 状态转换图

【例 6.8】试分析图 6.29 所示逻辑电路，画出它的状态图，说明它是几进制计数器。(74LS163 是具有同步清零功能的 4 位二进制加法计数器，其他功能与 74LS161 相同)

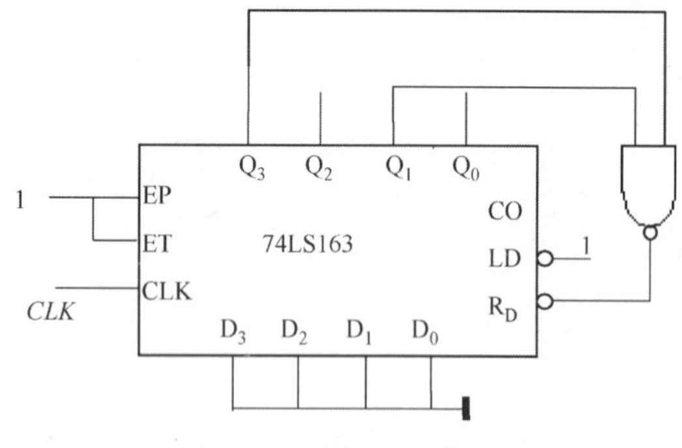

图 6.29　例 6.8 逻辑图

【解题思路】

该题是用“反馈清零法”构成的计数器。设电路初始状态为 0000，在第 10 个计数脉冲作用后，$Q_3Q_2Q_1Q_0=1010$，在原题中与非门的作用下，同步清零输入端由 1 变为 0。与例 6.6

不同的是，74LS163 是同步清零计数器，当同步清零输入端为 0 时不能立即清零，必须等到下一个时钟脉冲作用时，它才完成同步清零操作。因此，该计数器只有在第 11 个计数脉冲作用后，$Q_3Q_2Q_1Q_0$才能变成 0000。由于电路状态完成一次循环需要 11 个时钟脉冲，所以该计数的模为 $M=11$，是十一进制计数器。其状态转换图与上题相同(图 6. 28)。

【例 6. 9】试分析图 6. 30 所示逻辑电路，画出它的状态图，说明它是几进制计数器。

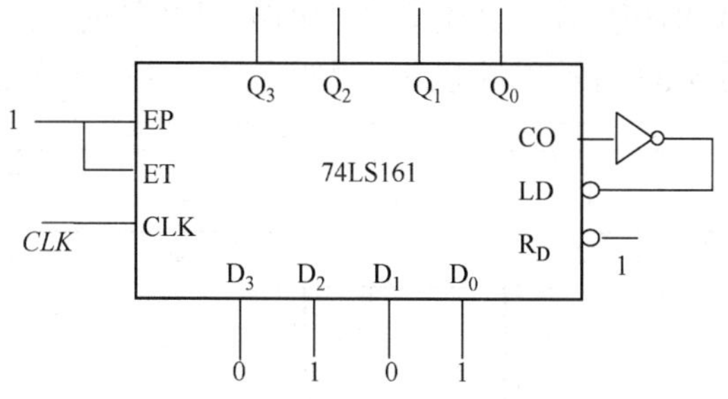

图 6. 30　例 6. 9 逻辑电路图

【解题思路】

该题所示逻辑电路是由 74LS161 用“反馈置数法”构成的计数器。设电路的初始状态为并行置入的数据，$D_3D_2D_1D_0=0101$，在第 10 个计数脉冲作用后，$Q_3Q_2Q_1Q_0$变成 1111，使进位信号 $CO=1$，并行置数使能端由 1 变为 0，因此在第 11 个计数脉冲作用后，数据输入端 $D_3D_2D_1D_0=0101$ 的状态被置入计数器，使 $Q_3Q_2Q_1Q_0=0101$，为新的计数周期做好准备。电路的状态图如图 6. 31 所示，它有 11 个状态，是一个十一进制计数器。

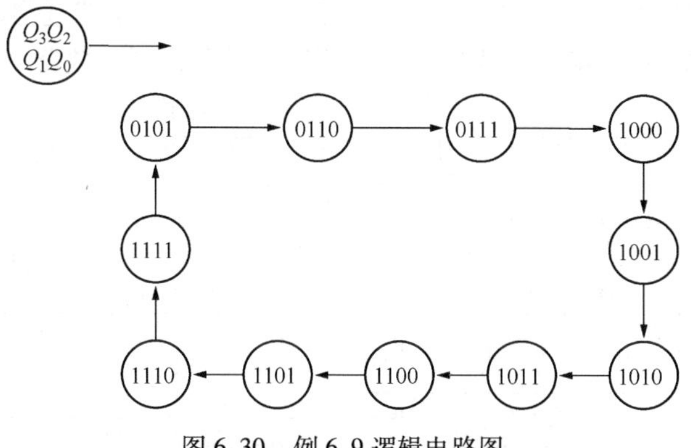

图 6. 30　例 6. 9 逻辑电路图

【例 6. 10】试分析图 6. 32 所示逻辑电路，说明它是几进制计数器，采用了何种进位方式。

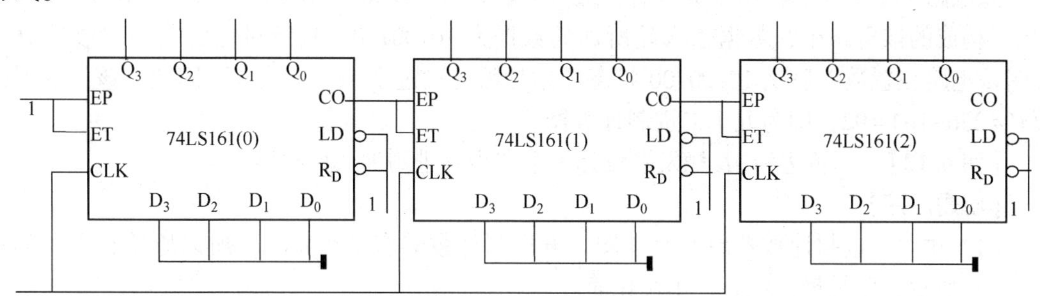

图 6. 32　例 6. 10 逻辑电路图

【解题思路】

在图 6.32 所示电路中，当低位芯片计满 16 个状态，其输出 $Q_3Q_2Q_1Q_0$变为全 1 状态后，使进位信号 *CO* 也变为 1 时，右邻高位芯片的计数使能信号才为 1，该芯片在下一个 *CLK* 有效沿才能计数一次。因为电路由 3 片 74LS161 级联而成，故为 $16^3=4096$ 进制襄。74LS161 内部采用的是并行进位方式，而 3 个芯片间则采用的是串行进位方式。这种并-串行结合的进位方式，既兼顾了进位的快速性，又能使进位电路(芯片外的电路连接)得到简化。

【例 6.11】试分析图 6.33 所示逻辑电路，说明它是几进制计数器。

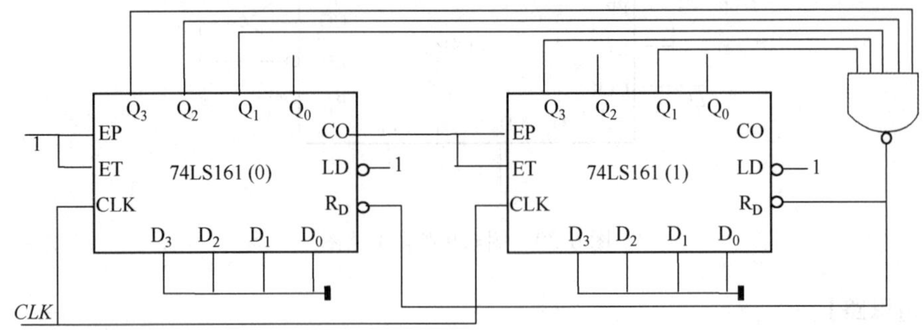

图 6.33　例 6.11 逻辑电路图

【解题思路】

由图 6.33 所示电路可知，该计数器是用“反馈清零法”构成的。当输出端状态为 10101110 时，与非门输出清零信号，使 2 片 74LA161 同时清零，计数器又从 00000000 状态开始计数。由于$(10101110)_2=(174)_{10}$，因此该电路是一百七十四进制计数器($M=174$)。

【例 6.12】试分析图 6.34 所示逻辑电路，说明它是几进制计数器。

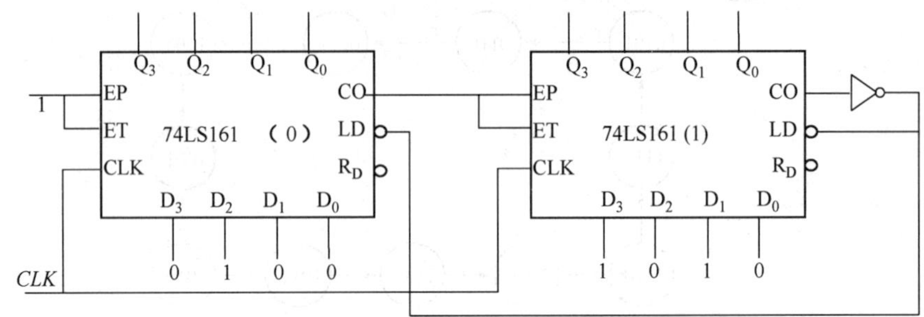

图 6.34　例 6.12 逻辑电路图

【解题思路】

该电路是由两片 74LS161 级联后，最多可能有 $16^2=256$ 个不同的状态。而在用“反馈置数法”构成的该电路中，数据输入端所加的数据为 10100100，它所对应的十进制数是 164，说明该电路在置数以后从 10100100 状态开始计数，跳过了 164 个状态。因此，该计数器的模$M=256-164=92$，即为九十二进制计数器。

【例 6.13】试用负边沿 *JK* 触发器设计一个同步五进制加法计数器。

【解题思路】

(1) 建立五进制计数器原始状态图。五进制计数器有 5 个状态，所以原始状态图如图 6.35(a)所示，已是最简状态，不用化简。

(2) 状态编码：令状态值按加法计数规律变化，且初值为 0，根据 $2^{n-1}<N\leqslant 2^n$，$N=5$，

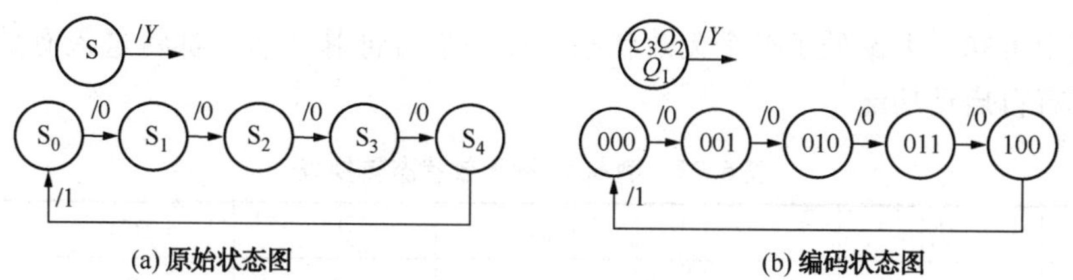

图 6.35 例 6.13 题状态转换图

求出编码的位数 $n=3$。这样画出编码后的状态转换衅如图 6.35(b)所示。

(3) 列状态转换表：根据编码状态图列状态转换表如表 6.11 所示。列表时，对于非有效状态编码作为约束项处理。

表 6.11 例 6.13 题状态转换表

Q_2	Q_1	Q_0	Q_2^*	Q_1^*	Q_0^*	Y
0	0	0	0	0	1	0
0	0	1	0	1	0	0
0	1	0	0	1	1	0
0	1	1	1	0	0	0
1	0	0	0	0	0	1
1	0	1	×	×	×	×
1	1	0	×	×	×	×
1	1	1	×	×	×	×

(4) 用卡诺图化简，写出简化的状态方程和输出方程。卡诺图如图 6.36 所示。

状态方程为

$$Q_0^* = Q_2'Q_0'$$
$$Q_1^* = Q_1'Q_0 + Q_1Q_0'$$
$$Q_2^* = Q_1Q_0$$

输出方程为

$$Y = Q_2$$

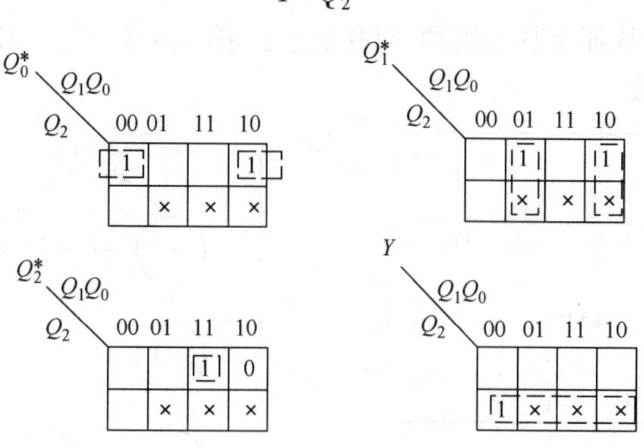

图 6.36 例 6.13 题

(5) 检查自启动：根据状态方程，列出无效状态转换表，检查能否自启动，如表 6.12

所示。从表中可知，无论处于哪个无效状态，在一个时钟脉冲后，都将进入有效循环状态，所以电路具有自启动功能。

表 6.12　例 6.13 题无效状态转换表

Q_2	Q_1	Q_0	Q_2^*	Q_1^*	Q_0^*	Y
1	0	1	0	1	0	1
1	1	0	0	1	0	1
1	1	1	0	0	0	1

（6）求驱动方程：将状态方程与 JK 触发器特性方程比较，可求得驱动方程为

$$J_0=Q'_2 \quad K_0=1$$

$$J_1=Q_0 \quad K_1=Q_0$$

$$J_0=Q_1Q_0 \quad K_2=1$$

（7）根据驱动方程和输出方程画出电路图如图 6.37 所示。

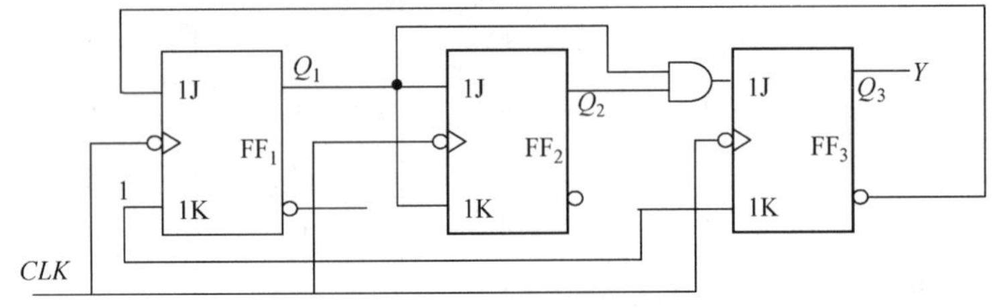

图 6.37　例 6.13 题电路图

【例 6.14】利用 74LS161 构成九进制加法计数器。

【解题思路】

九进制计数器应有 9 个状态，而 74LS161 在计数过程中有 16 个状态。因此属于芯片模大于构成进制的模。如果设法跳过多余的 7 个状态，则可实现模 9 计数器。通常用两种方法实现，即反馈清零法和反馈置数法。

（1）反馈清零法

反馈清零法适用于有清零输入端的集成计数器。74LS161 具有异步清零功能，在其计数过程中，不管它的输出处于哪一状态，只要在异步清零输入端加一低电平电压，使 $R'_D=0$，74LS161 的输出会立即从那个状态回到 0000 状态。清零信号（$R'_D=0$）消失后，74LS161 又从 0000 状态开始重新计数。

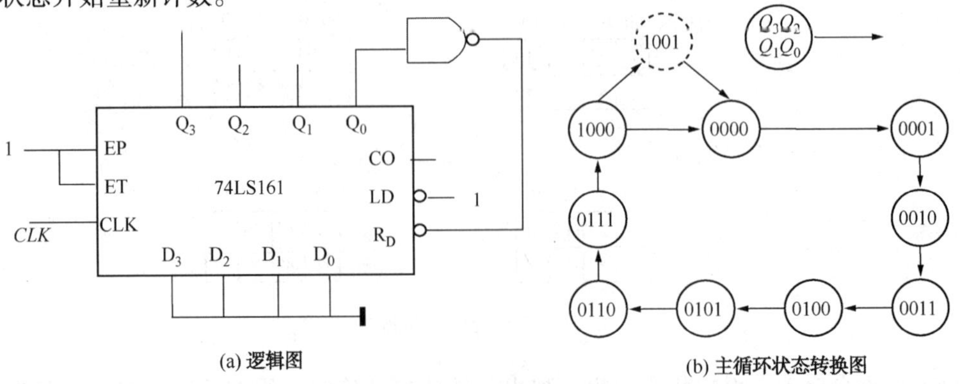

图 6.38　用反馈清零法将 74LS161 接成九制计数器

图 6.38(a)所示的九进制计数器，就是借助 74LS161 的异步清零功能实现的。图 6.38(b)所示是其主循环状态图。由图可知，74LS161 从 0000 状态开始，当第九个 *CLK* 脉冲上升沿到过时，输出 $Q_3Q_2Q_1Q_0=1001$，通过一个与非门译码后，反馈给 R'_D端一个清零信号，立即使 $Q_3Q_2Q_1Q_0$返回到 0000 状态。这样就跳过了 1001～1111 七个状态，构成九进制计数器。需要说明的是，电路是在进入 1001 状态后立即被置成 0000 状态的，即 1001 状态会在极短的瞬间出现。因此，在主循环状态图中用虚线表示。

(2) 反馈置数法

反馈置数法适用于具有预置数功能的集成计数器。对于具有同步预置功能的计数器而言，在其计数过程中，可以将它输出的任何一个状态通过译码，产生一个预置控制信号反馈至预置控制端，在下一个 *CLK* 脉冲作用后，计数器就会把预置数据输入端 D_3、D_2、D_1、D_0的状态置入计数器。预置控制信号消失后，计数器就从被置入的状态开始重新计数。

图 6.39(a)和图 6.40(a)所示的电路，都是借助 74LS161 的同步预置功能，采用反馈置数法构成九进制加法计数器的。其中图 6.39(a)所示电路接法是把输出 $Q_3Q_2Q_1Q_0=1000$ 的状态经译码产生预置信号 0，反馈至 *LD'*端，在下一个 *CLK* 脉冲上升沿到达时置入 0000 状态。图 6.39(b)所示是图 6.39(a)所示电路的主循环状态图。其中 0001～1000 这 8 个状态是 74LS161 进行加 1 计数实现的，0000 是由反馈(同步)置数得到的。由此可以推知，在图 6.39(a)中，反馈置数操作可在 74LS161 计数循环状态(0000～1111)中的任何一个状态下进行。例如可将 $Q_3Q_2Q_1Q_0=1111$ 状态的译码信号加至 *LD'*端，这时，预置数据输入端应接为 0111 状态，计数器将在 0111～1111 九个状态间循环。

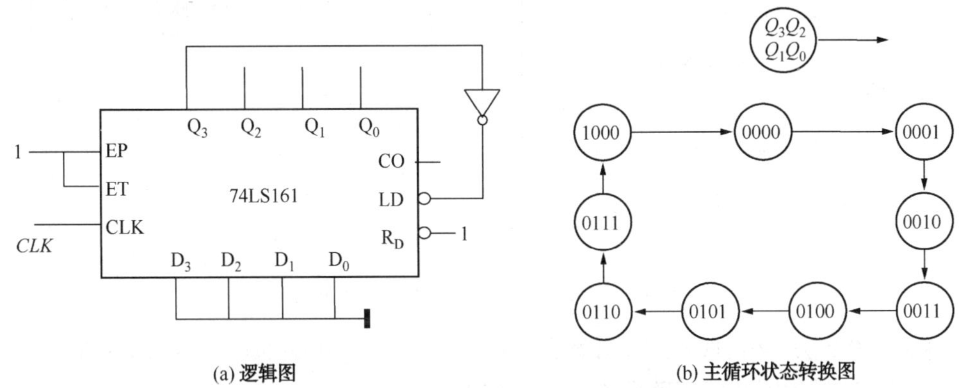

(a) 逻辑图　　(b) 主循环状态转换图

图 6.39　用反馈置数法将 74LS161 接成九制计数器

在图 6.40 所示电路的接法是将 74LS161 计数到 1111 状态时产生的进位信号反相后，反馈到预置控制端。预置数据输入端应置成 0111 状态。该电路从 0111 状态开始加 1 计数，输入第八个 *CLK* 脉冲后到达 1111 状态，此时 $CO=Q_3Q_2Q_1Q_0=1$，$LD'=CO=0$，在第九个 *CLK* 脉冲作用后，$Q_3Q_2Q_1Q_0$被置成 0111 状态，同时使 $CO=0$，$LD'=CO=1$。新的计数周期又从 0111 开始。

【例 6.15】用集成异步二/五进制计数器 74LS290 接成六进制、九进制计数器。不用其他元器件。

【解题思路】

利用一片 74LS290 器件，可构成模 $M\leq 10$ 的任意进制计数器。由于该器件设有异步复位端 $R_{0(1)}$和 $R_{0(2)}$，当且仅当 $R_{0(1)}\cdot R_{0(2)}=1$ 用 $S_{9(1)}\cdot S_{9(2)}=0$ 时复位；并设有异步置 9 端 $S_{9(1)}$和 $S_{9(2)}$，当且仅当 $S_{9(1)}\cdot S_{9(2)}=1$ 时置 9(1001)。所以，采用 74LS290 来构成任意进制

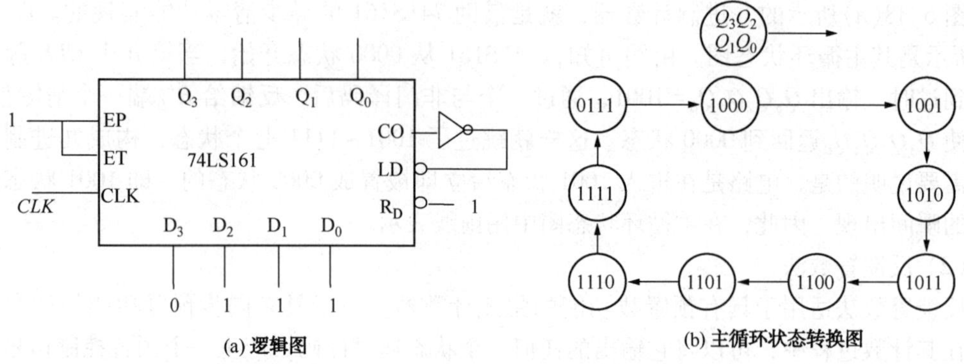

(a) 逻辑图　　(b) 主循环状态转换图

图 6.40　用反馈置数法将 74LS161 接成九进制计数器

计数器时，可采用复位法或置 9 法改接而成。

首先将 74LS290 接成 8421 码的十进制计数器，即将 CLK_1 与 Q_0 相连，CLK_0 作为外部计数脉冲 CLK。

采用"复位法"构成的六进制计数器如图 6.41(a)所示。当计数器计到 $Q_3Q_2Q_1Q_0=0110$(即 S_M)状态时，$R_{0(1)}$ 和 $R_{0(2)}$ 同时有效，将计数器置零，回到 0000 状态。其相应的状态转换图如图 6.41(*b*)所示。

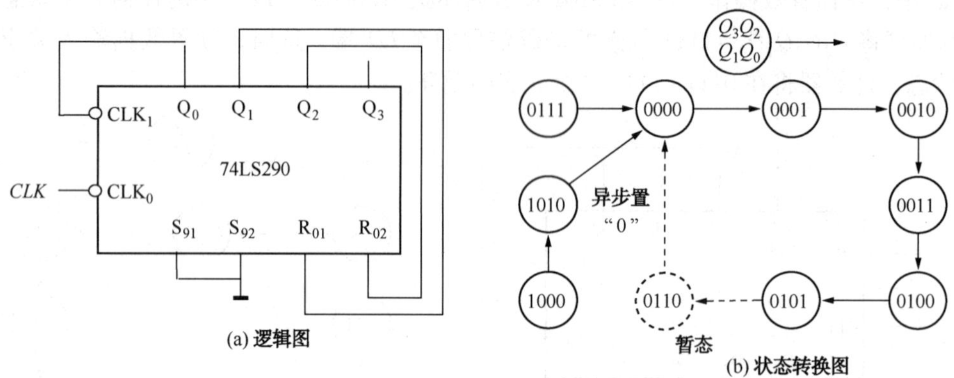

(a) 逻辑图　　(b) 状态转换图

图 6.41　采用复位法构成六进制计数器

若采用"置 9 法"来构成六进制计数器，则置位信号将由 $Q_3Q_2Q_1Q_0=0101$(即 $S_{M.1}$)状态产生。其相应的逻辑图和状态转换图如图 6.42 所示。

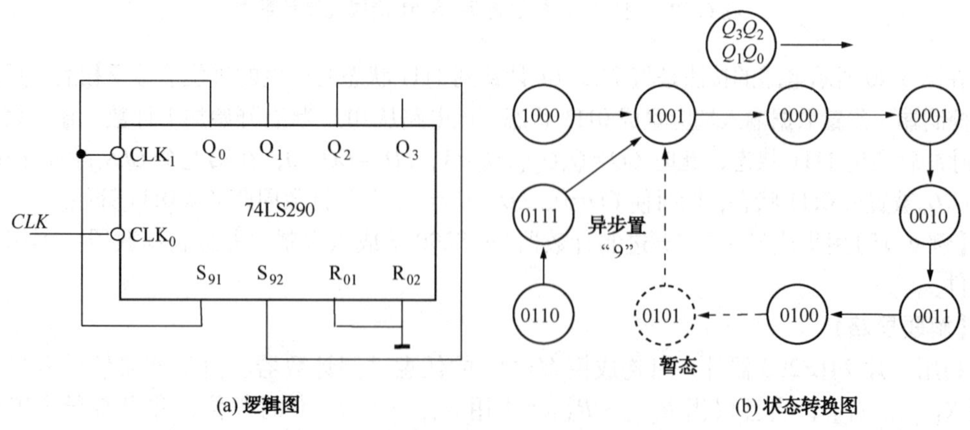

(a) 逻辑图　　(b) 状态转换图

图 6.42　采用置 9 法构成六进制计数器

采用“复位法”构成的九进制计数器如图 6.43 所示。

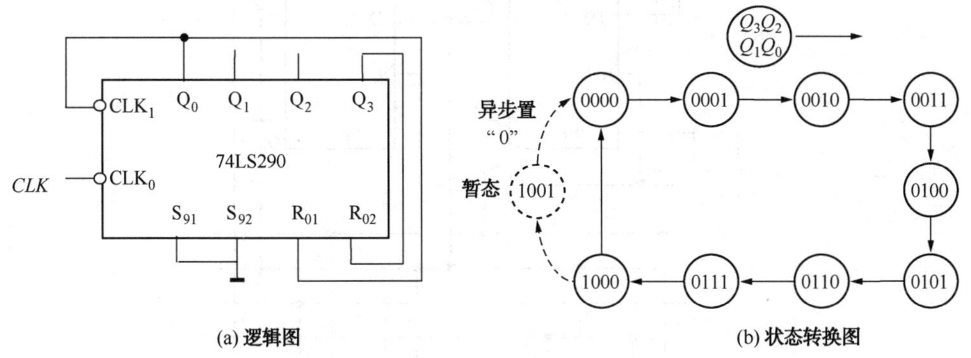

图 6.43　采用复位法构成九进制计数器

讨论：本例中，对于六进制计数器，给出了复位法和置 9 法两种实现方法，而对于九进制计数器的实现，只给出了法。事实上，若严格按照题意要求，不能采用其他元器件的话，这里是无法采用“置 9 法”来构成九进制计数器的，因为若采用置 9 法来构成九进制计数器，其对应的暂态为 1000，如图 6.44(b)所示。此时，若仅将 Q_3作为异步置 9 端 $S_{9(1)}$和 $S_9(2)$的控制信号，则因 1001 的 Q_3也为 1，这样，势必会停留在 1001 这一状态不动，构成死循环。解决的途径是对 1000 状态采用全译码，而这就需要附加一些其他的门电路作为译码门，如图 6.44(a)所示。

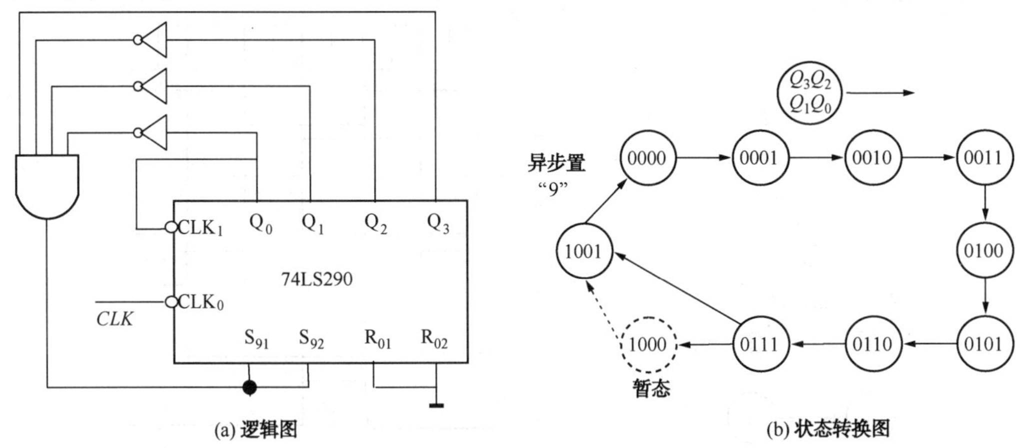

图 6.44　采用置 9 法构成九进制计数器

【**例 6.16**】顺序脉冲发生器电路功能分析与设计。如图所示为由 D 触发器与门译码电路组成的顺序脉冲发生器电路。已知 $f=10\text{kHz}$。

（1）画出电路 Q_2Q_1的状态转换图。

（2）画出 Q_2、Q_1和 $Y_1\sim Y_4$的时序图。

（3）估算电路输出 Y_1波形的脉宽和频率。

（4）试用 MSI 器件 74LS160 和 74LS138 设计此顺序脉冲脉冲发生器

【解题思路】

（1）画出电路 Q_2Q_1的状态转换图如图 6.46。

（2）画出 Q_2、Q_1和 $Y_1\sim Y_4$的时序图。

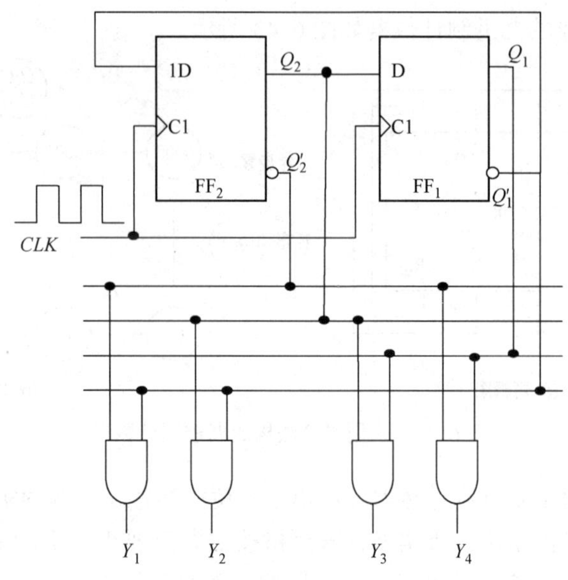

图 6.45　例 6-16 逻辑图

图 6.47 为 CLK、Q_2、Q_1、$Y_1 \sim Y_4$的时序图。根据电路图的连接，当 Q_2Q_1为 00 时，$Y_1 = 1$；$Q_2Q_1 = 10$ 时，$Y_2 = 1$；$Q_2Q_1 = 11$ 时，$Y_3 = 1$；$Q_2Q_1 = 01$ 时，$Y_4 = 1$。时序图中 $Y_1 \sim Y_4$ 的状态和上述结论完全一致。

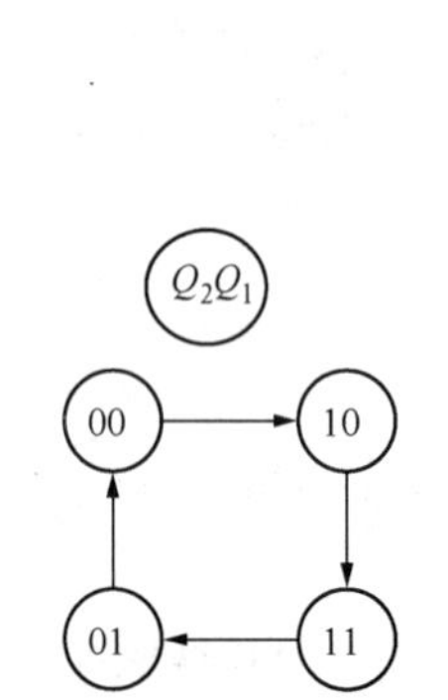

图 6.46　Q_2Q_1 的状态转换图

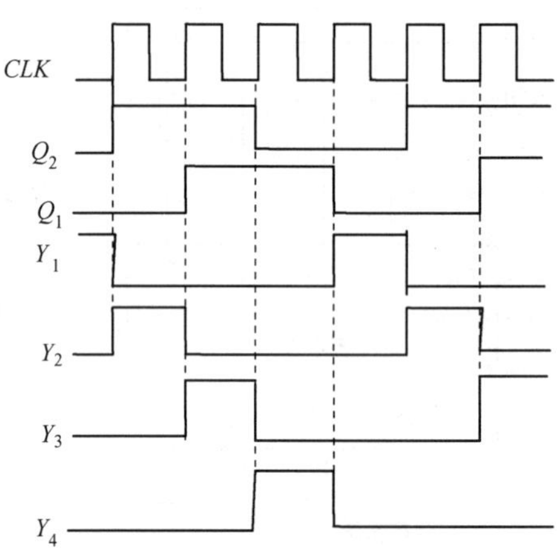

图 6.47　Q_2、Q_1 和 $Y_1 \sim Y_4$ 的时序图

（3）Y 波形的脉宽和频率

由时序图可看出 Y_1的脉宽 T_W为一个时钟周期，故 $T_W = 100\mu s$。Y_1的周期 T 等于 4 个时钟周期，故频率$f_{Y_1} = 1/T = 2.5\text{kHz}$。

（4）设计讨论

题目要求设计一个四相顺序脉冲发生器，而 74LS160 为同步十进制计数器，所以应将 74LS160 设计为四进制计数器。为使电路工作可靠，采用“置数归零”法。电路图如图 6.48 所示。

讨论：本例中，图 6.45 中采用的是 4 位扭环形计数器，并且采用有效循环，所以可从根本上消除竞争-冒险现象。而图 6.48 中，虽然 74LS160 中的触发器是在同一时钟信号操作下工作的，但由于各个触发器的传输延迟时间不可能完全相同，所以在将计数器的状态译码时仍然存在竞争-冒险现象。为了消除竞争-冒险现象，可以在 74LS138 的 S_1端加入选通脉冲。选通脉冲的有效时间应与触发器的翻转时间错开。

改进电路图如图 6.48 中虚线所示，即 S_1接 CLK。

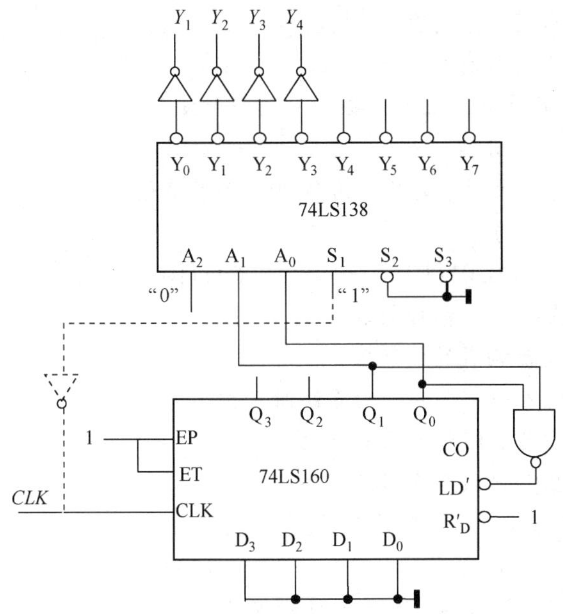

图 6.48　四相顺序脉冲发生器电路图

习题与答案

习题

一、填空题

1. 任一时刻的稳定输出不仅决定于该时刻的输入，而且还与电路原来的状态有关的电路叫(　　)。

2. 某 512 位串行输入串行输出右移寄存器，已知时钟频率为 4MHz，数据从输入端到输出端被延迟的时间为(　　)。

3. 描述时序逻辑电路功能需要三个方程，是(　　)方程、(　　)方程和(　　)方程。

4. 时序逻辑电路按触发器的时钟端的连接方式分为(　　)和(　　)。

5. 时序逻辑电路由(　　)和(　　)两部分组成。

6. 可用来暂时存放数据的器件叫(　　)。

7. 十进制加法计数器现时的状态为 0010，经过 3 个时钟输入之后，其内容变为(　　)，再经过 30 个时钟后，其内容变为(　　)。

8. 集成计数器的模值是固定的，但可以用(　　)和(　　)来改变他们的模值。

9. N 级环形计数器的计数长度是(　　)；N 级扭环形计数器的计数长度是(　　)。

10. 移位寄存器的主要功能有(　　)、(　　)、(　　)。

二、单项选择题

1. 米里型时序电路的输出是(　　)。

A. 只与输入有关

B. 只与电路当前状态有关

C. 与输入和电路当前状态均有关

D. 与输入和电路当前状态均无关

2. 设计模值为 36 的计数器至少需要(　　)个触发器。

A. 3　　B. 4　　C. 5　　D. 6

3. 一个 4 位移位寄存器原来的状态为 0000，如果串行输入始终为 1，则经过 4 个移位脉冲后寄存器的内容为(　　)。

A. 0001　　B. 0111　　C. 1110　　D. 1111

4. 同步计数器是指(　　)的计数器。

A. 由同类型的触发器构成的计数器

B. 各触发器时钟连在一起，统一由系统时钟控制

C. 可用前级的输出作后级触发器的时钟

D. 可用后级的输出作前级触发器的时钟

5. 由 10 级触发器构成的二进制计数器，其模值为(　　)。

A. 10　　B. 20　　C. 1000　　D. 1024

6. 用 n 级触发器组成计数器，其最大计数模是(　　)。

A. n　　B. $2n$　　C. n^2　　D. 2^n

7. 同步 4 位二进制计数器的借位方程是 $B=Q_3'Q_2'Q_1'Q_0'$，则可知 B 的周期和正脉冲为(　　)。

A. 16 个 CLK 周期，正脉冲宽度为 2 个 CLK 周期

B. 16 个 CLK 周期，正脉冲宽度为 1 个 CLK 周期

C. 8 个 CLK 周期，正脉冲宽度为 8 个 CLK 周期

D. 8 个 CLK 周期，正脉冲宽度为 4 个 CLK 周期

8. 已知 $Q_3Q_2Q_1Q_0$ 是同步十进制计数器的触发器输出，若以 Q_3 作进位，则其周期和正脉冲宽度是(　　)。

A. 10 个 CLK 周期，正脉冲宽度为 1 个 CLK 周期

B. 10 个 CLK 周期，正脉冲宽度为 2 个 CLK 周期

C. 10 个 CLK 周期，正脉冲宽度为 4 个 CLK 周期

D. 10 个 CLK 周期，正脉冲宽度为 8 个 CLK 周期

9. 若 4 位二进制加法计数器正常工作时，由 0000 状态开始计数，则经过 43 个输入计数脉冲后，计数器的状态应是(　　)。

A. 0011　　B. 1011　　C. 1101　　D. 1110

10. 4 级触发器组成十进制计数器，其无效状态数为(　　)。

A. 不能确定　　B. 10 个　　C. 8 个　　D. 6 个

11. n 级移位寄存器组成扭环形计数器，其进位模为(　　)。

A. n　　B. $2n$　　C. n^2　　D. 2^n

12. 四级移位寄存器，$Q_3Q_2Q_1Q_0$ 现态为 0111，经右移一位后其次态为(　　)。

A. 0011 或 1011　　B. 1111 或 1110

C. 1011 或 1110　　　　D. 0011 或 1111

13. 用置零法来改变由 8 位二进制加法计数器的模值，可以实现(　　)模值范围的计数器。

A. 1~15　　B. 1~16　　C. 1~32　　D. 1~255

14. 异步计数器设计时，比同步计数器的设计多增加的设计步骤是(　　)。

A. 画原始状态转换图　　　　B. 进行状态编码

C. 求时钟方程　　　　D. 求驱动方程

15. 由 3 级触发器构成的环形和扭环形计数器的计数模值依次为(　　)。

A. 8 和 8　　B. 6 和 3　　C. 6 和 8　　D. 3 和 6

16. 同步计数器是指(　　)的计数器。

A. 由同类型的触发器构成

B. 各触发器时钟端连在一起，统一由系统时钟控制

C. 可用前级的输出做后级触发器的时钟

D. 可用后级的输出做前级触发器的时钟

17. 在设计同步时序逻辑电路时，检查到不能自启动时，则

A. 只能用反馈复位清清零

B. 只能用修改驱动方程的方法

C. 必须用反馈复位法清零并修改驱动方程

D. 可以采用反馈复位法(置位法)，也可以采用修改驱动方程的方法保证电路能自行启动

18. 若 4 位同步二进制加法计数器当前的状态是 0111，下一个输入时钟脉冲后，其内容变为(　　)。

A. 0111　　B. 0110　　C. 1000　　D. 0011

19. 若 4 位同步二进制减法计数器当前的状态是 0111，下一个输入时钟脉冲后，其内容变为(　　)。

A. 0111　　B. 0110　　C. 1000　　D. 0011

20. 设计一个能存放 8 位二进制代码的寄存器，需要(　　)个触发器。

A. 8　　B. 4　　C. 3　　D. 2

21. 时序逻辑电路如图题 6.2-21 所示，触发器初态为 0。Y 是 CLK 的(　　)分频。

A. 3　　B. 4　　C. 5　　D. 6

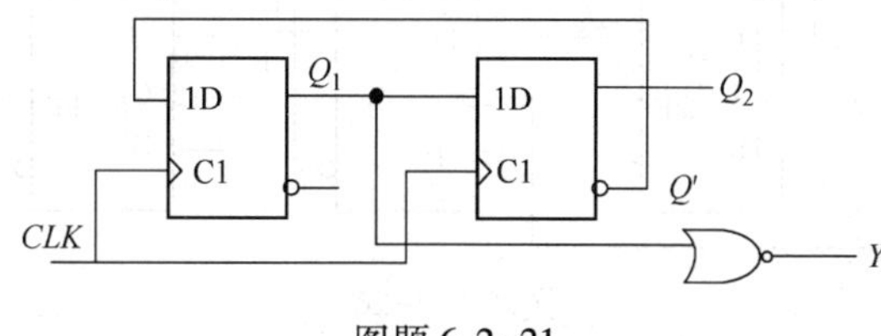

图题 6.2-21

22. 采用触发器构成计数器。计数器的输入、输出波形如图题 6.2-22 所示，至少需要(　　)个触发器。

A. 4　　B. 3　　C. 1　　D. 2

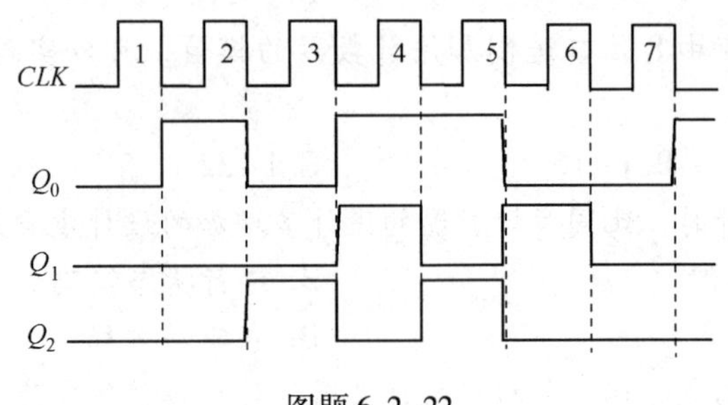

图题 6.2–22

23. 请选择不能组成移位寄存器的触发器。(　　)

A. *SR* 锁存器

B. 电平 *SR* 触发器

C. 脉冲触发器

D. 维持阻塞 *D* 触发器

24. 某 512 位串行输入串行输出右移寄存器，已知时钟频率为 4MHz，数据从输入端到达输出端被延迟(　　)。

A. 128μs　　B. 256μs

C. 512μs　　D. 1024μs

25. 由 *D* 触发器构成的 3 位(　　)计数器电路如图题 6.2–25 所示，电路(　　)自启动。

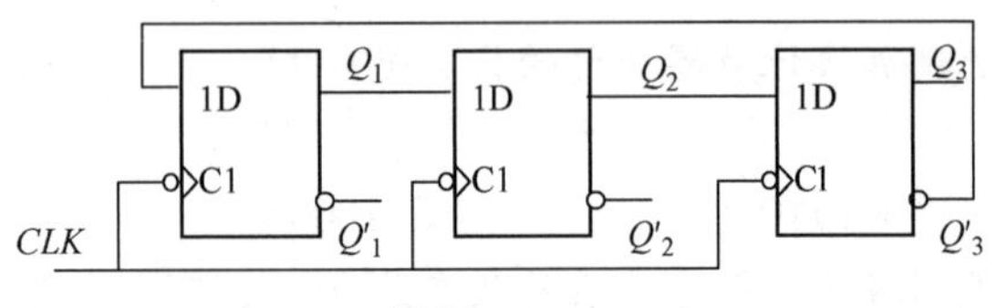

图题 6.2–25

A. 环形；能　　B. 环形；不能

C. 扭环形；能　　D. 扭环形；不能

26. 电路如图题 6.2–26 所示，假设初始状态＝000。由 FF_1 和 FF_0 构成的是(　　)进制计数器。整个电路为(　　)进制计数器。

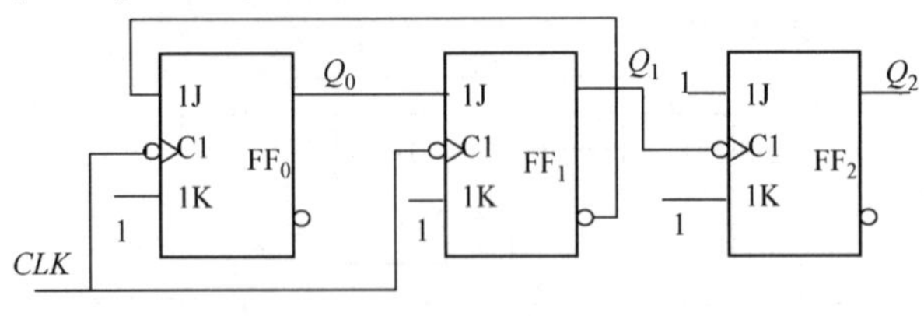

图题 6.2–26

A. 三；五　　B. 三；六　　C. 四；五　　D. 四；六

27. 采用中规模加法计数器 74LS163 构成的电路如图题 6.2–27 所示，该电路是(　　)进制加法计数器。

A. 十一　　B. 十三　　C. 八　　D. 七

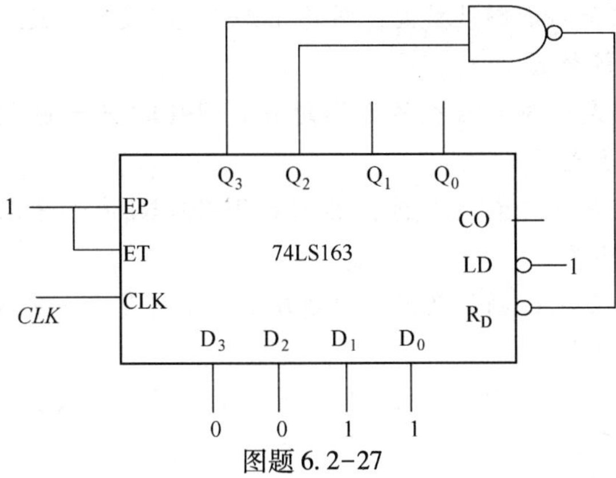

图题 6. 2-27

28. 采用中规模加法计数器 74LS161 构成的电路如图题 6. 2-28 所示，该电路是(　　)进制加法计数器。

A. 十四　　B. 十二　　C. 十五　　D. 七

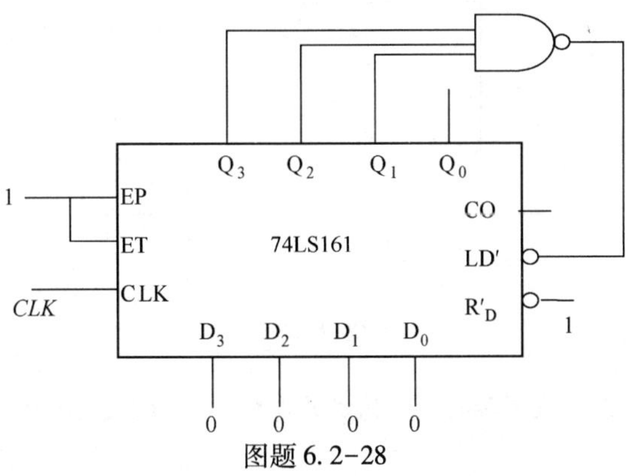

图题 6. 2-28

29. 分析如图题 6. 2-29 所示电路的计数进制，正确答案为(　　)。

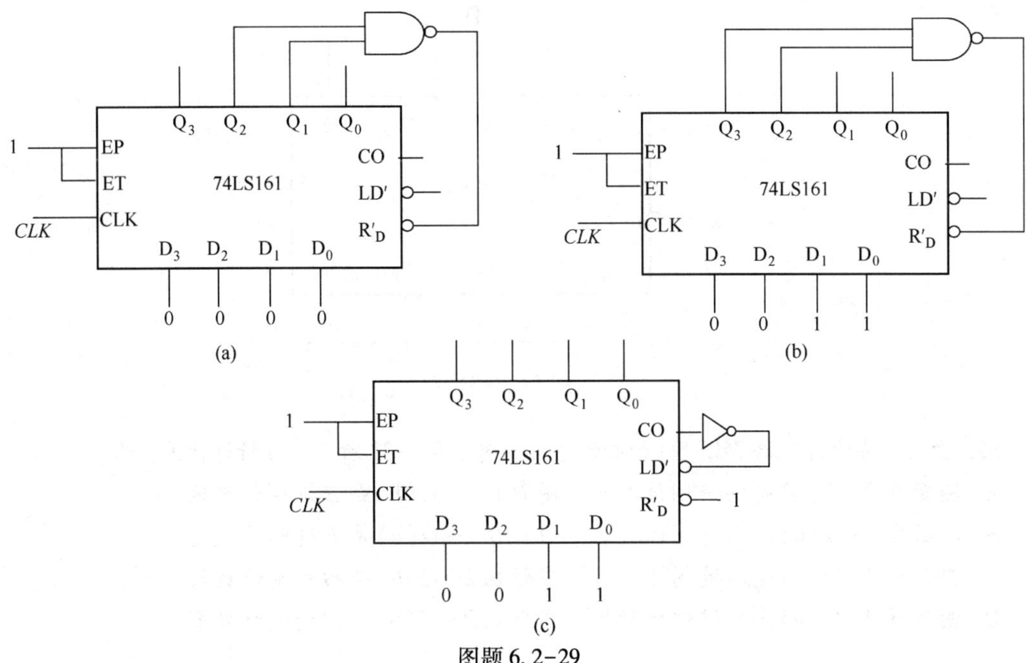

图题 6. 2-29

A. 图题 6.2-29(a)是六进制计数器，图题 6.2-29(b)是十二进制计数器，图题 6.2-29(c)是十三进制计数器

B. 图题 6.2-29(a)是六进制计数器，图题 6.2-29(b)是十进制计数器，图题 6.2-29(c)是十进制计数器

C. 图题 6.2-29(a)是七进制计数器，图题 6.2-29(b)是十进制计数器，图题 6.2-29(c)是九进制计数器

D. 图题 6.2-29(a)是七进制计数器，图题 6.2-29(b)是十一进制计数器，图题 6.2-29(c)是十进制计数器

30. 由 74LS161 构成电路如图题 6.2-30 所示，Q_3相对于 CLK 是(　　)分频，Q_3的占空比是(　　)。

A. 14；50%　　B. 12；20%

C. 10；50%　　D. 7；30%

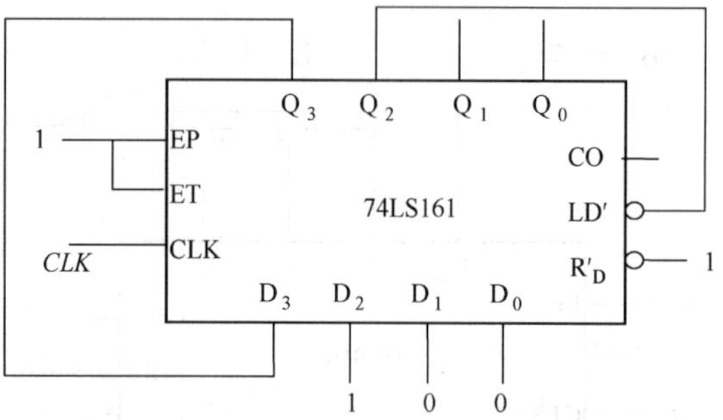

图题 6.2-30

31. 采用异步 2/5 分频计数器 74LS290 构成的电路如图题 6.2-31 所示，该电路是(　　)进制加法计数器。

A. 十　　B. 十二

C. 十五　　D. 七

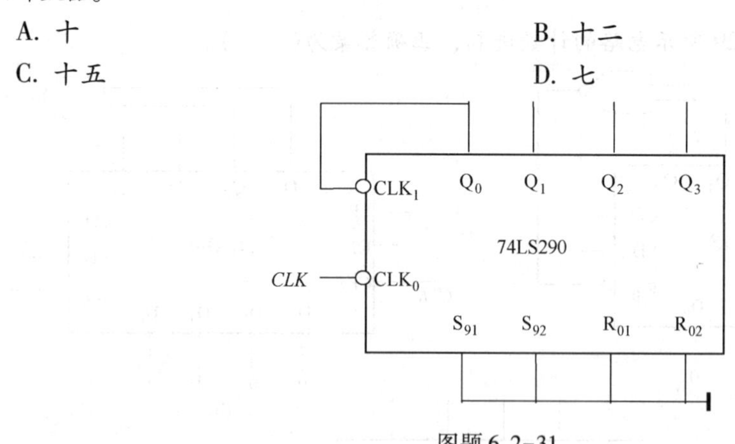

图题 6.2-31

32. 由集成异步计数器 74LS290 构成的电路如图题 6.2-32 所示，分析计数进制为(　　)。

A. 图题 6.2-32(a)是四进制计数器，图题 6.2-32(b)是三进制计数器

B. 图题 6.2-32(a)是三进制计数器，图题 6.2-32(b)是五进制计数器

C. 图题 6.2-32(a)是四进制计数器，图题 6.2-32(b)是四进制计数器

D. 图题 6.2-32(a)是三进制计数器，图题 6.2-32(b)是四进制计数器

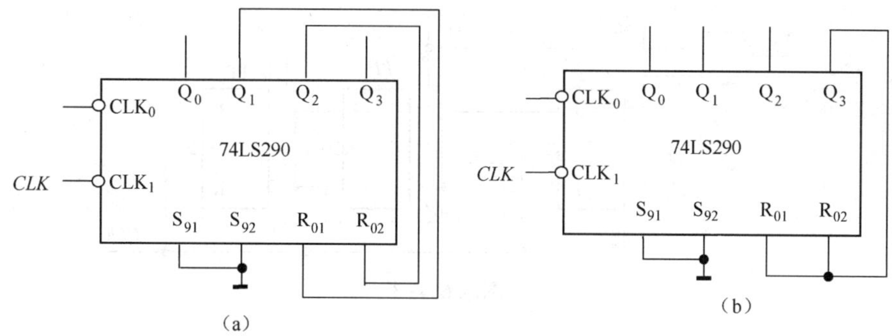

图题 6.2-32

三、判断题(正确打√，错误打×)

1. 同步时序电路由组合电路和存储两部分组成。(　　)

2. 组合电路不含有记忆功能的器件。(　　)

3. 时序电路不含有记忆功能的器件。(　　)

4. 同步时序电路具有统一的时钟 *CLK* 控制。(　　)

5. 异步时序电路的各级触发器类型不同。(　　)

6. 环形计数器在每个时钟 *CLK* 作用时，仅有一位触发器发生状态更新。(　　)

7. 环形计数器如果不做自启动修改，则总有孤立状态存在。(　　)

8. 计数器的模是指构成计数器的触发器的个数。(　　)

9. 计数器的模是指有效循环中有效状态的个数。(　　)

10. D 触发器的特征议程为 $Q^{n+1}=D$，与 Q^n 无关，所以 D 触发器不是时序电路。(　　)

11. 在同步时序电路的设计中，若最简状态表中的状态数为 2^N，而又是用 N 级触发器来实现其电路，则不需检查电路的自启动性。(　　)

12. 把一个五进制计数器与一个十进制计数器串联可以得到一个十五进制计数器。(　　)

13. 同步计数器的电路比异步计数器复杂，所以实际应用中较少使用同步二进制计数器。(　　)

14. 利用反馈归零法获得 N 进制计数器时，若为异步置零方式，则状态 S_N 只是短暂的过渡状态，不能稳定而是立刻变为状态。(　　)

四、综合题

1. 回答下列问题：

(1) 欲将一个存放在移位寄存器中的二进制数乘以 16，需要多少个移位脉冲？

(2) 若高位在此移位寄存器的右边，要完成上述功能应左移还是右移？

(3) 如果时钟频率是 5kHz，要完成(2)中的操作需要多少时间？

2. 回答下列问题：

(1) 用 7 个 T' 触发器连接成异步二进制计数器，输入时钟脉冲的频率 $f=512\text{Hz}$，求此计数器最高位触发器输出的脉冲频率。

(2) 若需要每输入 1024 个脉冲，分器器输出一个脉冲，则此分器需要多少个触发器连接而成？

3. 分析如图题 6.4-3 所示电路逻辑功能，写出电路的驱动方程、状态方程、输出方程，画出电路的状态转换表，状态转换图，并说明电路能否自启动。

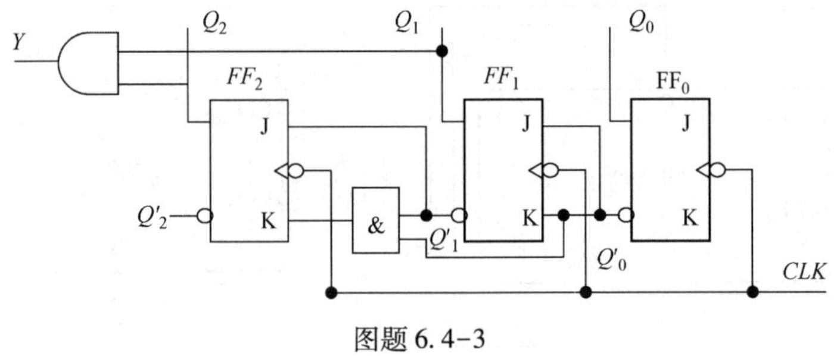

图题 6.4-3

4. 试分析如图题 6.4-4 所示电路逻辑功能，画出状态转换表、状态转换图、时序图。

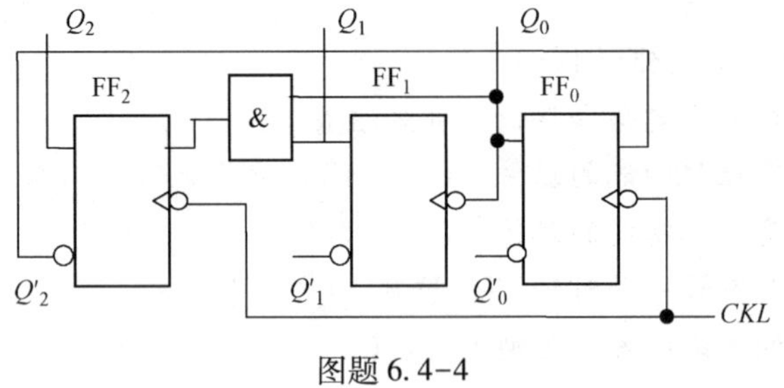

图题 6.4-4

5. 在某个计数器的输出端观察到的波形如图题 6.4-5 所示，试确定计数器的模。

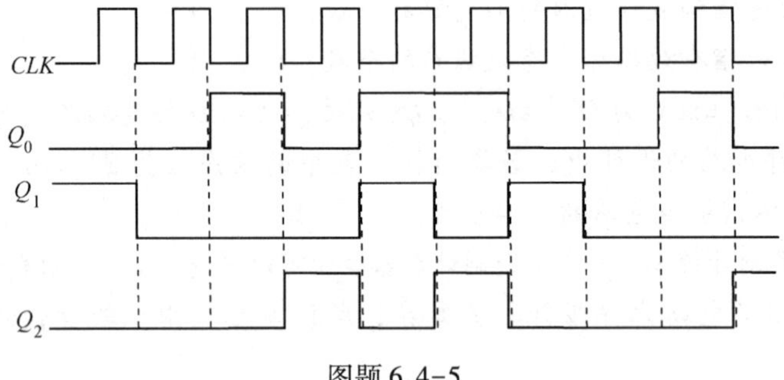

图题 6.4-5

6. 分析如图题 6.4-6 所示的计数器电路，说明这是几进制计数器，并画出状态转换图。

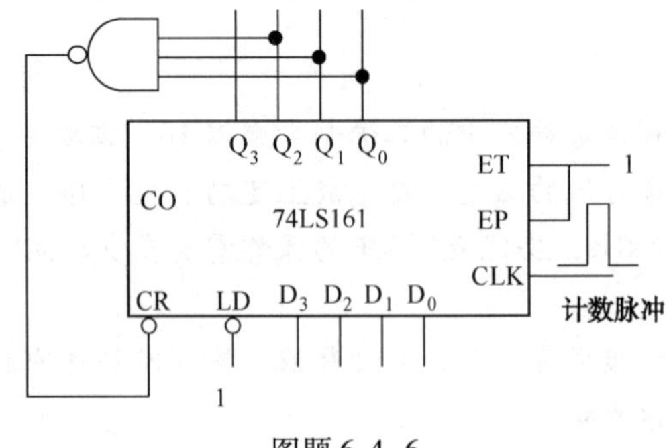

图题 6.4-6

7. 分析如图题 6.4-7 所示的计数器电路，说明这是几进制计数器。其功能表与 74LS161 相同。

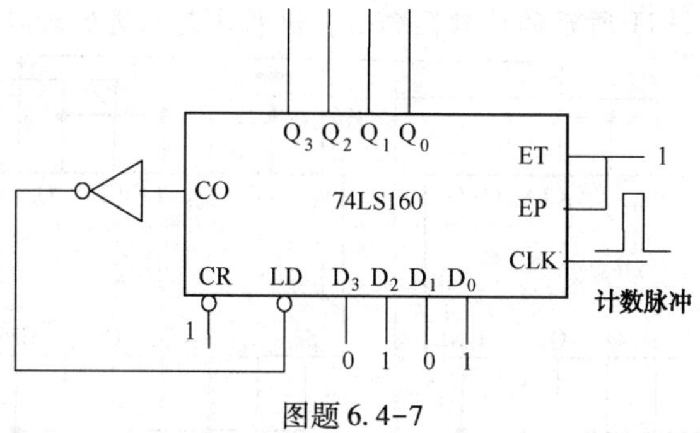

图题 6.4-7

8. 分析如图题 6.4-8 所示的计数器电路，说明这是几进制计数器。

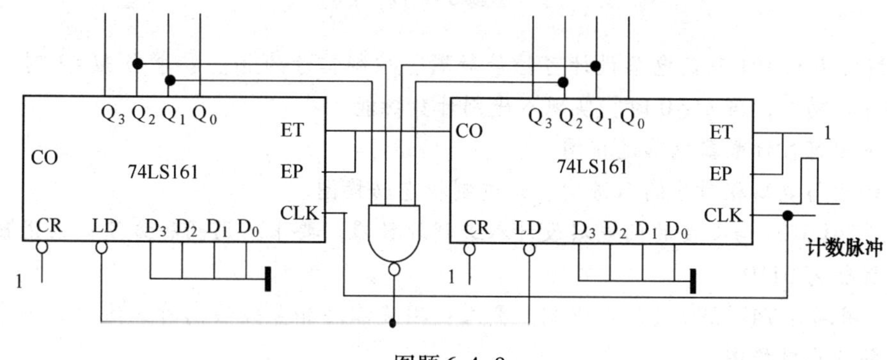

图题 6.4-8

9. 如图题 6.4-9 是一个移位寄存器型计数器，试画出它的状态转换图，说明它是几进制计数器，能否自启动。

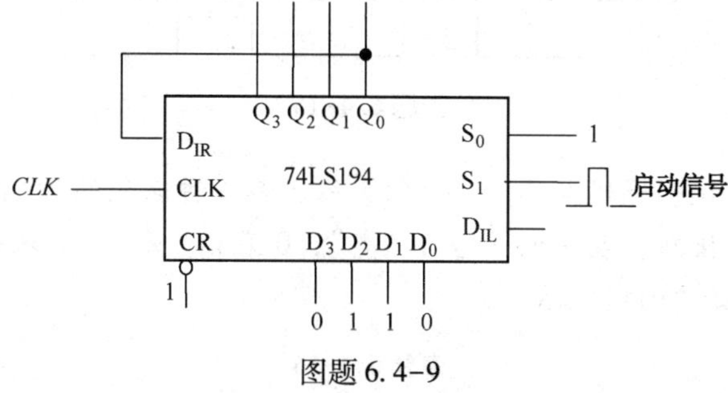

图题 6.4-9

10. 分析如图题 6.4-10 所示电路的逻辑功能。并画出状态转换图。

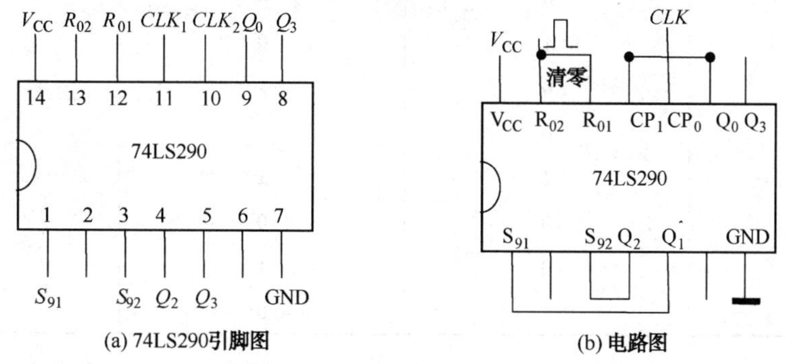

图题 6.4-10

11. 分析如图题 6.4-11 所示的计数器电路，说明这是几进制计数器。

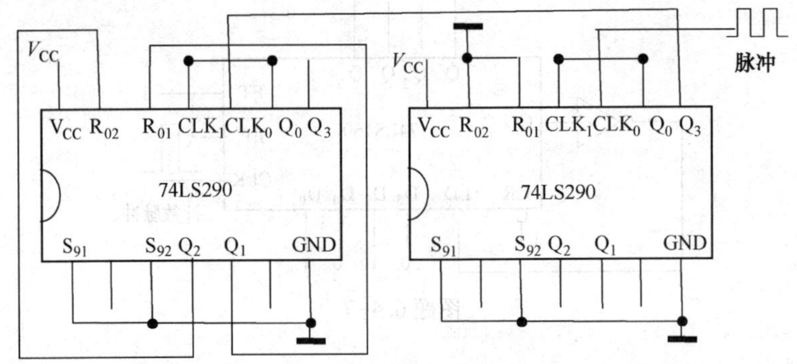

图题 6.4-11

12. 利用 74LS161 及门电路设计可控计数器。控制信号为 M。要求当 $M=1$ 时，电路实现六进制计数功能；当 $M=0$ 时，实现八进制计数功能。

(1) 画出可控计数器电路连接图

(2) 给出与电路相对应的八进制、六进制状态转换图。

13. 用 74LS161 与必要的门电路设计八进制计数器。要求：用两种方法；采用预置数方法时，预置数为 0110。

14. 试用两片 74LS290 设计七进制。要求：用置零法和置数法两种方法，并画出逻辑电路图及完整状态转换图。

15. 试用边沿 JK 触发器设计一个时序逻辑电路，要求该电路的输出 Y 与 CLK 之间的关系应满足图题 6.4-15 所示的波形图。

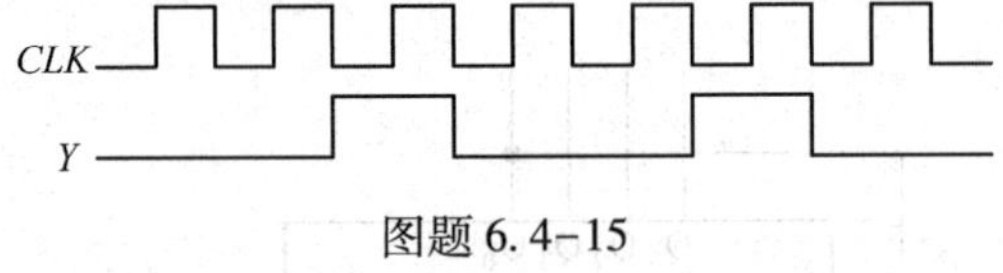

图题 6.4-15

16. 设计一个灯光控制逻辑电路。要求红、绿、黄三种颜色的灯在时钟信号作用下按表题 6.4-16 规定的转换状态。表中的 1 表示“亮”，0 表示“灭”。要求采用中规模集成芯片 74LS290、74LS138 和必要的门电路。

表题 6.4-16

CLK	红	绿	黄
0	0	0	0
1	1	0	0
2	0	1	0
3	0		1
4	1	1	1
5	0	0	1
6	0	1	0
7	1	0	0

17. 试画出如图题 6.4-17 所示电路的输出波形 Y。图中 74LS194 是同步 4 位双向移位寄

存器，74LS151 是 8 选 1 数据选择器。

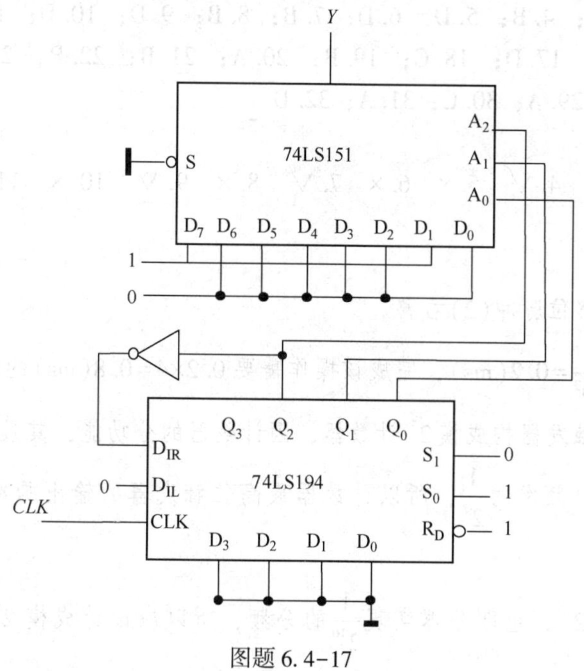

图题 6. 4-17

18. 用集成芯片 74LS161 设计一个计数器，自动完成 3 位二进制加/减循环计数，状态转换图如图题 6. 4-18 所示，要求只能用三个 2 输入异或门和一个 3 输入与非门实现。

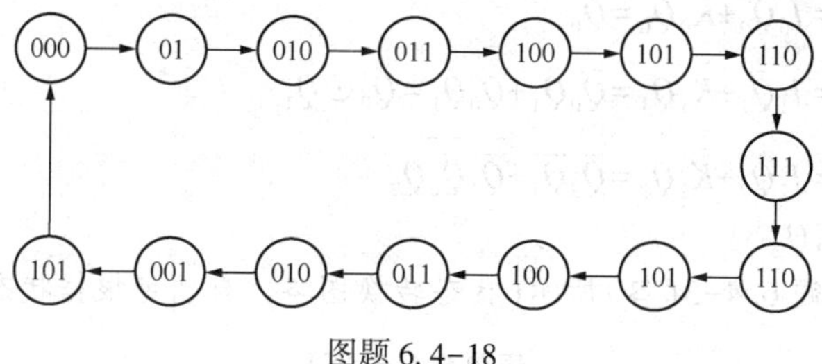

图题 6. 4-18

答案

一、填空题

1. 时序逻辑电路

2. $\frac{512}{4\times10^{6}}$s

3. 驱动；状态；输出

4. 同步时序逻辑电路；异步时序逻辑电路

5. 组合逻辑电路；触发器

6. 寄存器

7. 0101；0101

8. 置零法；置数法

9. N；2N

10. 保存数据；构成移存型计数器；实现并/串转换或串/并转换

二、单项选择题

1. C；2. D；3. D；4. B；5. D；6. D；7. B；8. B；9. D；10. D；11. B；12. B；13. D；14. C；15. D；16. B；17. D；18. C；19. B；20. A；21. B；22. B；23. A；24. A；25. D；26. B；27. B；28. C；29. A；30. C；31. A；32. D

三、判断题

1. × 2. √ 3. × 4. √ 5. × 6. × 7. √ 8. × 9. √ 10. × 11. √ 12. × 13. × 14√

四、综合题

1. (1) 需要 4 个移位脉冲 (2) 右移。

(3) $T=\frac{1}{f}=\frac{1}{5\times10^3}=0.2(\text{ms})$，完成该操作需要 $0.2\times4=0.8(\text{ms})$ 的时间。

2. (1) 用 7 个 T' 触发器构成模 2^7 计数器，因计数器的分功能，其最高位触发器输出的频率降低为时钟脉冲 CP 频率的 $\frac{1}{2^7}$，所以计数器最高位触发器的输出脉冲为：$f_0=\frac{f}{2^7}=\frac{512}{2^7}=4$ (kHz)

(2) 由于 $1024=2^{10}$，也即分器实现 $\frac{1}{2^{10}}$ 的分频，所以应设计成模 2^{10} 计数器，需要用 10 个触发器构成。

3. 驱动方程：$J_0=K_0=1\quad J_1=K_1=\overline{Q}_0\quad J_2=\overline{Q}_1$、$K_2=\overline{Q}_1\overline{Q}_0$

状态方程：$Q_0^{n+1}=J_0\overline{Q}_0+\overline{K}_0Q_0=\overline{Q}_0$

$Q_1^{n+1}=J_1\overline{Q}_1+\overline{K}_1Q_1=\overline{Q}_0\overline{Q}_1+Q_0Q_1=Q_0\odot Q_1$

$Q_2^{n+1}=J_2\overline{Q}_2+\overline{K}_2Q_2=\overline{Q}_2\overline{Q}_1+\overline{\overline{Q}_1\overline{Q}_0}Q_2$

输出方程：$Y=Q_1Q_2$

状态转换表如表题 6.4-3(答) 所示 (状态转换图略，自己可根据状态转换表画出)。

表题 6.4-3(答)

Q_2	Q_1	Q_0
0	0	0
1	1	1
1	1	0
1	0	1
1	0	0
0	1	1
0	1	0
0	0	1

本电路能自启动。

4. 状态转换表如表题 6.4-4(答) (状态转换图略，自己可根据状态转换表画出)，波形图如图题 6.4-4(答)。

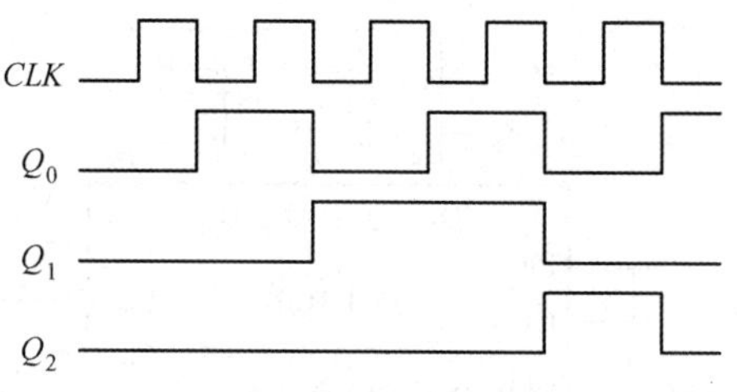

图题 6.4-4(答)波形图

表题 6.4-4(答)

Q_2	Q_1	Q_0
0	0	0
0	0	1
0	1	0
0	1	1
1	0	0
1	0	1
1	1	0
1	1	1

5. 六进制

6. 七进制

7. 五进制

8. 一百零三进制

9. $Q_0Q_1Q_2Q_3$；0110→0011→0001→0000→0000；不能自启动

10. 七进制；

状态转换表如表题 6.4-10(答)所示(状态转换图略，自己可根据状态转换表画出)。

表题 6.4-10(答)

Q_3	Q_2	Q_1	Q_0
0	0	0	0
0	0	0	1
0	0	1	0
0	0	1	1
0	1	0	0
0	1	0	1
1	0	0	1

11. 六十进制

12. (1) 电路连接图如图题 6.4-12-1(答)所示。

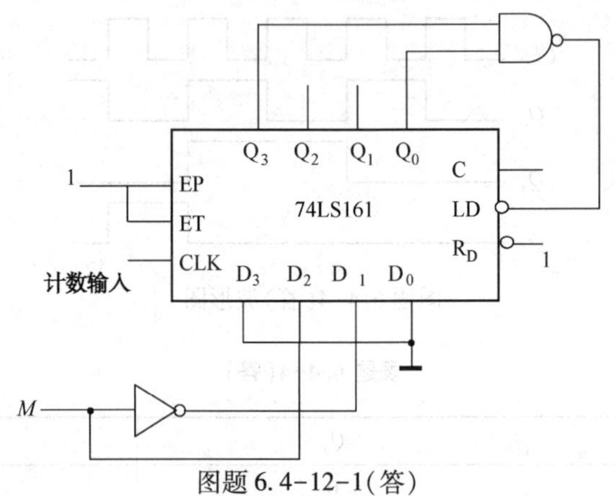

图题 6. 4-12-1(答)

(2) 状态转换图如图题 6. 4-12. 2(答)所示。

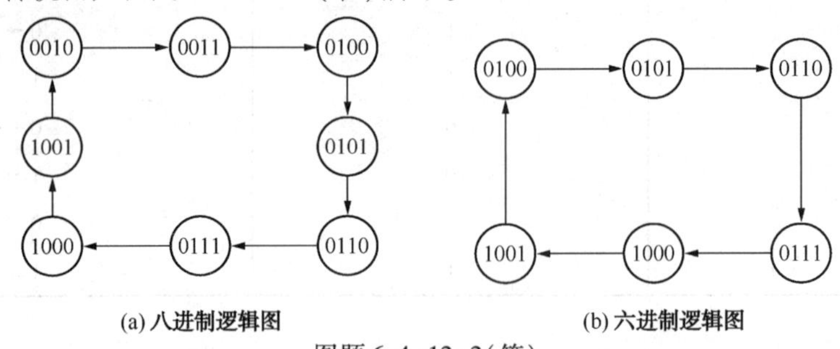

(a) 八进制逻辑图　(b) 六进制逻辑图

图题 6. 4-12-2(答)

13. 方法 1：如图题 6. 4-13-1(答)所示。

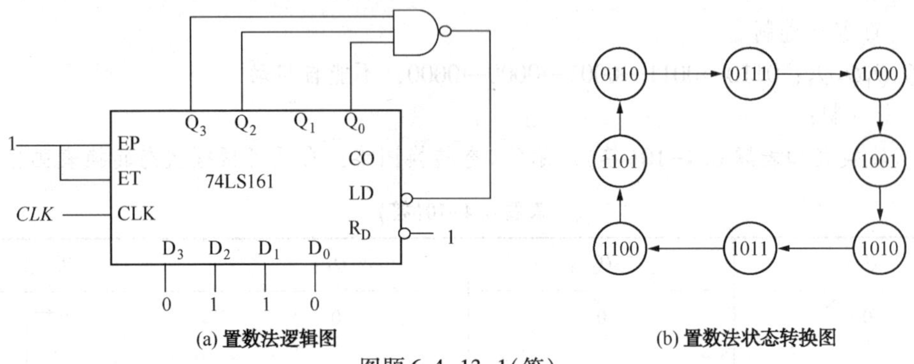

(a) 置数法逻辑图　(b) 置数法状态转换图

图题 6. 4-13-1(答)

方法 2：如图题 6. 4-13-2(答)所示。

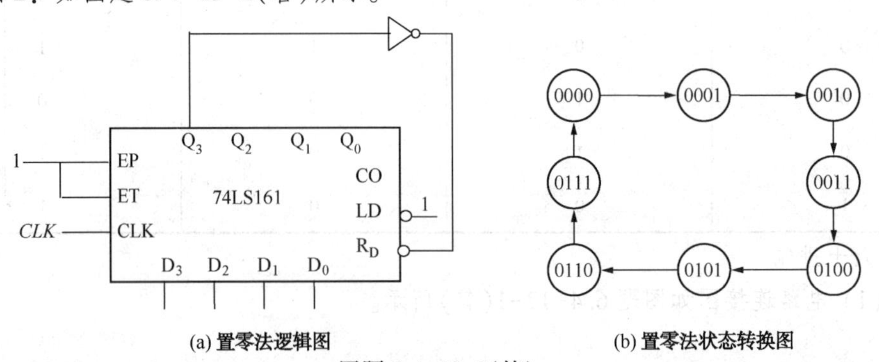

(a) 置零法逻辑图　(b) 置零法状态转换图

图题 6. 4-13-2(答)

14. 如图题 6.4-14-1(答)、图题 6.4.14-2(答)所示。

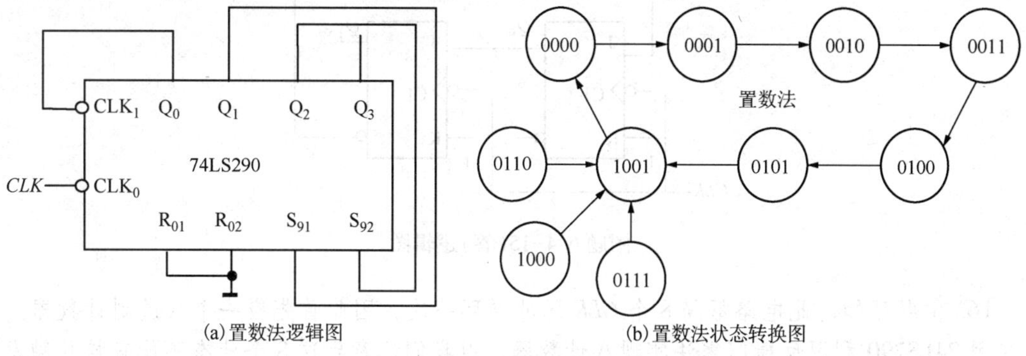

(a)置数法逻辑图　　(b)置数法状态转换图

图题 6.4-14-1(答)

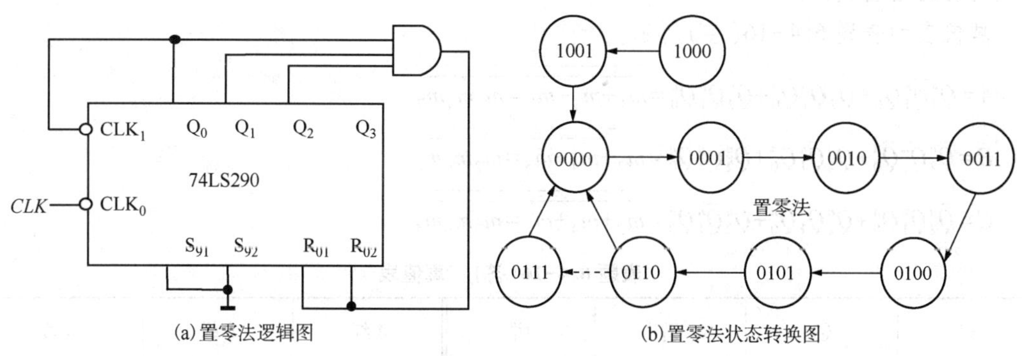

(a)置零法逻辑图　　(b)置零法状态转换图

图题 6.4-14-2(答)

15. 观察 *CLK* 与 *Y* 的关系发现，*Y* 的频率是 *CP* 频率的 1/3。即 3 分频。状态转换表如表题 6.4-15(答)所示。

表题 6.4-15(答)

计数脉冲	Q_1^n	Q_0^n	Q_1^{n+1}	Q_0^{n+1}	Y
1	0	0	0	1	0
2	0	1	1	0	0
3	1	0	0	0	1
4	1	1	×	×	×

得驱动方程：$J_1=Q_0^n \quad K_1=1$

$J_0=\overline{Q}_1^n \quad K_0=1$

输出方程：$Y=Q_1$

逻辑图如图题 6.4-15(答)所示。

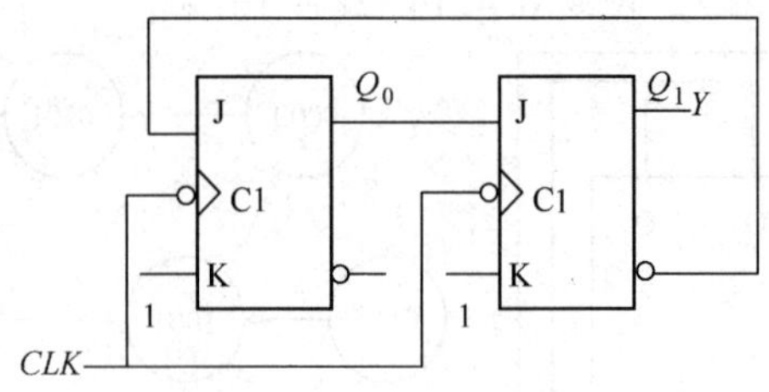

图题 6.4−15(答)逻辑图

16. 由题可知，此电路每隔 8 个 *CLK* 脉冲循环一次，因此首先应一个八进制计数器。可以采用 74LS290 利用反馈归零法实现八计数器。但我们注意到这 8 个状态不能直接从触发器的输出端给出，因为这不是 8 个独立的状态，因此，必须再对计数器的输出进行译码，从而实现需要的输出状态。

真值表如表题 6.4−16(答)所示。

$$A=\overline{Q}_2^n\overline{Q}_1^nQ_0^n+Q_2^n\overline{Q}_1^n\overline{Q}_0^n+Q_2^nQ_1^nQ_0^n=\overline{\overline{m_1+m_4+m_7}}=\overline{\overline{m}_1\overline{m}_4\overline{m}_7}$$

$$B=\overline{Q}_2^nQ_1^n\overline{Q}_0^n+Q_2^n\overline{Q}_1^n\overline{Q}_0^n+Q_2^nQ_1^n\overline{Q}_0^n=\overline{\overline{m_2+m_4+m_6}}=\overline{\overline{m}_2\overline{m}_4\overline{m}_6}$$

$$C=\overline{Q}_2^nQ_1^nQ_0^n+Q_2^n\overline{Q}_1^n\overline{Q}_0^n+Q_2^n\overline{Q}_1^nQ_0^n=\overline{\overline{m_3+m_4+m_5}}=\overline{\overline{m}_3\overline{m}_4\overline{m}_5}$$

表题 6.4−16(答)　真值表

CLK	Q_2^n	Q_1^n	Q_0^n	*A* 红	*B* 绿	*C* 黄
0	0	0	0	0	0	0←
1	0	0	1	1	0	0
2	0	1	0	0	1	0
3	0	1	1	0		1
4	1	0	0	1	1	1
5	1	0	1	0	0	1
6	1	1	0	0	1	0
7	1	1	1	1	0	0→

17. 74LS194 的 Q_2 输出经非门反馈到 D_{IR} 端后，前 3 位触发器构成扭环形计数器，扭环形计数器的状态 $Q_2Q_1Q_0$=000→001→011→111→110→100→000。波形图如图题 6.4−17(答)所示。

逻辑图如图题 6.4−16(答)所示。

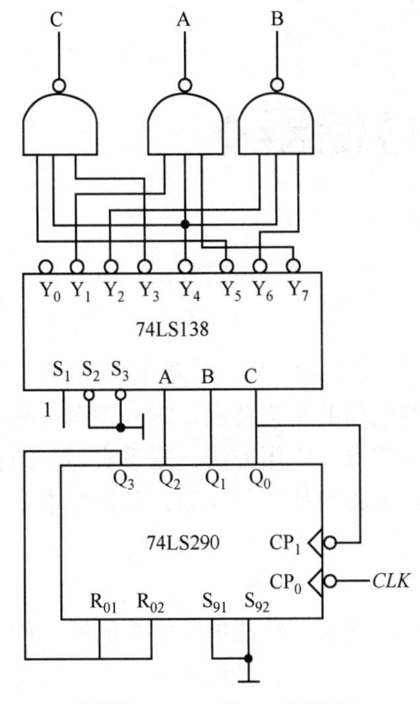

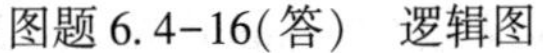

图题 6.4-16(答) 逻辑图

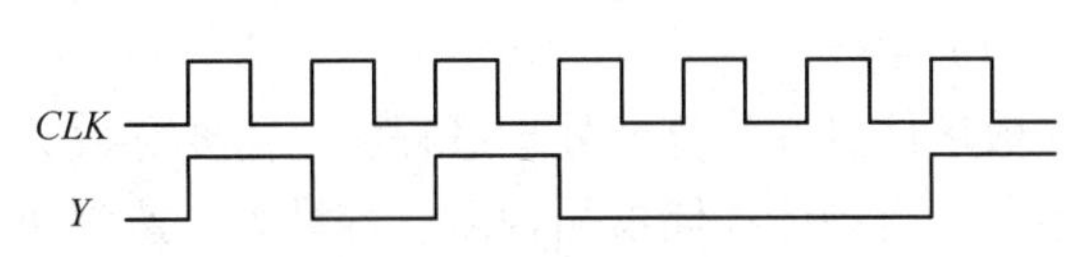

图题 6.4-17(答) 波形图

18. 设计思路：74LS161 是一个同步 4 位二进制加法计数器，有 16 个状态；3 位二进制加/减计数器有 15 个状态，除去一个状态，省去(100)这个状态，最简单，当 74LS161 计数到 0111 状态即输出 111 用并行置数法将电路置为 1001，从而跑过状态 1000，化简(1000 是约束项)得：$Y_2^{n+1}=Q_3^n \oplus Q_2^n$ $Y_1^{n+1}=Q_3^n \oplus Q_1^n$ $Y_0^{n+1}=Q_3^n \oplus Q_0^n$

逻辑图如图题 6.4-18(答)所示。

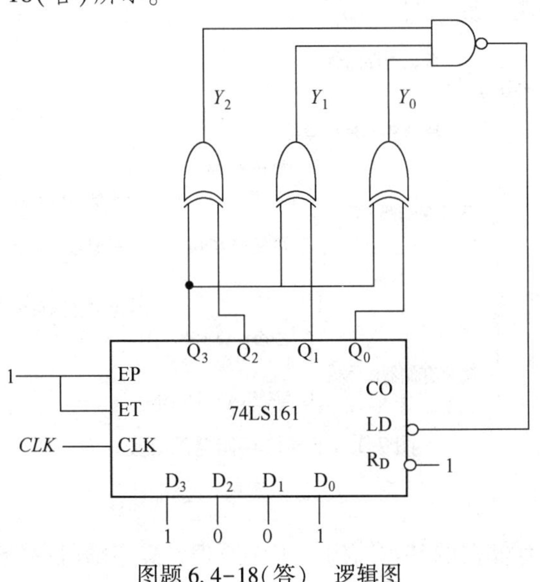

图题 6.4-18(答) 逻辑图

❖第 7 章　半导体存储器❖

7.1　教学内容及要求

本章着重介绍各种半导体存储器，包括掩模 ROM、可编程 PROM、可擦除 EPROM、快闪存储器和随机存储器。学习时应抓住各种半导体存储器电路的结构特点，深入理解半导体存储器的工作原理和存储容量的扩展方法，掌握半导体存储器的应用方法，联系实际，结合实例与典型例题，领悟出采用半导体存储器实现组合逻辑电路的技巧与规律，掌握好本章的内容。

（1）主要内容

数字信息在运算或处理过程中，需要存放大量的数据。用来存储二进制数据的器件称为存储器。半导体存储器品种多、容量大、速度快、耗电省、体积小、操作方便、维护容易。

半导体存储器按其不同的存储功能可以分为随机存取存储器（Random Access Memory，RAM）和只读存储器（Read Only Memory，ROM）两大类。

按制造工艺的不同，RAM、ROM 又可以分为双极型半导体存储器和单极型半导体存储器；MOS 型 RAM 还可以分为静态 RAM（SRAM）和动态 RAM（DRAM）两种。

按照信息写入方式的不同，只读存储器（ROM）可以分为掩膜 ROM（MROM）、可编程 ROM（PROM）、可擦除可编程 ROM（EPROM）和电可擦除可编程 ROM（E^2PROM）四种。

半导体存储器的分类情况如图 7.1 所示。

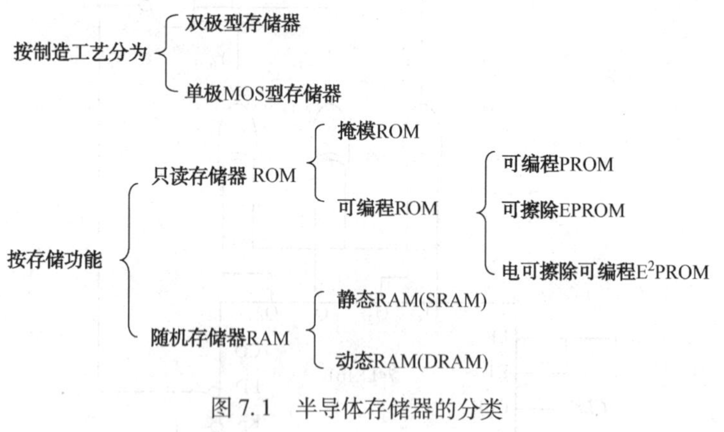

图 7.1　半导体存储器的分类

（2）教学要求

要求掌握掩膜只读存储器的基本结构、工作原理，静态随机存储器的电路结构、工作原理及地址形成方法，储器容量的扩展方法，用存储器进行逻辑设计、实现组合逻辑函数的方法。

理解 DRAM 刷新。

熟悉可编程只读存储器（PROM），可擦除的可编程只读存储器（EPROM）。了解掌握半导体存储器的分类、性能指标、动态随机存储器。

7.2 内容综述

7.2.1 只读存储器

(1) 掩模只读存储器(ROM)

① 掩模 ROM 的特点

掩模 ROM 中的内容是在出厂前写入的，工作时用户只能读出，不能改写存入的内容；ROM 所存信息是永久的，固定不变的，断开电源后，存入的信息不会丢失，因此在计算机中常用于存放固定的信息如执行程序、数据表格和字符等。

② 掩模 ROM 的结构

一般结构如图 7.2 所示，它由地址译码器、存储矩阵和输出缓冲电路三部分组成。

地址译码器(与门阵列)：指令或数据的存放地址用二进制编码，并由地址线输入最小项译码器。

存储矩阵(或门阵列)：是存储器的主体，由若干存储单元构成。每个存储单元存放 1 位二进制数(或信息)。

输出缓冲电路：用于实现输出状态三态控制，与系统总线连接，通常由三态与非门组成，不仅可以增强掩模 ROM 的带负载能力，而且当掩模 ROM 不输出数据时，总线上可以传输其他部件的数据。

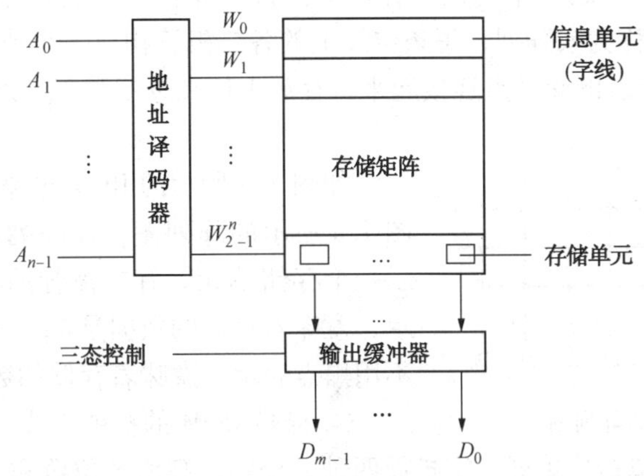

图 7.2 掩模 ROM 的一般结构

存储矩阵是存储器的主体，由大量的存储单元组成。一个存储单元只能存储 1 位二进制数码 1 或 0。通常数据和指令用 M 位的二进制数表示，称为一个字，m 为字长。m 个存储单元为一组，存储一个字，称为字单元。每个字单元有一个地址，按地址来选择所需要的字。

在图 7.2 中，W_0、W_1、…、W_{n-1}($N=2^n$)称为字单元的地址选择线，简称字线；D_0、D_1、…、D_{M-1}称为输出信息的数据线，简称位线。存储矩阵有 N 条字线和 M 条位线，$N\times m$ 表示存储器的存储容量，这是存储器的主要技术指标之一。对于有 n 位地址和 m 位字长的 ROM 来说，它的存储容量为 $2^n\times m$。

地址译码器的作用是根据输入的地址代码 $A_{n-1}\cdots A_1A_0$，从 N 条字线中选择一条字线，以确定与地址代码相对应的字单元的位置。至于选择哪条字线，则决定于输入的是哪一个地址代码。任何时刻，只能有一条字线被选中。被选中的那条字线所对应的字单元中的各位数码便经 M 条位线传送到数据输出端。

当读 ROM 某一指定字单元的数据时，地址译码器根据输入地址码译出与指定字单元对应的字线(该字线处于高电平)，然后从位线读出对应字单元的内容。

③ 工作原理

如图 7.3 所示是一个由二极管构成的容量为 4×4 的 ROM。

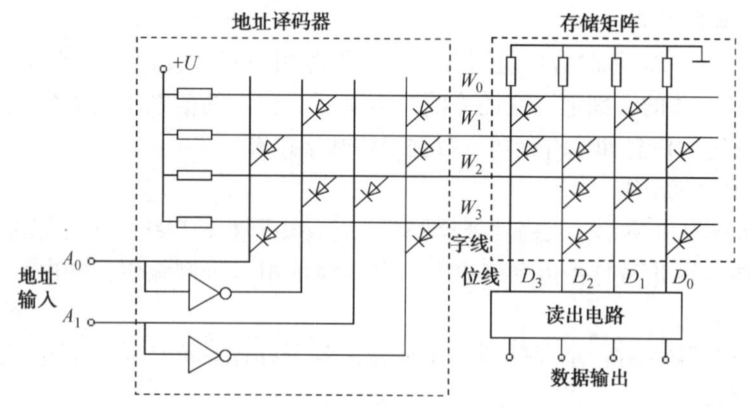

图 7.3　二极管 ROM 电路

地址译码器部分是由二极管(也可用三极管或场效应管)构成的与门阵列，称为与阵列，每条字线上的各二极管构成一个与门。存储矩阵部分是由二极管(也可用三极管或场效应管)构成的或门阵列，称为或阵列，每条位线上的各二极管构成一个或门，每个存储单元用一个二极管将字线和位线的交叉点连接起来，存放 1 位二进制数 1，交叉点上没有二极管的则为 0。

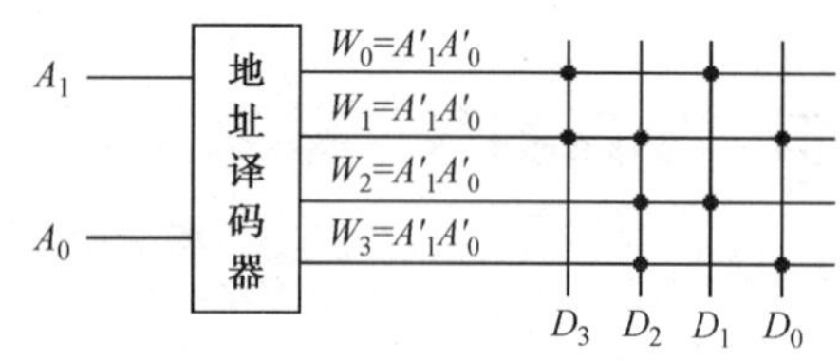

图 7.4　ROM 的阵列图

如图 7.3 所示的 ROM 电路图可以简化，画成如图 7.4 所示的阵列图。在阵列图中，每个交叉点表示一个存储单元。有二极管的存储单元用一黑点表示，意味着存储的数据是 1；没有二极管的存储单元不用黑点表示，意味着存储的数据是 0。

④ 掩模 ROM 的扩展方式

ROM 的扩展方式包括位扩展、字扩展两种，分别提高增加位数和字数来实现。ROM 用于存放固有的服务程序。

⑤ 掩模 ROM 的应用

ROM 的应用十分广泛，如用于实现组合逻辑函数、进行波形变换、构成字符发生器以及存储计算机的数据和程序等。

从结构上可以将 ROM 看成是由一个固定的与门阵列(地址译码器)和一个可编程的或门阵列(存储矩阵)组成的组合电路器件，因而 ROM 不仅可以存储信息，也可以实现各种“与或”组合逻辑函数。

用 ROM 实现组合逻辑函数可按以下步骤进行：

a. 写出逻辑函数的真值表

将组合逻辑函数输入变量作为 ROM 译码器的地址输入，译码器输出字线(对应于译码地址）相当于组合逻辑函数输入变量的最小项，ROM 存储矩阵的输出位线对应于组合逻辑函数的输出变量。

b. 选择合适的 ROM，对照真值表画出逻辑函数的阵列图

用 ROM 来实现组合逻辑函数的本质就是将待实现函数的真值表存入 ROM 中，即将输入变量的值对应存入 ROM 的地址译码器（与阵列）中，将输出函数的值对应存入 ROM 的存储单元（或阵列）中。

将每一个输出变量包含的所有的最小项对应的字线与位线交叉处标上代表存储内容的小黑点。这样按译码地址读出的数据就是对应的组合逻辑函数的函数值。电路工作时，根据输入信号（即 ROM 的地址信号）从 ROM 中将所存函数值再读出来，这种方法称为查表法。

（2）其他只读存储器

PROM 可由用户以专用设备编程器将信息写入存储器，写入后其内容不能改写。

EPROM 的信息由用户采用专用设备编程器写入，常与微机联用。可以把曾经编程的 EPROM 放在紫外线下照射约 30min，原来写入的内容即可被擦干净，恢复到原始的状态（全 1 或全 0），再重写入新内容。

E^2PROM 是能用电信号擦洗的 PROM，采用电气方法对其内容进行重复擦写。写入新内容时，旧内容即被擦除，使用方便，应用广泛。因此 E^2PROM 兼有 RAM 的特性。

快闪存储器（Flash Memory）。快闪存储器的存储单元也是采用浮栅型 MOS 管，存储器中数据的擦除和写入是分开进行的，数据写入方式与 EPROM 相同，需要输入一个较高的电压，因此要为芯片提供两组电源。一个字的写入时间约为 200μs，一般一只芯片可以擦除/写入 100 次以上。

7.2.2 随机存取存储器（RAM）

（1）RAM 特点

RAM 的特点是可以在任意时刻随时读取任何存储单元的内容，也可以随时将二进制信息（数据或指令）写入存储器任何存储单元。因此，随机存取存储器读写方便，使用灵活，存取速度快，但断开电源时信息丢失。

（2）随机存取存储器结构与工作原理

随机存取存储器由地址译码器、存储矩阵、双向的三态输出缓冲器、读写控制逻辑电路构成，其结构框图如图 7.5 所示。

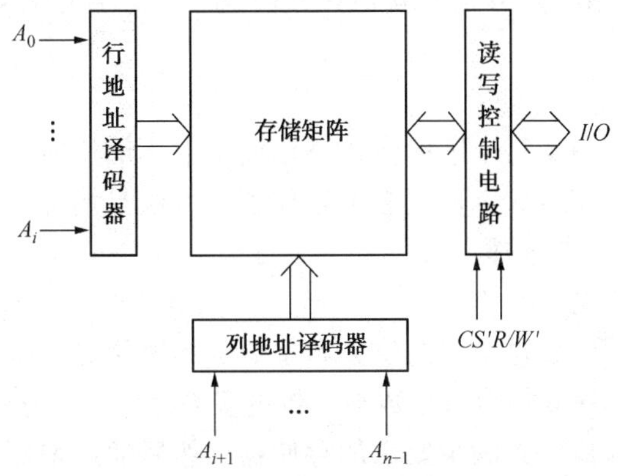

图 7.5 随机存取存储器结构

① 地址译码器(与门阵列)：地址译码器与ROM一样，也是二进制译码器，即最小项译码器。

② 存储矩阵(或门阵列)：存储矩阵的结构与ROM相似，但交叉点上的存储单元元件不是简单的二极管或三极管，而是由具有记忆功能的触发器或具有存储电荷MOS管功能的栅极电容构成，而且每个交叉点上都有存储元件。

由于存储元件不同，MOS型RAM还可以分为静态RAM(SRAM)和动态RAM(DRAM)两种。对于静态RAM，只要电源不断开，信息一直保存。静态RAM采用触发器存储信息，信息存入后只要不断电可以一直保留。动态RAM采用电容存储信息，由于栅极电容漏电，信息易丢失，必须定期刷新。静态RAM集成度低，使用方便，用于小容量器件。动态RAM集成度高，功耗低，使用复杂，用于大容量器件。

③ 读写控制逻辑电路：访问RAM时，对被选中的地址单元，究竟是读还是写，由读/写控制信号R/W'控制，并且是在R/W'和CS'信号的控制下分时进行的。

④ 片选控制端CS'：当$CS'=0$时，RAM为正常工作状态；当$CS'=1$时所有的输入/输出端均为高阻态，不能对RAM进行读/写操作。片选输入端CS'还用来扩展RAM的容量，实现RAM的位扩展、字扩展。

在由RAM通过输入/输出端(双向数据总线)与计算机的中央处理器(CPU)交换信息，读时作为输出端，写时作为输入端，一线二用。当$CS'=0$，且$R/W'=1$时，读/写控制电路工作在读出状态。这时存储器通过双向数据总线向外输出数据；当$CS'=0$，且$R/W'=0$时，执行写入操作。这时读/写控制电路工作在写入工作状态，加到双向数据总线的数据便被写入指定的RAM存储单元中去。

若干片RAM组成的存储系统中，片选信号线上加入有效电平的芯片被选中，可以进行读/写操作，其他芯片则不工作。

(3) RAM的应用

用于存放用户自己编写的服务程序或外部存储媒体提供的通用程序，使用时临时调用。

7.2.3 存储容量的扩展方式

存储容量的扩展包括位扩展、字扩展，字位同时扩展。

(1) 位扩展方式

如果每一片ROM或RAM的字数已经够用，而每个字的位数不够用时，应采用位扩展的连接方式，将多片ROM或RAM组合成位数更多的存储器。方法是地址线、片选信号CS'以及读写控制信号R/W'分别并联地接在一起，各芯片的数据端连接相应的数据总线上。

(2) 字扩展方式

如果每一片ROM或RAM每个字的位数够用而字数不够用时，应采用字扩展的连接方式，将多片ROM或RAM组合成字数更多的存储器。方法是增加地址线，并利用译码器控制片选信号CS'进行存储器的选择。

(3) 字位同时扩展方式

如果每一片ROM或RAM每个字的位数和字数都不够用时，应采用字位同时扩展的连接方式，将多片ROM或RAM组合成字数与位数更多的存储器。方法是：首先进行位扩展，将多片ROM或RAM组合成位数满足要求的存储器；然后通过增加地址线，并利用译码器控制多片由第一步得到的存储器的片选信号CS'，进行字扩展。

7.3 典型题型及例题精解

【例 7.1】某计算机的内存储器有 32 条地址线和 16 条数据线，则该存储器的存储容量是多少?

【解题思路】

存储器的存储容量=字数 N×位数 M，字数 N 与地址位数码 n 的关系为 $N=2^n$。

$$N=2^{32}=2^2\times2^{30}=4\text{GB}$$

$N\times M=2^{32}\times16=2^{10}\times2^{10}\times2^{10}\times2^6=1\text{K}\times1\text{K}\times1\text{K}\times2^6=4\text{GB}\times16$ 位 $=64\text{GB}$。

【例 7.2】请问下列容量的半导体存储器的字数是多少，具有多少数据线数和地址线?

(1) 512×8 位；(2)1kB×4 位；(3)64Kb×1 位；(4)256kB×4 位。

【解题思路】

(1) 512×8 位存储器的字数为 512B，数据线数为 8，因为 $2^9=512$，所以地址线数为 9。

(2) 1kB×4 位存储器的字数为 1kB，数据线数为 4，因为 $2^{10}=1024=1\text{kB}$，所以地址线数为 10。

(3) 64kB×1 位存储器的字数为 64kB，数据线数为 1，因为 $2^{16}=64\text{kB}$，所以地址线数为 16。

(4) 256kB×4 位存储器的字数为 256kB，数据线数为 4，因为 $2^{18}=256\text{kB}$，所以地址线数为 18。

【例 7.3】有一 ROM 的存储内容如表 7.1 所示。

(1) 计算 ROM 的存储容量是多少；(2)画出该 ROM 的阵列图；(3)写出该 ROM 所实现的逻辑函数的表达式并化简。

表 7.1 ROM 的存储内容

地址代码		字线译码结果				存储内容			
A_1	A_0	W_3	W_2	W_1	W_0	D_3	D_2	D_1	D_0
0	0	0	0	0	1	1	0	1	0
0	1	0	0	1	0	0	1	0	1
1	0	0	1	0	0	1	1	1	0
1	1	1	0	0	0	1	1	0	1

【解题思路】

在阵列图中，每个交叉点表示一个存储单元。存储数据 1 的存储单元用黑点表示，存储数据 0 的存储单元不用黑点表示。

(1) 根据表 7.1 可知该 ROM 有 4 条字线和 4 条位线，所以其存储容量为 4×4 位。

(2) 根据表 7.1 所示的存储内容可画出该 ROM 的阵列图，如图 7.6 所示。

(3) 根据表 7.1 可写出该 ROM 所实现的逻辑函数的表达式为：

$D_3=W_0+W_2+W_3=A_1'A_0'+A_1A_0'+A_1A_0=A_1+A_0'$

$D_2=W_1+W_2+W_3=A_1'A_0+A_1A_0'+A_1A_0=A_1+A_0$

$D_1=W_0+W_2=A_1'A_0'+A_1A_0'=A_0'$

$D_0=W_1+W_3=A_1'A_0+A_1A_0=A_0$

【例 7.4】在图 7.7 所示电路中，ROM 容量是 16×4 位，$A_3A_2A_1A_0$为地址输入，$D_3D_2D_1D_0$是数据输出。若将 D_3、D_2、D_1、D_0视为的逻辑函数，试写出 D_3、D_2、D_1、D_0的逻辑函数。

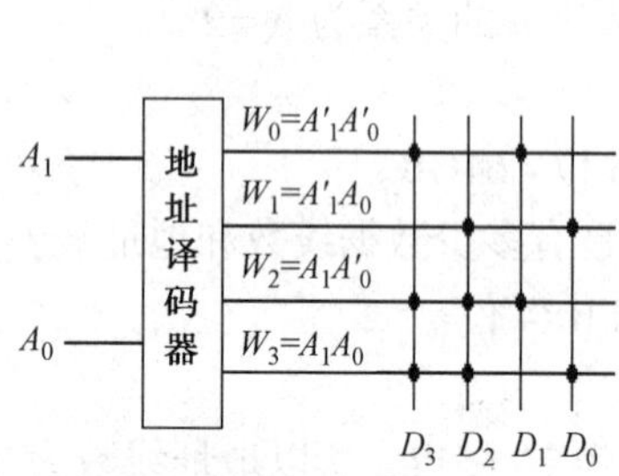

图 7.6　ROM 电路图

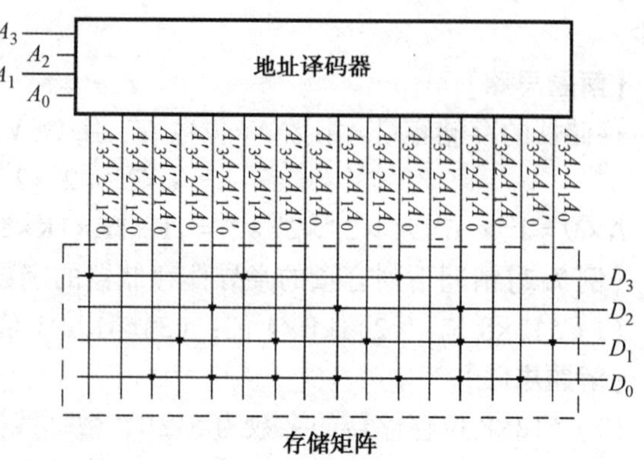

图 7.7　ROM 的阵列图

【解题思路】

图 7.7 给出的是简化阵列图，该存储矩阵中交叉点上有黑点表示的存储单元存入的是 1，交叉点上没有黑点表示的存储单元存入的是 0，因此可以写出实际存储内容。

$$D_3=A_3'A_2'A_1'A_0'+A_3'A_2'A_1'A_0'+A_3A_2'A_1A_0'+A_3A_2A_1A_0$$

$$D_2=A_3'A_2A_1'A_0'+A_3A_2'A_1'A_0'+A_3A_2A_1'A_0'$$

$$D_1=A_3'A_2'A_1A_0+A_3'A_2A_1A_0'+A_3A_2'A_1'A_0'+A_3A_2A_1'A_0'+A_3A_2A_1A_0$$

$$D_0=A_3'A_2'A_1A_0'+A_3'A_2A_1'A_0'+A_3'A_2A_1A_0'+A_3A_2'A_1'A_0'+A_3A_2'A_1A_0'+A_3A_2A_1'A_0'+A_3A_2A_1A_0'$$

【例 7.5】用一片 256×8 位的 ROM 产生如下一组组合逻辑函数：

$$Y_1=AB+BC+CD+DA$$

$$Y_2=A'B'+B'C'+C'D'+D'A'$$

$$Y_3=ABC+BCD+ABD+ACD$$

$$Y_4=A'B'C'+B'C'D'+A'B'D'+A'C'D'$$

$$Y_5=ABCD$$

$$Y_6=A'B'C'D'$$

试列出 ROM 的真值表，画出电路的连接图，标明各输入变量与输出函数的接线端。

【解题思路】

用 ROM 实现组合逻辑函数可按以下步骤进行：

（1）写出逻辑函数的真值表。

将组合逻辑函数输入变量作为 ROM 译码器的地址输入，ROM 存储矩阵的输出对应于组合逻辑函数的输出变量。

（2）选择合适的 ROM，对照真值表画出逻辑函数的阵列图。

将每一个输出变量包含的所有的最小项对应的字线与位线交叉处标上代表存储内容的小黑点。

ROM 的真值表如表 7.2 所示。

表 7.2　ROM 的真值表

低 4 位地址				数据输出端						低 4 位地址				数据输出端					
A_3 (A	A_2 B	A_1 C	A_0 D)	D_5 (Y_1	D_4 Y_2	D_3 Y_3	D_2 Y_4	D_1 Y_5	D_0 Y_6)	A_3 (A	A_2 B	A_4 C	A_0 D)	D_5 (Y_1	D_4 Y_2	D_3 Y_3	D_2 Y_4	D_1 Y_5	D_0 Y_6)
0	0	0	0	0	1	0	1	0	1	1	0	0	0	0	1	0	1	0	0
0	0	0	1	0	1	0	1	0	0	1	0	0	1	1	1	0	0	0	0
0	0	1	0	0	1	0	1	0	0	1	0	1	0	0	0	0	0	0	0
0	0	1	1	1	1	0	0	0	0	1	0	1	1	1	0	1	0	0	0
0	1	0	0	0	1	0	1	0	0	1	1	0	0	1	1	0	0	0	0
0	1	0	1	0	0	0	0	0	0	1	1	0	1	1	0	1	0	0	0
0	1	1	0	1	1	0	0	0	0	1	1	1	0	1	0	1	0	0	0
0	1	1	1	1	0	1	0	0	0	1	1	1	1	1	0	1	0	1	0

将函数化为最小项之和后得到

$Y_1=m_3+m_6+m_7+m_9+m_{11}+m_{12}+m_{13}+m_{14}+m_{15}$

$Y_2=m_0+m_1+m_2+m_3+m_4+m_6+m_8+m_9+m_{12}$

$Y_3=m_7+m_{11}+m_{13}+m_{14}+m_{15}$

$Y_4=m_0+m_1+m_2+m_4+m_8$

$Y_5=m_{15}$

$Y_6=m_0$

将 ROM 地址的高 4 位接 0，将 A、B、C、D 接至低 4 位地址输入端，取 $D_5 \sim D_0$ 作为 $Y_1 \sim Y_6$ 输出。电路连接如图 7.8 所示。

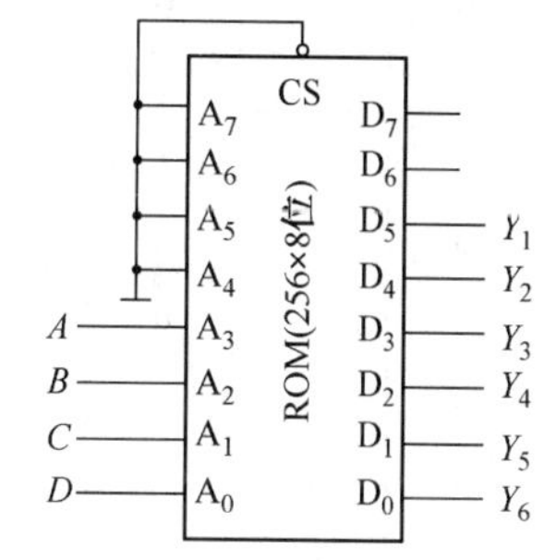

图 7.8　电路的连接图

【例 7.6】用简化的 ROM 存储矩阵设计全加器。

【解题思路】

用 ROM 设计组合逻辑电路时，先写出逻辑函数的真值表，然后选择合适的 ROM，对照真值表画出逻辑函数的阵列图，将每一个输出变量包含的所有的最小项对应的字线与位线交叉处标上代表存储内容的小黑点。

列出全加器的真值表，如表 7.3 所示。

表 7.3　全加器的真值表

A_i	B_i	C_{i-1}	S_i	C_i
0	0	0	0	0
0	0	1	1	0
0	1	0	1	0
0	1	1	0	1
1	0	0	1	0
1	0	1	0	1
1	1	0	0	1
1	1	1	1	1

根据真值表可以写出其逻辑函数表达式：

$S_i=A'_iB'_iC_{i-1}+A'_iB_iC'_{i-1}+A_iB'C'_{i-1}+A_iB_iC_{i-1}$，$C_i=A'_iB_iC_{i-1}+A_iB'_iC_{i-1}+A_iB_iC'_{i-1}+A_iB_iC_{i-1}$

$W_0\sim W_7$分别对应于A、B、C_{i-1}的一个最小项。因此得出存储器的简化矩阵阵列如图 7.9 所示。

【例 7.7】试用 ROM 构成 8421 码到共阴极 7 段数码管的译码电路，画出 ROM 的阵列图。

【解题思路】

用 ROM 设计组合逻辑电路时，先写出逻辑函数的真值表，然后选择合适的 ROM，对照真值表画出逻辑函数的阵列图，将每一个输出变量包含的所有的最小项对应的字线与位线交叉处标上代表存储内容的小黑点。

（1）列出译码器的真值表。按A_3、A_2、A_1、A_0排列变量，列出 8421 码到共阴极 7 段显示译码器的真值表，如表 7.4 所示。

表 7.4　7 段显示译码器的真值表

输入				输出							显示字形
A_3	A_2	A_1	A_0	a	b	c	d	e	f	g	
0	0	0	0	1	1	1	1	1	1	0	0
0	0	0	1	0	1	1	0	0	0	0	1
0	0	1	0	1	1	0	1	1	0	1	2
0	0	1	1	1	1	1	1	0	0	1	3
0	1	0	0	0	1	1	0	0	1	1	4
0	1	0	1	1	0	1	1	0	1	1	5
0	1	1	0	0	0	1	1	1	1	1	6
0	1	1	1	1	1	1	0	0	0	0	7
1	0	0	0	1	1	1	1	1	1	1	8
1	0	0	1	1	1	1	0	0	1	1	9

（2）选择合适的 ROM，对照真值表画出译码器的阵列图。用 ROM 来实现该译码器时，只要将 4 个变量A_3、A_2、A_1、A_0作为 ROM 的输入地址代码，而将 7 个逻辑函数$a\sim g$作为 ROM 中存储单元存放的数据即可。显然，该 ROM 需要 10 条字线W_0($W_0=A_3A_2A_1A_0=0000$)～W_9($W_9=A_3A_2A_1A_0=1001$)和 7 条位线$a\sim g$，其存储容量为 10×7 位。将存储数据 1 的存储单元用黑点表示，存储数据 0 的存储单元不用黑点表示，即得到由 ROM 来实现 8421 码到共阴极 7 段显示译码器的阵列如图 7.10 所示。

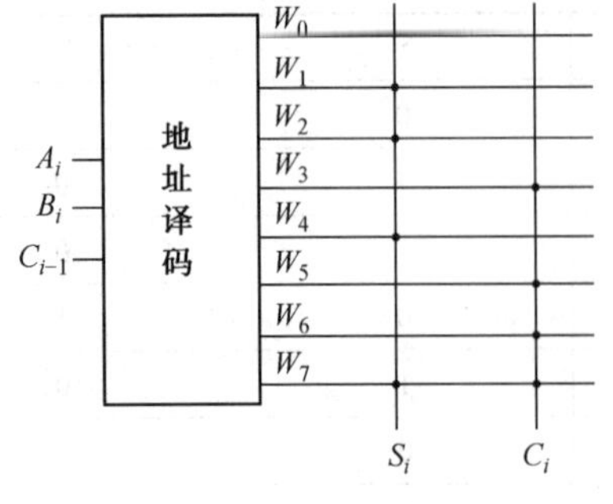

图 7.9　矩阵阵列

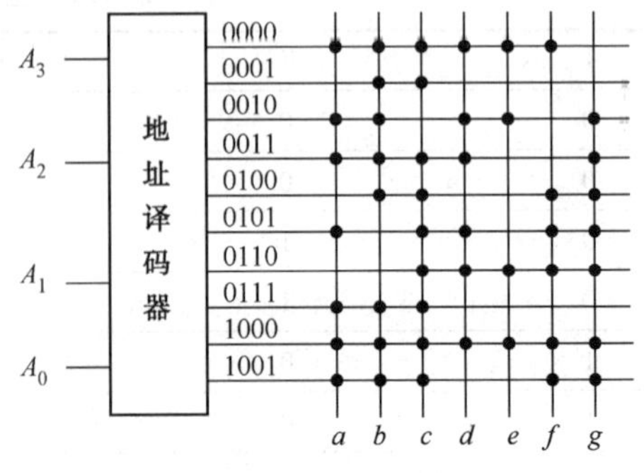

图 7.10　阵列图

【**例 7.8**】用 16×4 位 EPROM 实现下列各逻辑函数，画出存储矩阵的连线图。

$Y_1=ABC+A'(B+C)$

$Y_2=AB'+A'B$

$Y_3=((A+B)(A'+C'))'$

$Y_4=ABC+(ABC)'$

【解题思路】

用 EPROM 实现下列各逻辑函数时，先将逻辑函数展开为最小项表达式，然后选择合适的 ROM，对照逻辑函数的阵列图，将每一个输出变量包含的所有的最小项对应的字线与位线交叉处标上代表存储内容的小黑点。

解：16×4 位 EPROM 有 4 个地址输入端和 4 个数据输出端，可以实现四输入变量、四输出变量的逻辑函数。将逻辑函数展开为 $ABCD$ 四变量逻辑函数的最小项表达式：

$$Y_1=ABC+A'(B+C)=\sum m(2,\ 3,\ 4,\ 5,\ 6,\ 7,\ 14,\ 15)$$

$$Y_2=AB+A'B=\sum m(4,\ 5,\ 6,\ 7,\ 8,\ 9,\ 10,\ 11)$$

$$Y_3=((A+B)(A'+C'))=\sum m(0,\ 1,\ 2,\ 3,\ 10,\ 11,\ 14,\ 15)$$

$$Y_4=ABC+(ABC)'=\sum m(0,\ 1,\ 2,\ 3,\ 4,\ 5,\ 6,\ 7,\ 8,\ 9,\ 10,\ 11,\ 12,\ 13,\ 14,\ 15)$$

画出存储矩阵的连线图：$ABCD$ 四输入变量由 EPROM 的地址端输入，$Y_1Y_2Y_3Y_4$ 四输出变量由 EPROM 的数据输出端引出。EPROM 的与门阵列是固定的，或门阵列是可编程的，根据以上各式对或门阵列编程：表达式中包含的最小项，在或门阵列相应的位置上画点，否则不画。具体连线图如图 7.11 所示。

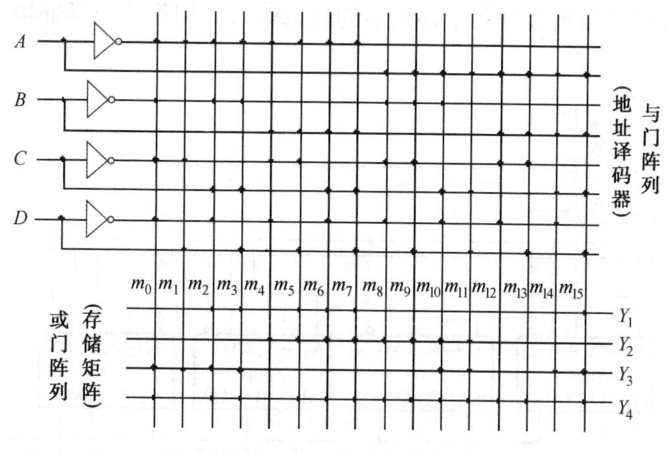

图 7.11　存储矩阵的连线图

【**例 7.9**】把 1024×1 的 RAM 扩展为 1024×8 的 RAM。

【解题思路】

如果每一片 ROM 或 RAM 的字数已经够用，而每个字的位数不够用时，应采用位扩展的连接方式，将多片 ROM 或 RAM 组合成位数更多的存储器。方法是地址线、片选信号 CS' 以及读写控制信号 R/W' 分别并联地接在一起，各芯片的数据端连接相应的数据总线上。

解：把 1024×1 的 RAM 芯片扩展成 1024×8 的 RAM，首先要确定的是需要 $\frac{1024\times8}{1024\times1}=8$ 片

1024×1 的 RAM，然后连接，如图 7. 12 所示。

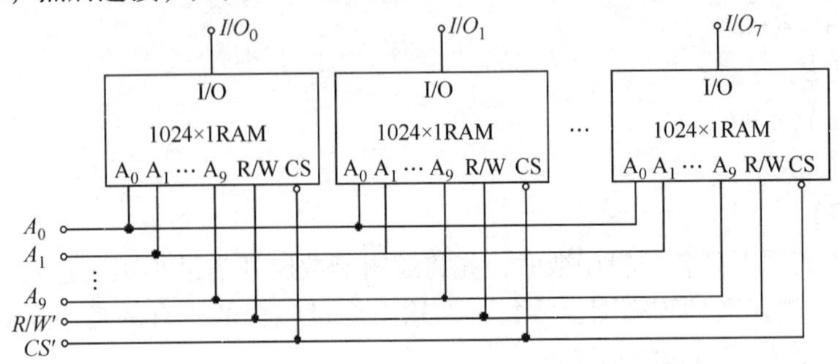

图 7. 12　连线图

【例 7. 10】已知 2114RAM（1024×4 位的 RAM）和 3 线-8 线译码器 74LS138。试回答：

（1）一片 2114RAM 有几根地址线、多少字线、位线、数据线，容量多大？

（2）试用 4 片 2114 和译码器 74LS138 扩展成 4096×4 位的 RAM。

（3）说明展成 4096×4 位的 RAM 每片 2114 的地址。

【解题思路】

如果每一片 ROM 或 RAM 每个字的位数够用而字数不够用时，应采用字扩展的连接方式，将多片 ROM 或 RAM 组合成字数更多的存储器。方法是增加地址线，并利用译码器控制片选信号 CS′进行存储器的选择。

解：（1）1 片 2114 芯片有：10 根地址线、1024 根字线、4 个数据线、4 个位线。

（2）采用部分译码进行字扩展：将片内寻址之外的高位地址线的 A11、A10 接到译码器的变量输入端，译码器输出接到各个存储器的片选输入，用作片内寻址接到每块芯片上，电路如图 7. 13 所示。

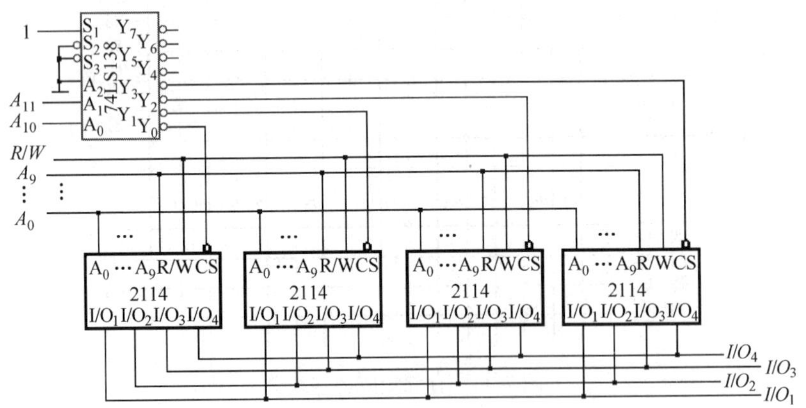

图 7. 13　连线图

（3）各芯片的地址范围如表 7. 5 所示。

表 7. 5　各芯片的地址范围

芯片	A_{15}	A_{14}	A_{13}	A_{12}	A_{11}	A_{10}	A_9	…	A_0	地址范围
1	0	0	0	0	0	0	0	…	0	0000H～
	0	0	0	0	0	0	1	…	1	03FFH

续表

芯片	A_{15}	A_{14}	A_{13}	A_{12}	A_{11}	A_{10}	A_9	…	A_0	地址范围
2	0	0	0	0	0	1	0	…	0	0400H～7FFH
	0	0	0	0	0	1	1	…	1	
3	0	0	0	0	1	0	0	…	0	0800H～0BFFH
	0	0	0	0	1	0	1	…	1	
4	0	0	0	0	1	1	0	…	0	0C00H～0FFFH
	0	0	0	0	1	1	1	…	1	

习题与答案

习题

一、判断题(正确打√，错误打×)

1. 通常用字数和位数的乘积表示存储器的存储容量。(　　)

2. 存储器 RAM 字数的扩展可以利用外加译码器控制数 RAM 的片选输入端来实现。(　　)

3. 欲将容量为 256×1 的 RAM 扩展为 1024×8，则需要控制各片选端的辅助译码器的输入端数为 2。(　　)

4. 将容量 4K×4 的 ROM(只读存储器)扩展为 8K×8ROM 需用 4 片 1K×4ROM。(　　)

5. 只读存储器 ROM 在运行时具有读/写功能。(　　)

6. 采用容量为 16K×8 的 RAM 构成容量为 32K×8 的 RAM 需要采用位扩展。(　　)

7. 当电源断掉后又接通后，只读存储器 ROM 中的内容发生变化。(　　)

8. 在电源掉电后 ROM 和 RAM 中存入信息都不会丢失。(　　)

9. 一个容量为 512×1 的静态 RAM 具有地址线 512 根，数据线 1 根。(　　)

10. 反映存储器系统性能的两个重要指标是存储容量和存取时间。(　　)

二、填空题

1. 半导体存储器的结构主要包含三个部分，分别是(　　　　　　　　　　)。

2. 存储器的容量是用(　　　　　　)乘以(　　　　　　　)来表示。

3. 一个容量为 2K×4 的存储器 ROM 有(　　　　　　)个存储单元。

4. 只读存储器的地址译码器称为(　　　　　　)和(　　　　　　　　)。

5. 一个 10 位地址码、8 位输出的 ROM，其存储容量为(　　　　　　　)。

6. 随机存储器 RAM 有(　　　　　　)和(　　　　　　)两大类型。

7. 掉电后存储数据随之消失的半导体存储器是(　　　　　　)。

8. 容量为 8K×8 的 RAM 的地址译码器有(　　　　　　)根地址线。

9. ROM/RAM 容量的扩展方式包括(　　　　　　)、(　　　　　　)、(　　　　　　)。

10. 反映存储器系统性能的两个重要指标是(　　　　　　)和(　　　　　　)。

三、单项选择题

1. 只读存储器 ROM 的功能是(　　)。

A. 只能读出存储器的内容，且掉电后仍保持

B. 只能将信息写入存储器中

C. 可以随机读出或存入信息

D. 只能读出存储器的内容，且掉电后信息全丢失

2. 存储容量为8K×8位的ROM存储器，其地址线为(　　)条。

A. 8　　B. 12　　C. 13　　D. 16

3. 掉电之后，信息不能够保存的是(　　)。

A. RAM　　B. ROM　　C. PAL　　D. GAL

4. 使用256×4位EPROM芯片构成2K×32位存储器，共需EPROM芯片(　　)片。

A. 64　　B. 32　　C. 48　　D. 16

5. 用PROM进行逻辑设计时，应将逻辑函数表达式表示成(　)。

A. 最简"与或"表达式　　B. 最简"或与"表达式

C. 标准"与或"表达式　　D. 标准"或与"表达式

6. 随机存取存储器具有(　　)功能。

A. 读/写　　B. 无读/写　　C. 只读　　D. 只写

7. 只能一次写入信息的存储器是(　　)。

A. RAM　　B. ROM　　C. PROM　　D. EPROM

8. 可以随时读出数据和写入数据的存储器为(　　)。

A. ROM　　B. EEPROM　　C. RAM　　D. GAL

9. 当电源断掉后又接通，则原存的信息不会改变的器件是(　　)。

A. ROM　　B. SRAM　　C. RAM　　D. DRAM

10. 已知Intel2114是1K×4位的RAM集成电路芯片，它有地址线(　　)条，数据线(　)条。

A. 10，4　　B. 4，10　　C. 1，4　　D. K，4

四、问答题

1. 只读存储器(ROM)是由哪两个主要部分构成的？它们的主要作用是什么？常用的只读存储器的有哪几种？

2. 只读存储器(ROM)存储矩阵是如何构成的，怎样表示它的存储容量？ROM的地址译码器为什么又称最小项译码器或N选1译码器？

3. DRAM的刷新有哪几种方式？它们的特点是什么？

4. 存储器容量为512K×8的RAM芯片，有多少根地址输入线和多少根数据输出位线？

5. 某存储器具有6条地址线和8条双向数据线，问存储容量有多少位？

6. 某台计算机的内存储器设置有32位的地址线，16位并行数据输入/输出端，试计算它的最大存储量是多少？

7. 有一个2K×8型随机存取存储器RAM，请问：①该存储器RAM的地址码有几位？②该存储器RAM能存储多少个字信息或数据？③该存储器RAM有几条数据线？④存储器RAM的存储单元电路与ROM的有什么不同？⑤计算该存储器RAM的存储容量。

8. 指出下列存储系统各具有多少个存储单元，至少需要几条地址线和数据线。

① 64K×1　②256K×4　③1M×1　④128K×8

9. 有一个具有20位地址和32位字长的存储器，请问：①该存储器能存储多少个字节的信息？②如果存储器由512K×8位SRAM芯片组成，需要多少芯片？③需要多少位地址作

芯片选择？

10. 已知某64位机主存采用半导体存储器，其地址码为26位，若使用4M×8位的DR芯片组成该机所允许的最大主存空间，并选用模块板结构形式，试问：①每个模块板为16M×64位，共需几个模块板？②个模块板内共有多少DRAM芯片？③主存共需多少DRAM芯片？CPU如何选择各模块板？

11. RAM存储器的功能和结构有何特点？常用的ROM有哪几种？

12. 设存储器的起始地址全为0，试指出下列存储系统的最高地址为多少？

① 2K×1　② 16K×4　③ 256K×32

13. 试画出如图题7.4-13所示场效应管存储矩阵的简化阵列图，并列表说明其存储的内容。

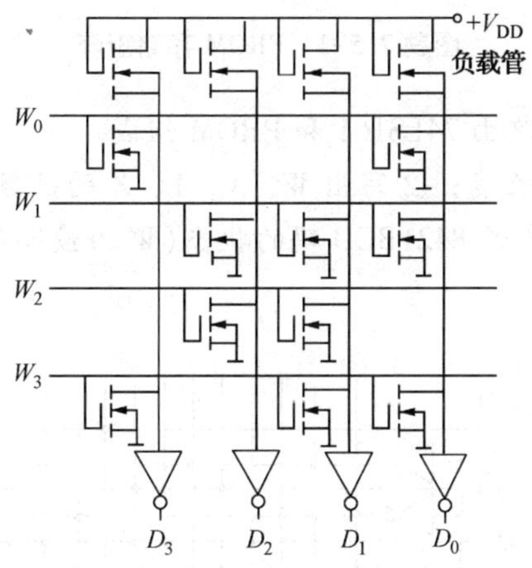

图题7.4-13　场效应管存储矩阵

14. 有一ROM的存储内容如表题7.4-14所示。试问：①该ROM的存储容量是多少？②画出该ROM的阵列图。③写出该ROM所实现的逻辑函数的表达式，并化简之。

表题7.4-14　ROM的存储内容

地址代码			字线译码结果								存储内容			
A_2	A_1	A_0	W_7	W_6	W_5	W_4	W_3	W_2	W_1	W_0	Y_3	Y_2	Y_1	Y_0
0	0	0	0	0	0	0	0	0	0	1	0	0	1	0
0	0	1	0	0	0	0	0	0	1	0	0	0	0	1
0	1	0	0	0	0	0	1	0	0	0	0	1	1	0
0	1	1	0	0	0	0	1	0	0	0	1	1	0	1
1	0	0	0	0	0	1	0	0	0	0	0	0	1	1
1	0	1	0	0	1	0	0	0	0	0	0	1	0	0
1	1	0	0	1	0	0	0	0	0	0	1	0	0	1
1	1	1	1	0	0	0	0	0	0	0	1	1	0	1

五、分析题

1. 图题 7.5-1 所示电路是 PROM 存储矩阵连线图。①写出输出逻辑表达式，化简至最简与或式，并指出逻辑功能。②说明电路的特点和该 PROM 存储矩阵容量的大小。

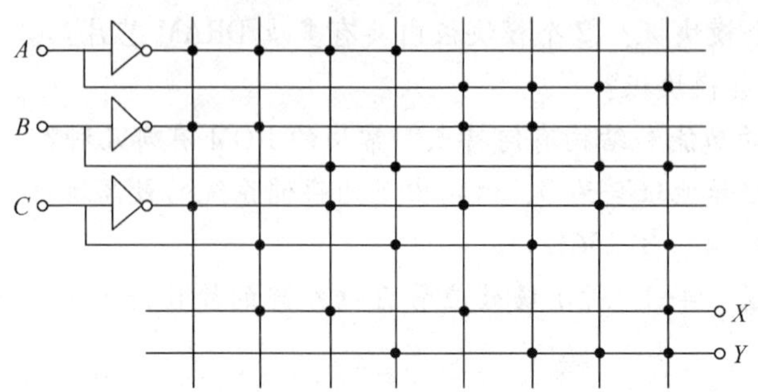

图题 7.5-1 PROM 存储矩阵

2. 图题 7.5-2 所示的电路由 74LS161 和 PROM 组成。

① 分析 74LS161 的计数长度；②写出 W、X、Y、Z 的函数表达式；③在 CLK 作用下。分析 W、X、Y、Z 端顺序输出的 8421BCD 码的状态（W 为最高位，Z 为最低位），说明电路的功能。

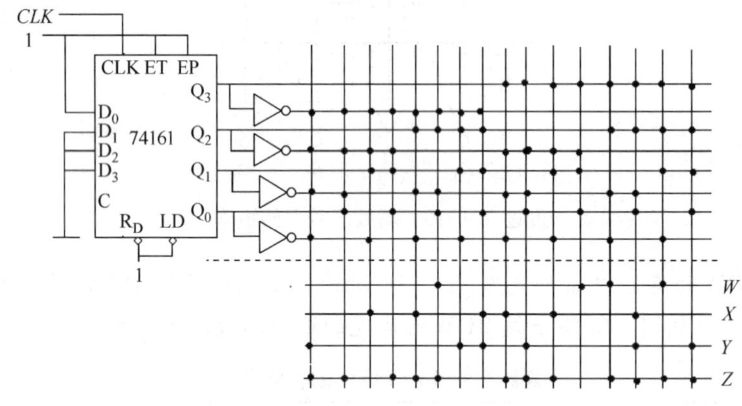

图题 7.5-2 电路

3. 已知 ROM 的数据表如表题 7.5-3 所示，若将 ROM 地址输入 A_3、A_2、A_1、A_0 作为 4 个输入逻辑变量，将数据输出 D_3、D_2、D_1、D_0 作为函数输出，写出输出与输入之间的逻辑函数式，并化简成与或形式。

表题 7.5-3 ROM 的数据表

地址输入				数据输出			
A_3	A_2	A_1	A_0	D_3	D_2	D_1	D_0
0	0	0	0	0	0	0	1
0	0	0	1	0	0	1	0
0	0	1	0	0	0	1	0
0	0	1	1	0	1	0	0
0	1	0	0	0	0	1	0

续表

地址输入				数据输出			
0	1	0	1	0	1	0	0
0	1	1	0	0	1	0	0
0	1	1	1	1	0	0	0
1	0	0	0	0	0	1	0
1	0	0	1	0	1	0	0
1	0	1	0	0	1	0	0
1	0	1	1	1	0	0	0
1	1	0	0	0	1	0	1
1	1	0	1	1	0	0	0
1	1	1	0	1	0	0	0
1	1	1	1	0	0	0	1

4. 利用 ROM 构成的任意波形发生器图题 7.5-4 电路所示，改变 ROM 的内容，即可改变输出波形。当 ROM 的内容如表题 7.5-4 所示时，画出输出端电压随 *CLK* 脉冲变化的波形。

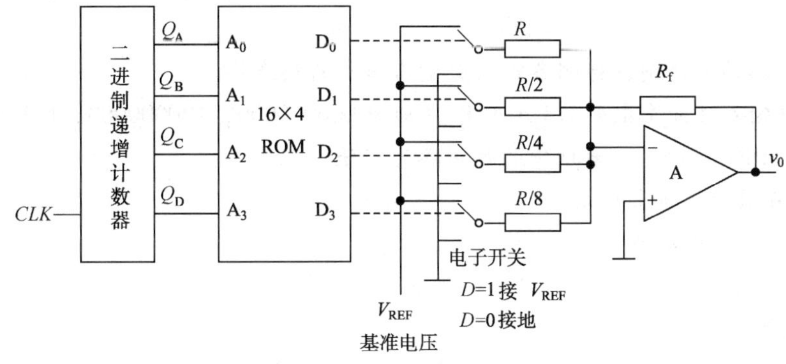

图题 7.5-4　任意波形发生器

表题 7.5-4　ROM 的内容

CLK	A_3	A_2	A_1	A_0	D_3	D_2	D_1	D_0
0	0	0	0	0	0	1	0	0
1	0	0	0	1	0	1	0	1
2	0	0	1	1	0	1	1	0
3	0	0	1	1	0	1	1	1
4	0	1	0	0	1	0	0	0
5	0	1	0	1	0	1	1	1
6	0	1	1	0	0	1	1	0
7	0	1	1	1	0	1	0	1
8	1	0	0	0	0	1	0	0
9	1	0	0	1	0	0	1	1

续表

CLK	A_3	A_2	A_1	A_0	D_3	D_2	D_1	D_0
10	1	0	1	0	0	0	1	0
11	1	0	1	1	0	0	0	1
12	1	1	0	0	0	0	0	0
13	1	1	0	1	0	0	0	1
14	1	1	1	0	0	0	1	0
15	1	1	1	1	0	0	1	1

六、设计题

1. 分别用 ROM 设计一个组合逻辑电路，用来产生下列一组逻辑函数。

$Y_1=A'B'C'D'+A'\cdot B\cdot C'\cdot D+A\cdot B'\cdot C\cdot D'+A\cdot B\cdot C\cdot D$

$Y_2=A'\cdot B'\cdot C\cdot D'+A'\cdot B\cdot C\cdot D+A\cdot B'\cdot C'\cdot D'+A\cdot B\cdot C'\cdot D$

$Y_3=A'\cdot B\cdot D+B'\cdot C\cdot D'$

$Y_4=BD+B'\cdot D'$

要求列出 ROM 应有的数据表，画出存储器的与阵列和或阵列的点阵图。

2. 用两片 1024×8 的 EPROM 接成一个数码转换器，将 10 位二进制数转换成等值的 4 位二-十进制数。

① 画出电路的连接图，标明各输入变量与输出的接线端。

② 当地址输入 $A_9A_8A_7A_6A_5A_4A_3A_2A_1A_0$ 分别为 000000000，100000000，111111111 时，两片 1024×8 的 EPROM 中对应地址中的数据各为何值？

3. 用 ROM 设计全加器电路。

4. 用 ROM 设计全减器。

5. 用 ROM 设计五人表决器。要求：对某一个问题有三人或三人以上表示同意时，表决器发出同意的信号。

6. 试用 ROM 设计一个数值比较器，其输入是两个 2 位二进制数 $A=A_1A_0$、$B=B_1B_0$，输出是两者的比较结果 Y_1($A=B$ 时其值为 1)、Y_2($A>B$ 时其值为 1)和 Y_3($A<B$ 时其值为 1)。

7. 试用两片的 256×4 位的 RAM 组成 512×4 位 RAM。①试画出接线；②写出各片的容量与地址范围。

8. 设计 8421 码与余 3 码之间转换电路。

9. 试用 4 片的 4K×8 位的 RAM 接成 16K×8 位的存储器。

答案

一、判断题

1. √；2. √；3. ×；4. ×；5. ×；6. ×；7. √；8. ×；9. ×；10. √

二、填空题

1. 地址译码器、存储矩阵、输出缓冲器

2. 字数；位数

3. 8192

4. 最小项译码器；*N* 选一译码器

5. 1K×8

6. 静态；动态

7. RAM

8. 13

9. 字扩展；位扩展；字位同时扩展

10. 存储容量；存取时间

三、单项选择题

1. A；2. B；3. A；4. A；5. C；6. A；7. C；8. C；9. A；10. A

四、问答题

1. 答：只读存储器(ROM)是由存储矩阵与地址译码器两个主要部分构成的。地址译码器(与门阵列)：指令或数据的存放地址用二进制编码，并由地址线输入最小项译码器。存储矩阵是存储器的主体，主要作用是存放数据或指令。地址译码器作用是由地址线上输入的二进制地址码来选择存储单元的位置。

常用的只读存储器的类型主要有固定 ROM、PROM 和 EPROM 三种。

2. 答：ROM 存储矩阵由纵横的字线与位线交叉点上设置的存储单元构成的。它的存储容量是字数与位数的乘积。对于有 n 位地址和 m 位字长的 ROM 来说，2^n(字数)×m(位)。

地址译码器有 n 位地址码时，输出 $N=2^n$ 个译码地址，即 N 个最小项，因此又称最小项译码器，无论 n 位地址码取什么值，N 条字线中必定有一条字线是高电平，即它被选中(N 选 1)，而其他字线是低电平，因此地址译码器又称 N 选 1 译码器。

3. 答：DRAM 的刷新有集中式刷新、分散式刷新和异步式刷新。集中式刷新优点：在读/写时不受刷新的影响，读/写速度较高；缺点：刷新时必须停止读/写操作，形成一段“死区”。分散式刷新优点：避免了“死区”；缺点：加长了机器的存取时间，降低了整机的运算速度，不适用于高速存储器。异步式刷新优点：充分利用了最大刷新间隔时间并使“死区”缩短。

4. 答：① 地址输入线根数＝地址码位数，$512K=2^{10}\times2^9=2^{19}$，故有 19 根地址输入线。

② 数据输出位线根数＝并行数据位数，故有 8 根数据输出位线。

5. 答：$2^6\times8=64\times8$ 位

6. 答：最大存储量为 232×16＝210×210×210×26＝1K×1K×1K×26＝64G

7. 答：① 该存储器 RAM 的地址码有 11 位。

②该存储器 RAM 能存储 2^{11} 或 2048 个字信息或数据。

③该存储器 RAM 有 8 条数据线。

④存储器 RAM 的存储单元由具有记忆功能的电路(或触发器)构成，ROM 的由不具有记忆功能的电路(或二极管或三极管电路)构成。

⑤计算该存储器 RAM 的存储容量：

$2^{11}\times8=2^{14}$ 或 2048×8＝16384 个存储单元。

8. 答：① $2^{16}\times1$ 个存储单元，至少需要 16 条地址线和 1 条数据线。

② $2^{18}\times4$ 个存储单元，至少需要 18 条地址线和 4 条数据线。

③ $2^{20}\times1$ 个存储单元，至少需要 20 条地址线和 1 条数据线。

④ $2^{17}\times8$ 个存储单元，至少需要 17 条地址线和 8 条数据线。

9. 答：① 因为 $2^{20}=1M$，所以该存储器能存储的信息为：1M×32/8＝4MB。

② (1000/512)×(32/8)＝8(片)。

③ 需要 1 位地址作为芯片选择。

10. 答：① 共需模块板数为 $m=4$(块)。

② 每个模块板内有 DRAM 芯片数为 n：$n=(2^{24}/2^{22})\times(64/8)=32$(片)。

③ 主存共需 DRAM 芯片为：4×32=128(片)。

每个模块板有 32 片 DRAM 芯片，容量为 16M×64 位，需 24 根地址线($A_{23}\sim A_0$)完成模块板内存储单元寻址。一共有 4 块模块板，采用 2 根高位地址线($A_{25}\sim A_{24}$)，通过 2∶4 译码器译码产生片选信号对各模块板进行选择。

11. 答：RAM 主要有存储矩阵、地址译码器、读/写控制电路和片选控制组成，存储器 RAM 的存储单元由具有记忆功能的电路(或触发器)构成。工作时，既可存储信息也可以读写，断开电源信息丢失。只读存储器的类型主要有固定 ROM、PROM 和 EPROM 三种。

12. 答：① (7FF)H

② (3FFF)H

③ (3FFFF)H

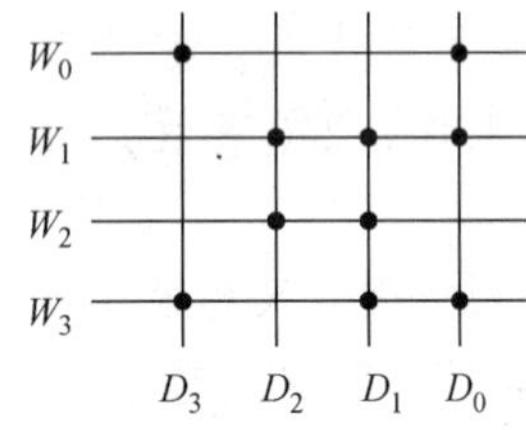

图题 7.4-13(答)
存储矩阵阵列图

13. 答：交叉点处接有场效应管的存储单元用黑点表示，没有接场效应管的存储单元不用黑点表示，据此可画出存储矩阵的简化阵列图，如图题 7.4-13(答)所示。

令字线 W_0 为有效电平，即 $W_0=1$，$W_1=W_2=W_3=0$，则字线 W_0 被选中，在该字线上场效应管导通，使相应的位线 D_3 和 D_0 输出为 1，没有场效应管的位线 D_2 和 D_1 输出为 0，故 $W_0=1$ 时存储器的存储内容为 $D_3D_2D_1D_0=1001$。同理，可分析出其他字线为有效电平时的存储内容。

观察位线 D_3，该条位线与字线 W_0 和 W_3 的交叉点处接有场效应管，并且只有当 W_0 和 W_3 均为 0 时 D_3 才为 0，其他情况下 D_3 均为 1，所以，D_3 与 W_0 和 W_3 之间的关系为或逻辑关系，即 $D_3=W_0+W_3$。同理，可写出其他各条位线的逻辑表达式分别为：$D_2=W_1+W_2$，$D_1=W_1+W_2+W_3$，$D_0=W_0+W_1+W_3$。由于 4 条字线 W_0、W_1、W_2 和 W_3 在任一时刻只有一条为有效电平(高电平 1)，所以，由以上逻辑表达式即可列出如图题 7.4-13(答)所示存储矩阵的存储内容，如表题 7.4-13(答)表所示。

表题 7.4-13(答)　存储矩阵的存储内容

字线				存储内容			
W_3	W_2	W_1	W_0	D_3	D_2	D_1	D_0
0	0	0	1	1	0	0	1
0	0	1	0	0	1	1	1
0	1	0	0	0	1	1	0
1	0	0	0	1	0	1	1

14. 答：① 由题中可知该 ROM 有 8 条字线和 4 条位线，所以其存储容量为 8×4 位。

② 根据题中的存储内容可画出该 ROM 的阵列图，如图题 7.4-14(答)所示。

③ 写出该 ROM 所实现的逻辑函数的表达式，并化简

$Y_1=A'BC+ABC'+ABC=AB+BC$

$Y_2=A'BC'+A'BC+AB'C+ABC=A'C+B'C+BC'$

$Y_3=A'B'C'+A'BC'+AB'C'=A'C'+B'C'$

$Y_4=A'B'C+A'BC+AB'C'+ABC'+ABC=A'C+AB+AC'$

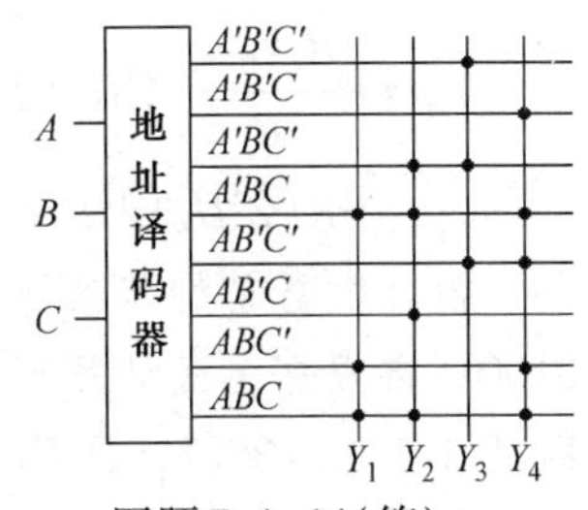

图题 7.4-14(答)

ROM 的阵列图

五、分析题

1. ① 表达式

$X=A'B'C+A'BC'+AB'C'+ABC$

$Y=A'BC+AB'C+ABC'+ABC=AB+AC+BC$

② 真值表如表题 7.5-1(答)所示。

表题 7.5-1(答)　真值表

输　入			输　出	
A	*B*	*C*	*X*	*Y*
0	0	0	0	0
0	0	1	1	0
0	1	0	1	0
0	1	1	0	1
1	0	0	1	0
1	0	1	0	1
1	1	0	0	1
1	1	1	1	1

③ 功能：全加器。

④ PROM 存储器是大规模集成电路，可以根据用户的需要改写内存单元的内容，但是只能改写一次。PROM 存储器的与阵列是一个全译码的不可编程的阵列，或阵列是一个可编程的阵列。因此 PROM 存储器可以实现任何复杂的组合逻辑函数。

2. 74LS161 同步计数器，$Q_DQ_CQ_BQ_D$状态由 00001，0001 直到 1111，再重复。W，X，Y，Z 的表达式分别为

$W=D'CB'A+DC'BA+DCB'A'+DCBA'$

$X=D'C'BA+D'CB'A'+D'CBA+DC'B'A+DC'BA'+DCB'A$

$Y=D'C'B'A'+D'CBA'+D'CBA'+DC'B'A+DCB'A+DCBA$

$Z=D'C'B'A'+D'C'BA+D'CB'A'+D'CB'A+DC'B'A+DC'BA'+DCB'A'+DCB'A+DCBA'+DCBA$

3. ① 写出最小项逻辑表达式：

$D_0=A'_3A'_2A'_1A'_0+A_3A_2A_1A_0$

$D_1=A'_3A'_2A'_1A'_0+A'_3A'_2A_1A'_0+A'_1A'_3A'_2A'_0+A_3A'_2A'_1A'_0$

$D_2=A'_3+A'_2A_1A_0+A'_3A_2A'_1A_0+A'_3A_2A_1A'_0+A_3A_2A'_1A'_0+A_3A'_2A'_1A_0+A_3A'_2A_1A'_0$

$D_3=A'_3A_2A_1A_0+A_3A_2A'_1A_0+A_3A_2A_1A'_0+A_3A'_2A_1A_0$

② 用卡诺图化简成与或逻辑表达式，输出的最小项逻辑表达式就是化简后的与或逻辑表达式。

4. 计数器的输出 $Q_AQ_BQ_CQ_D$ 送入 ROM 的地址输入端 $A_3A_2A_1A_0$，ROM 的数据输出端 $D_3D_2D_1D_0$

又作为后级 D/A 转换器的输入。而对于 D/A 转换器来说，有：

$$V_O=-\frac{R_f V_{REF}}{R}(2^3D_3+2^2D_2+2^1D_1+2^0D_0)$$
$$=-K(2^3D_3+2^2D_2+2^1D_1+2^0D_0)$$

设计数器初始状态为0000，即 $A_3A_2A_1A_0=0000$，由表题7.8可知，对应的 $D_3D_2D_1D_0=0100$，再根据上式计算可得：$V_O/K=-4$；在第一个 CLK 脉冲的作用下，计数器输出为0001，即 $A_3A_2A_1A_0=0001$，$D_3D_2D_1D_0=0101$，根据上式计算得：$V_O/K=-5$；

依照上述方法逐个计算，即得 CLK 脉冲作用下各 V_O/K 的值。据此即可画出输出端电压随 CLK 脉冲变化的波形如图题7.5-4(答)所示。

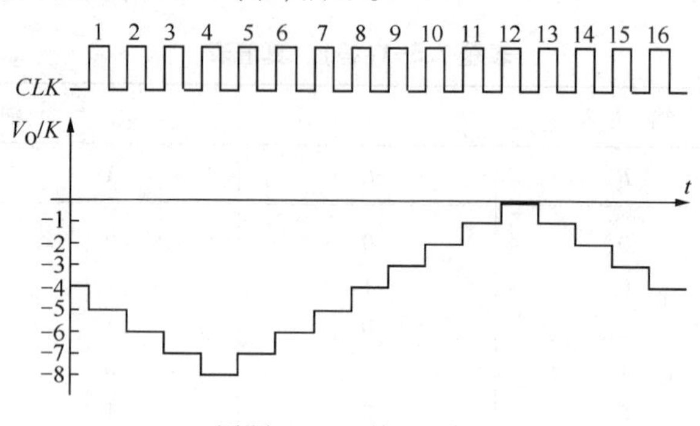

图题7.5-4(答)　波形

六、设计题

1. ROM应有的数据如表题7.6-1(答)所示。存储器的与阵列和或阵列的点阵如图题7.6-1(答)所示。

表题7.6-1(答)　ROM数据

地址输入				数据输出			
A	B	C	D	Y_4	Y_3	Y_2	Y_1
0	0	0	0	1	0	0	1
0	0	0	1	0	0	0	0
0	0	1	0	1	1	1	0
0	0	1	1	0	0	0	0
0	1	0	0	0	0	0	0
0	1	0	1	1	1	0	1
0	1	1	0	0	0	0	0
0	1	1	1	1	1	1	0
1	0	0	0	1	0	1	0
1	0	0	1	0	0	0	0
1	0	1	0	1	1	0	1
1	0	1	1	0	0	0	0
1	1	0	0	0	0	0	0
1	1	0	1	1	0	1	0
1	1	1	0	0	0	0	0
1	1	1	1	1	0	0	1

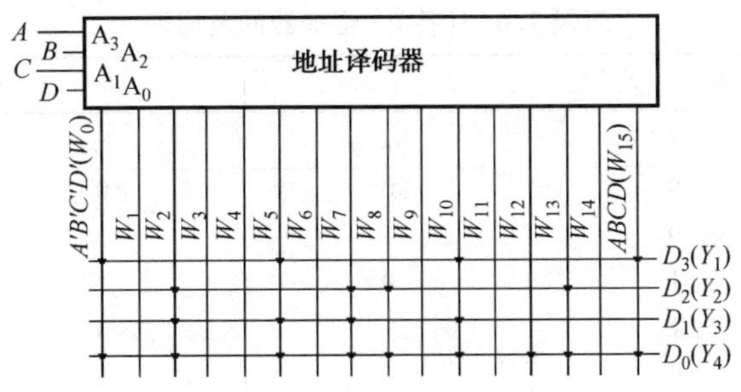

图题 7.6-1(答)　存储器点阵图

2. ① 每位二-十进制数用 4 位二进制数表示，4 位二-十进制数用两片 1024×8 的 EPROM 的 16 位输出的二进制数表示。

② 当 EPROM 的地址输入 $A_9A_8A_7A_6A_5A_4A_3A_2A_1A_0$ 分别为 000000000，100000000，111111111 时，两片 1024×8 的 EPROM 中对应地址中的数据各为 0000000000000000(0)，0000010100010010(512)，0001000000100011(1023)，对应的数据如表题 7.6-2(答)所示。连接电路如图题 7.6-2(答)所示。

表题 7.6-2(答)　数据

地址(二进制输入)										数据(二-十进制输出)															
										ROM(2)								ROM(1)							
A_9	A_8	A_7	A_6	A_5	A_4	A_3	A_2	A_1	A_0	D_7	D_6	D_5	D_4	D_3	D_2	D_1	D_0	D_7	D_6	D_5	D_4	D_3	D_2	D_1	D_0
0	0	0	0	0	0	0	0	0	0	0	0	0	0	0	0	0	0	0	0	0	0	0	0	0	0
1	0	0	0	0	0	0	0	0	0	0	0	0	0	0	1	0	1	0	0	0	1	0	0	1	0
1	1	1	1	1	1	1	1	1	1	0	0	0	1	0	0	0	0	0	0	1	0	0	0	1	1

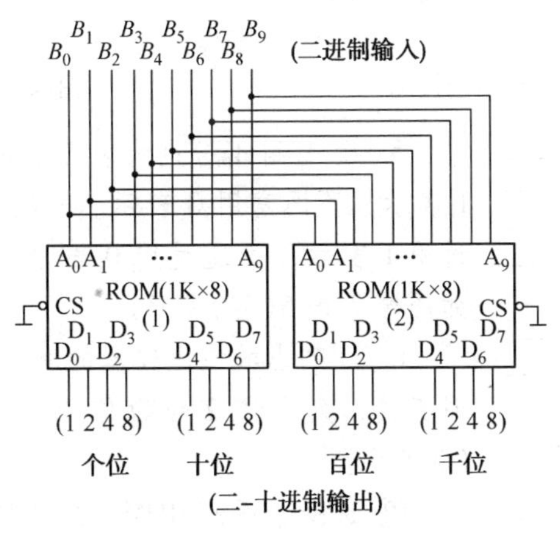

图题 7.6-2(答)　连接电路

3. 设 A_i 和 B_i 分别是被加数和加数，C_{i-1} 为相邻低位的进位，S_i 为本位的和，C_i 为本位的进位。列写全加器的真值表如表题 7.6-3(答)所示。电路的连接图如图题 7.6-3(答)所示。

表题 7.6-3(答)　全加器的真值表

输入			输出	
A_i	B_i	C_{i-1}	S_i	C_i
0	0	0	0	0
0	0	1	1	0
0	1	0	1	0
0	1	1	0	1
1	0	0	1	0
1	0	1	0	1
1	1	0	0	1
1	1	1	1	1

由真值表可写出逻辑表达式：

$S_i=(A_iB_i)'C_{i-1}+A_iB'C_{i-1}+A'_iB_iC'_{i-1}+A_iB_iC_{i-1}=(A_i\oplus B_i)C'_{i-1}+(A_i\oplus B)'C_{i-1}=A_i\oplus B_i\oplus C_{i-1}$

$C_i=A'_iB_iC_{i-1}+A_iB'_iC_{i-1}+A_iB_iC'_{i-1}+A_iB_iC_{i-1}+A_iB_i+B_iC_{i-1}+A_iC_{i-1}$

4. 设 A_2 和 A_1 分别是被减数和减数，A_0 为相邻低位的借位，F_1 为本位的差，F_0 为本位的借位。简化矩阵图如图题 7.6-4(答)所示。

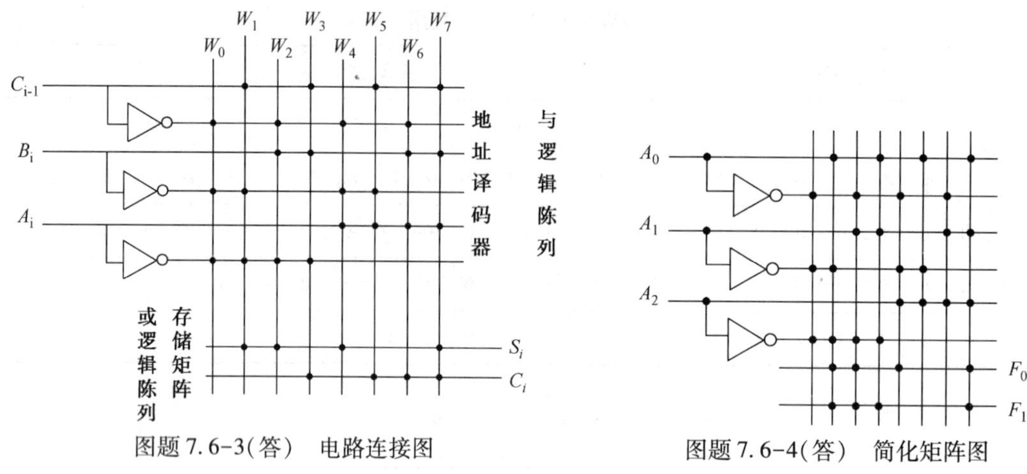

图题 7.6-3(答)　电路连接图　　图题 7.6-4(答)　简化矩阵图

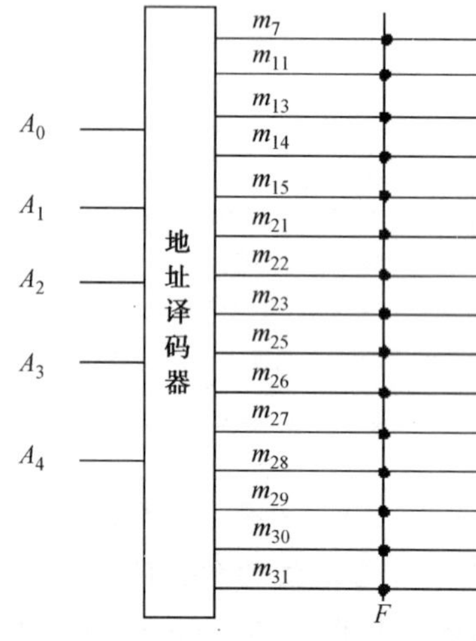

图题 7.6-5(答)　存储器简化图

5. 设 A_4 到 A_0 分别代表五个人意见，对某一意见同意用 1 表示，不同意用 0 表示。表决器状态用 F 表示，决议通过用 1 表示，不通过用 0 表示。可以画出存储器简化图，如图题 7.6-5(答)所示。

6. ① 列出数值比较器的真值表。按 A_1、A_0、B_1、B_0 排列变量，列出该 2 位数值比较器的真值表如表题 7.6-6(答)所示。

② 选择合适的 ROM，对照真值表画出该数值比较器的阵列图。用 ROM 来实现该该数值比较器时，只要将 4 个变量 A_1、A_0、B_1、B_0 作为 ROM 的输入地址代码，而将 3 个逻辑函数 Y_1、Y_2、Y_3 作为 ROM 中存储单元存放的数据即可。显然，该 ROM 需要 16 条字线 $W_0(W_0=A_3A_2A_1A_0=0000)$ ~ $W_{15}(W_0=A_3A_2A_1A_0=1111)$ 和 3 条位线 Y_1、Y_2、Y_3，其存储

容量为 16×3 位。将存储数据 1 的存储单元用黑点表示，存储数据 0 的存储单元不用黑点表示，即得到由 ROM 来实现该数值比较器的阵列图如图题 7.6-6(答)所示。

表题 7.6-6(答)　数值比较器的真值表

A_1	A_0	B_1	B_0	比较结果	Y_1	Y_2	Y_3
0	0	0	0	$A=B$	1	0	0
0	0	0	1	$A<B$	0	0	1
0	0	1	0	$A<B$	0	0	1
0	0	1	1	$A<B$	0	0	1
0	1	0	0	$A>B$	0	1	0
0	1	0	1	$A=B$	1	0	0
0	1	1	0	$A<B$	0	0	1
0	1	1	1	$A<B$	0	0	1
1	0	0	0	$A>B$	0	1	0
1	0	0	1	$A>B$	0	1	0
1	0	1	0	$A=B$	1	0	0
1	0	1	1	$A<B$	0	0	1
1	1	0	0	$A>B$	0	1	0
1	1	0	1	$A>B$	0	1	0
1	1	1	0	$A>B$	0	1	0
1	1	1	1	$A=B$	1	0	0

7. ① 电路如图题 7.6-7(答)所示。

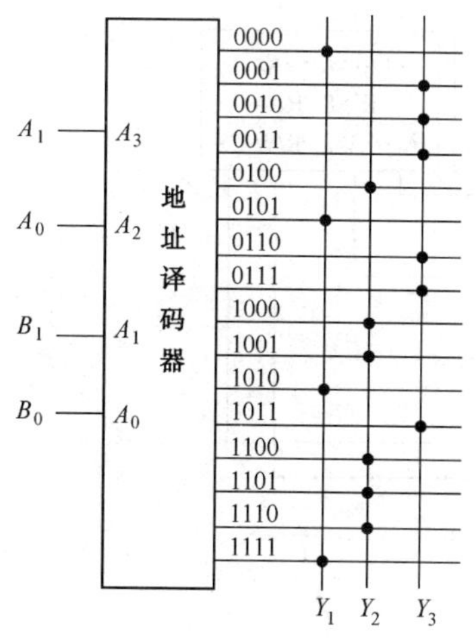

图题 7.6-6(答)　数值比较器的阵列图

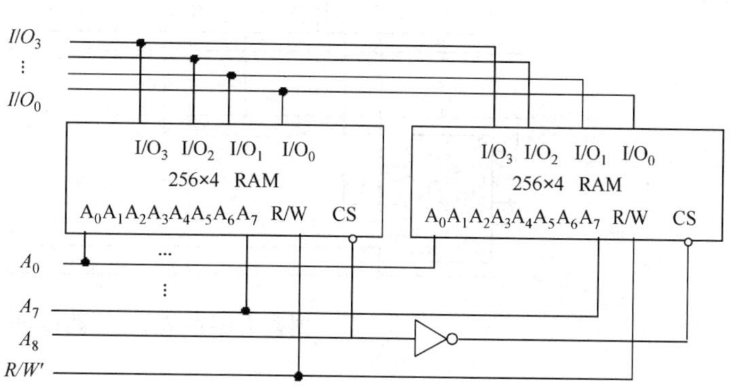

图题 7.6-7(答)　电路连线图

② 第一片的存储容量为 256×4 = 1024

地址范围是

A_8	$A_7\cdots$	A_0
0	00000000	000H
0	11111111	FFH

第二片的存储容量为 256×4 = 1024

地址范围是

A_8	$A_7\cdots$	A_0
1	00000000	000H
1	11111111	1FFH

8. 8421 码与余 3 码之间转换电路如图题 7.6-8(答)所示。

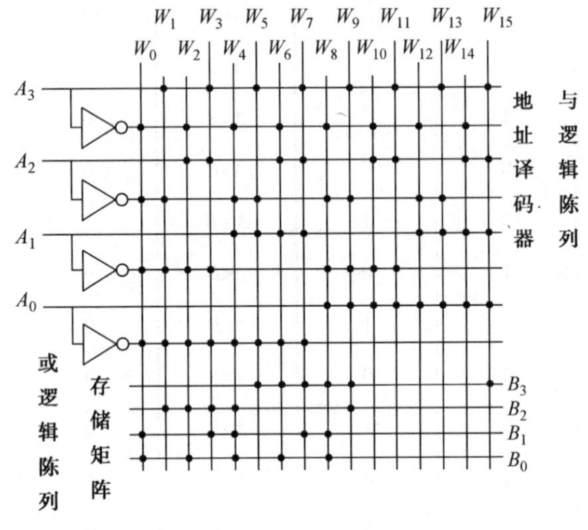

图题 7.6-8(答) 8421 码与余 3BCD 码之间转换电路

9. 采用部分译码进行字扩展：将片内寻址之外的高位地址线的 $A_{12}A_{13}$ 接到译码器的变量输入端，译码器输出接到各个存储器的片选输入，用作片内寻址接到每块芯片上，电路如图题 7.6-9(答)所示。

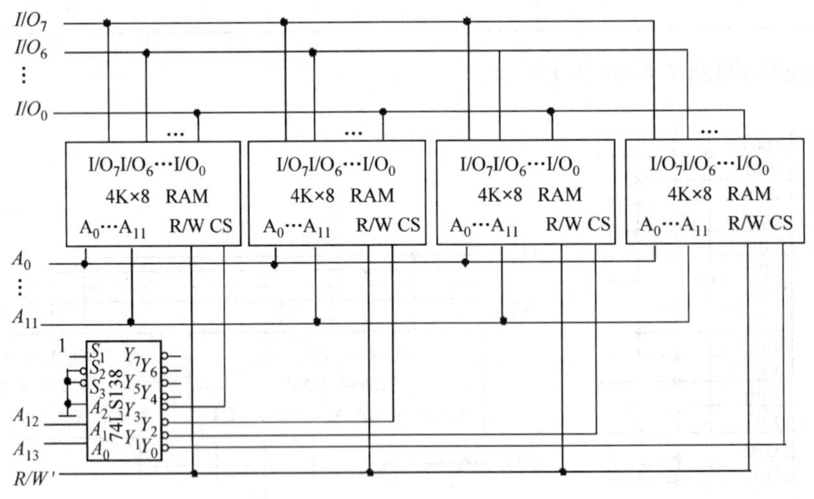

图题 7.6-9(答) 电路连线图

❖第 8 章　可编程逻辑器件❖

8.1　教学内容与教学要求

本章介绍各种可编程逻辑器件工作原理与使用方法，着重介绍可编程逻辑阵列(PLA)与可编程阵列逻辑(PAL)，应抓住各种 PLD 产品的结构特点，掌握 PLD 产品的使用方法，深入理解简单的 PLD 电路的逻辑功能与分析方法，能够利用 PLD 电路实现一些简单的逻辑功能，联系实际，结合实例与典型例题，领悟出采用可编程逻辑器件实现组合逻辑电路的技巧与规律，才能掌握好本章的内容。

(1) 主要内容

可编程逻辑器件 PLD(Programmable Logic Device)是按通用器件来生产的，可以通过用户编辑的方法设置其逻辑功能的一类逻辑器件的通称。

PLD 是做为一种通用集成电路产生的，他的逻辑功能按照用户对器件编程来确定。一般的 PLD 的集成度很高，足以满足设计一般的数字系统的需要。这样就可以由设计人员自行编程而把一个数字系统“集成”在一片 PLD 上，而不必去请芯片制造厂商设计和制作专用的集成电路芯片了。

PLD 特点：PLD 内部的数字电路可以在出厂后才规划决定，有些类型的 PLD 也允许在规划决定后再次进行变更、改变，而一般数字芯片在出厂前就已经决定其内部电路，无法在出厂后再次改变，事实上一般的模拟芯片、数字芯片也都一样，都是在出厂后就无法再对其内部电路进行调修。

可编程逻辑器件的分类情况如图 8.1 所示。可编程逻辑器件按照功能可以分为通用型、专用型两大类。按照集成密度与结构特点，可编程逻辑器件(PLD)分为低密度 PLD，高密度 PLD，在系统可编程逻辑器件 ISP-PLD；低密度 PLD 又可分为可编程只读存储器 PROM，现场可编程逻辑阵列 FPLA，可编程阵列逻辑 PAL，通用阵列逻辑 GAL；高密度 PLD 又可分为可擦除可编程逻辑器件 EPLD，复杂的可编程逻辑器件 CPLD，现场可编程门阵列 FPGA；在系统可编程逻辑器件 ISP-PLD 又可分为高密度 ISP-PLD 和低密度 ISP-PLD。其中 PROM 是最早的 PLD。

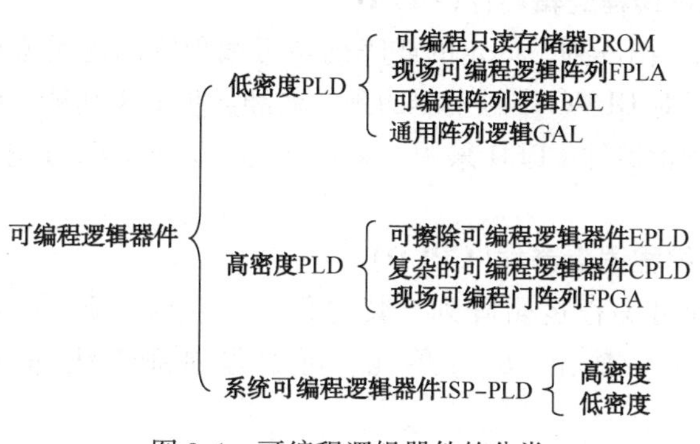

图 8.1　可编程逻辑器件的分类

(2) 教学要求

掌握简单的PLD电路的逻辑功能与分析方法，能够利用PLD电路实现一些简单的逻辑功能，了解PLD的特征及目前主要的PLD产品，各种PLD产品的结构及简单原理，PLD中门电路的画法，PLD与ROM电路的区别。

8.2 内容综述

8.2.1 现场可编程逻辑阵列(FPLA)

FPLA由可编程的与逻辑阵列、可编程或逻辑阵列和输出缓冲器组成。由与门阵列构成的地址译码器是一个非完全译码器，它输出的每一根字线可以对应一个最小项，也可以对应一个由地址变量任意组合的“与”项，而且只产生所需要的“与”项。因此FPLA允许用多个地址码选中同一根字线以访问同一个存储单元，芯片的利用率很高。

FPL编程单元有的采用熔丝式，有的采用叠栅注入式MOS管。

8.2.2 可编程阵列逻辑(PAL)

PAL由可编程的与门阵列、固定的或门阵列和输出电路三部分构成，采用熔丝式双极型工艺，操作简便、编程灵活。或门阵列中每个或门的输入与固定个数的与门输出相连，每个或门的输出是若干个“与项”之和。与门阵列可由用户自行编排。PAL在未编程之前，与逻辑阵列的所有交叉点上均有熔丝接通。编程将有用的熔丝保留，将无用的熔丝熔断，即得到所需的电路。

根据PAL器件输出电路结构和反馈方式的不同，可将它们大致分成专用输出结构、可编程输入/输出结构、寄存器输出结构、异或输出结构、运算选通反馈结构等几种类型。

8.2.3 通用阵列逻辑(GAL)

GAL由可编程的与门阵列、固定的或阵列与可编程输出电路(输出逻辑宏单元OLMC结构)三个主要部分组成。通过结构控制字进行编程可将输出逻辑宏单元(OLMC)设置成不同的工作状态，用户可以得到所需的输出结构和输出方式，实现用户所需的逻辑功能，使得它的通用性很好，使用更为方便灵活。

由于GAL采用了E^2CMOS的工艺结构，可用电信号擦除并可以重新快速编程。

GAL按门列阵的可编程程度，可以分为两大类，一类是与PAL基本结构类似的普通型GAL器件，它的与门阵列是可编程的，或门阵列是固定连接的，如GAL16 V8。另一类是新一代GAL器件，它的与门阵列和或门阵列都是可编程的，如GAL39 V18。

8.2.4 可擦除的可编程逻辑器件(EPLD)

EPLD由可编程的与门阵列、固定的或阵列与可编程输出逻辑宏单元(OLMC)三个主要部分组成。由于增加了对OLMC中触发器的预置数和异步清零功能，OLMC有更大的使用灵活性。可擦除可编程逻辑器件EPLD采用了CMOS与UVEPROM工艺，功耗低，集程度高，造价便宜。

8.2.5 复杂的可编程逻辑器件(CPLD)

CPLD器件是一种可编程逻辑阵列，其内部一般包含三种结构：可编程逻辑宏单元(OLMC)、可编程的输入/输出(*I/O*)单元、可编程内部连线阵列。CPLD器件多采用E^2CMOS工艺制作。

CPLD有很长的固定在芯片上的寻址单元，彼此之间转换矩阵相连接。GPLD比FPGA

速度更快，性能也更可靠。

8.2.6 现场可编程门阵列电路(FPGA)

FPGA 属于可编程逻辑器件，电路结构为逻辑单元阵列形式。FPGA 通常由三种可编程单元和存放编程数据的静态随机存储器(SRAM)组成。FPGA 结构类似于门阵列，其集成度通常高于其他可编程逻辑器件。基于静态随机存储器方式编程的 FPGA 是一种可重组逻辑器件，具有重新编程的能力。

FPGA 利用可编程的逻辑单元阵列可组成规模不大的组合或时序电路，没有与或阵列结构的局限性。由于采用了 CMOS-SRAM 工艺，掉电后数据丢失，每次工作时重新装载编程数据。逻辑单元连成复杂系统时，不同的传输系统传输延迟时间不同。

8.2.7 在系统可编程逻辑器件(In-System PLD)

在系统可编程逻辑器件采用 E^2CMOS 工艺，将写入/擦除控制电路及读/写脉冲发生电路集成于 PLD 内，擦、写也只需外加正常工作电压(内有升压电路)，用户可以不从系统板上拔下可编程逻辑器件，直接在系统上对器件进行编程，而且可以在系统上对对器件进行反复的编程调试。因此大大简化了产品设计与生产流程，降低生产成本，减小产品升级换代的周期，更新了人们的设计观念，为电子设计自动化开创新途径。

PLD 程序称为“逻辑编译器，Logic Compiler”，它与程序开发撰写时所用的软件编译器相类似，而要编译之前的原始代码(也称源代码)，需要用特定的编程语言(也称程序语言或编程语言)来撰写，此称之为 Hardware Description Language(硬件描述语言)，简称 HDL。HDL 有许多种，如 ABEL、AHDL、Confluence、CUPL、HDCal、JHDL、Lava、Lola、MyHDL、PALASM、RHDL 等都是，但目前最具知名也最普遍使用的是 VHDL 与 Verilog。

8.3 典型题型及例题精解

【例 8.1】已知 4 输入 4 输出的可编程逻辑器件的逻辑功能表如表 8.1 所示，请写出其逻辑函数表达式并画逻辑图。

【解题思路】

利用与逻辑阵列和或逻辑阵列的特点。首先写出逻辑式并化简然后画出逻辑图，如图 8.2 所示。

$F_0=A'_0A_1+A_0A'_1$，$F_1=A'_2A_1+A_2A'_1$，$F_2=A'_2A_3+A_2A'_3$，$F_4=A_3$

表 8.1 功能表

A_3	A_2	A_1	A_0	F_3	F_2	F_1	F_0
0	0	0	0	0	0	0	0
0	0	0	1	0	0	0	1
0	0	1	0	0	0	1	1
0	0	1	1	0	0	1	0
0	1	0	0	0	1	1	0
0	1	0	1	0	1	1	1
0	1	1	0	0	1	0	1
0	1	1	1	0	1	0	0

A_3	A_2	A_1	A_0	F_3	F_2	F_1	F_0
1	0	0	0	1	1	0	0
1	0	0	1	1	1	0	1
1	0	1	0	1	1	1	1
1	0	1	1	1	1	1	0
1	1	0	0	1	0	1	0
1	1	0	1	1	0	1	1
1	1	1	0	1	0	0	1
1	1	1	1	1	0	0	0

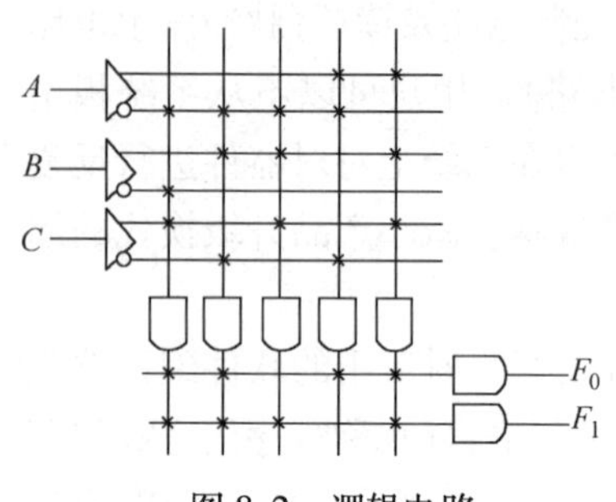

图 8.2 逻辑电路

【**例 8.2**】如图 8.2 所示，逻辑电路由 FPLA 构成，写出输出与输入之间的逻辑关系式，并分析电路的功能。

【解题思路】

采用类似组合电路的分析方法，即先写出输出与输入之间的逻辑关系式，然后列写真值表，最后判断该逻辑电路的功能(图 8.3)。

① 输出与输入之间的逻辑关系式：

$$F_0 = A'_2A'_1A_0 + A'_2A_1A'_0 + A_2A'_1A'_0 + A_2A_1A_0 = A_2 \oplus A_1 \oplus A_0$$

$$F_1 = A'_2A'_1A_0 + A'_2A_1A'_0 + A'_2A_1A_0 + A_2A_1A_0 = (A_2 \oplus A)'A_0 + A'_2A$$

② 列写真值表，如表 8.2 所示。

表 8.2 真值表

A_2	A_1	A_0	F_0	F_1
0	0	0	0	0
0	0	1	1	1
0	1	0	1	1
0	1	1	0	1
1	0	0	1	0
1	0	1	0	0
1	1	0	0	0
1	1	1	1	1

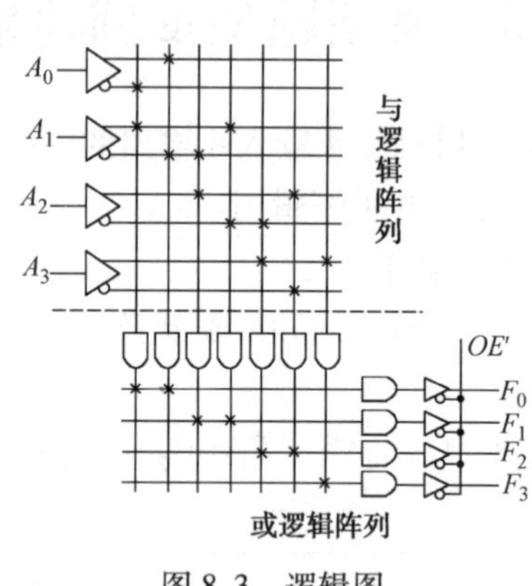

图 8.3 逻辑图

③ 根据逻辑关系式真值表可以判断该逻辑电路是全减器。

【**例 8.3**】时序 PAL 电路如图 8.4(a)所示。①求该时序电路的驱动方程、状态方程、输出方程；②画该电路的状态转换表；③若 X 为输入二进制序列 10010011，其波形如图所示，画 Q_1、Q_2和 Z 的波形；④说明该电路的功能。

【解题思路】

PAL 或门阵列中每个或门的输入与固定个数的与门输出相连，每个或门的输出是若干个“与项”之和。采用时序电路分析方法进行分析。

① 驱动方程和状态方程相同：

$$\begin{cases} Q_2^{n+1}=D_2=XQ'_2 \cdot Q'_1 \\ Q_1^{n+1}=D_1=X'Q'_2 \cdot Q'_1 \end{cases}$$

输出方程：$Z=X \cdot Q'_1 \cdot Q_1+X' \cdot Q_2 \cdot Q'_1$

② 状态转换图如图 8.4(b)所示：

③ 若 X 为输入二进制序列 10010011，可以画出 Q_1、Q_2和 Z 的波形，如图 8.4(c)所示。

④ 电路功能描述：2 位不同数码串行检测器，当串行输入的两位数码不同时，输出为“1”，否则，输出为“0”。

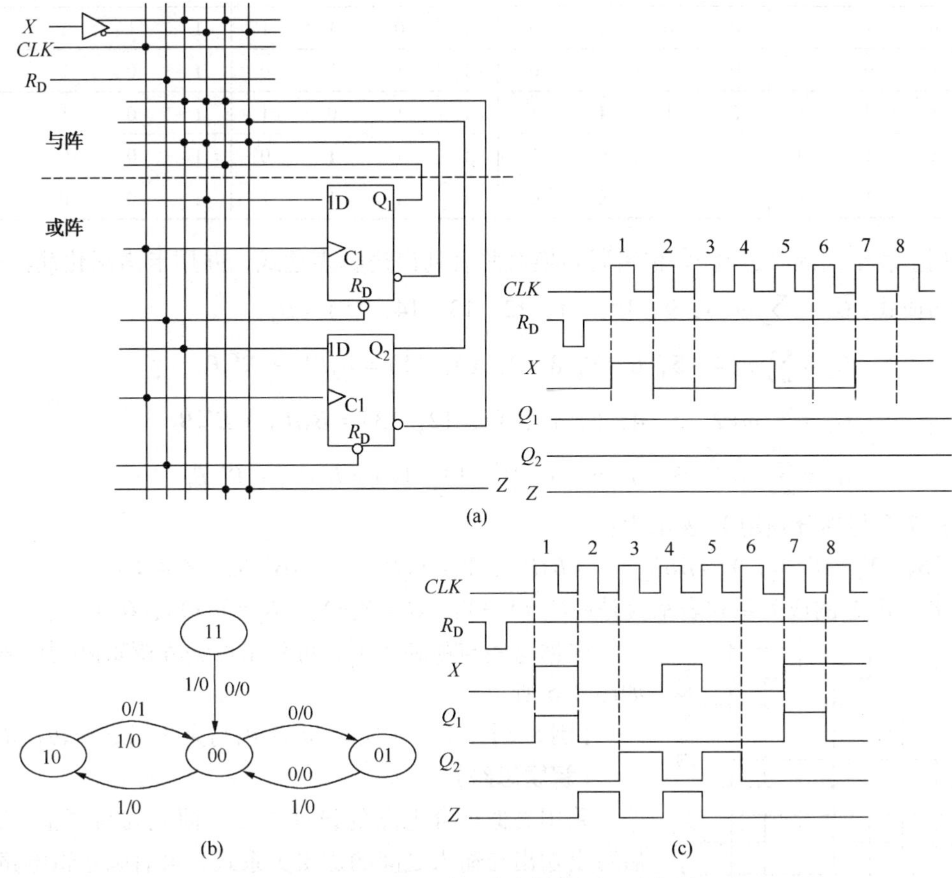

图 8.4 PAL 电路及状态转换图、时序图

【例 8.4】用适当容量的可编程逻辑阵列设计一个由 4 位二进制码到格雷码代码转换电路。

【解题思路】

用可编程逻辑阵列设计可按以下步骤进行：

① 写出逻辑函数的真值表。将 4 位二进制码作为输入变量，输入或逻辑阵列，4 位格雷码作为输出变量，对应于与逻辑阵列的输出变量。②选择合适的适当容量的可编程逻辑阵列，对照真值表画出逻辑函数的阵列图。将每一个输出变量包含的所有的最小项对应的字线与位线交叉处标上代表存储内容的小黑点。

设 4 位二进制码用 $B_3B_2B_1B_0$表示，4 位格雷码用 $G_3G_2G_1G_0$表示，4 位二进制码转换为格雷码的真值如表 8.3 所示。将 4 位二进制码作为可编程逻辑阵列的地址输入端，将 4 位格雷码作为可编程逻辑阵列的输出端。

表 8.3　二进制码转换为格雷码的真值表

二进制码				格雷码				二进制码				格雷码			
B_3	B_2	B_1	B_0	G_3	G_2	G_1	G_0	B_3	B_2	B_1	B_0	G_3	G_2	G_1	G_0
0	0	0	0	0	0	0	0	1	0	0	0	1	1	0	0
0	0	0	1	0	0	0	1	1	0	0	1	1	1	0	1
0	0	1	0	0	0	1	1	1	0	1	0	1	1	1	1
0	0	1	1	0	0	1	0	1	0	1	1	1	1	1	0
0	1	0	0	0	1	1	0	1	1	0	0	1	0	1	0
0	1	0	1	0	1	1	1	1	1	0	1	1	0	1	1
0	1	1	0	0	1	0	1	1	1	1	0	1	0	0	1
0	1	1	1	0	1	0	0	1	1	1	1	1	0	0	0

根据上表给出的二进制码-格雷码转换对照表列出逻辑表达式，并用卡诺图化简法转换成最简与或式：$G_3 = \sum m(8, 9, 10, 11, 12, 13, 14, 15) = B_3$

$$G_2 = \sum m(4, 5, 6, 7, 8, 9, 10, 11) = B_3B'_2 + B'_3B_2$$

$$G_1 = \sum m(2, 3, 4, 5, 10, 11, 12, 13) = B_2B'_1 + B'_2B_1$$

$$G_0 = \sum m(2, 3, 5, 6, 9, 10, 13, 14) = B_1B'_0 + B'_1B_0$$

上式 7 个与项分别用 Y_i 表示为：

$Y_0=B_3$，$Y_1=B'_3B_2$，$Y_2=BB'_2$，$Y_3=B_2B'_1$，$Y_4=B_2B'_1$，$Y_5=B'_1B_0$，$Y_6=B_1B'_0$

输出 G_i用 Y_i的或关系式表示就是：$G_0=Y_5+Y_6$，$G_1=Y_3+Y_4$，$G_2=Y_1+Y_2$，$G_3=Y_0$

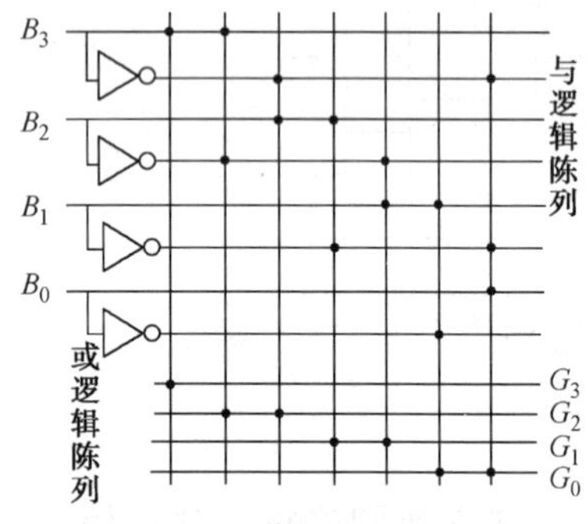

图 8.5　可编程逻辑阵列

根据这些与项和或项，可列出可编程逻辑阵列的阵列，如图 8.5 所示。

【例 8.5】用 FPLA 实现 8421 码与余 3 码之间转换电路。

【解题思路】

采用类似组合电路的设计方法，即先列写真值表，然后写出输出与输入之间的逻辑关系式，最后画逻辑电路。

根据 8421 码与余 3 码转换表(表 8.5)，将表中的 8421 码作为 ROM 译码器的地址输入，译码器输出字线 m_0-m_{15} 相当于输入变量组合的最小项，ROM 的或矩阵的输出位线对应的输出变量对应与余 3 码的每一位。

表 8.5　8421 码与余 3 码表

8421 码				译码输出	余 3 码			
A_3	A_2	A_1	A_0		B_3	B_2	B_1	B_0
0	0	0	0	m_0	0	0	1	1
0	0	0	1	m_1	0	1	0	0
0	0	1	0	m_2	0	1	0	1

续表

8421 码				译码输出	余 3 码			
0	0	1	1	m_3	0	1	1	0
0	1	0	0	m_4	0	1	1	1
0	1	0	1	m_5	1	0	0	0
0	1	1	0	m_6	1	0	0	1
0	1	1	1	m_7	1	0	1	0
1	0	0	0	m_8	1	0	1	1
1	0	0	1	m_9	1	1	0	0
1	0	1	0	m_{10}				
1	0	1	1	m_{11}				
1	1	0	0	m_{12}				
1	1	0	1	m_{13}				
1	1	1	0	m_{14}				
1	1	1	1	m_{15}				

根据表 8.5 列出逻辑表达式，并化简：

$$B_3 = \sum m(5,\ 6,\ 7,\ 8,\ 9) = A'_3A_2A_0 + A'_3A_2A_1 + A_3A'_2A'_1$$

$$B_2 = \sum m(1,\ 2,\ 3,\ 4,\ 9) = A'_2A'_1A_0 + A'_3A'_2A_1 + A'_3A'_2A'_1A'_0$$

$$B_1 = \sum m(0,\ 3,\ 4,\ 7,\ 8) = A'_3A'_1A'_0 + A'_3A'_1A_0 + A'_2A'_1A'_0$$

$$B_0 = \sum m(0,\ 2,\ 4,\ 6,\ 8) = A'_3A'_1A'_0 + A'_3A_1A'_0 + A'_2A'_1A'_0$$

8421 码与余 3 码之间转换电路如图 8.6 所示。

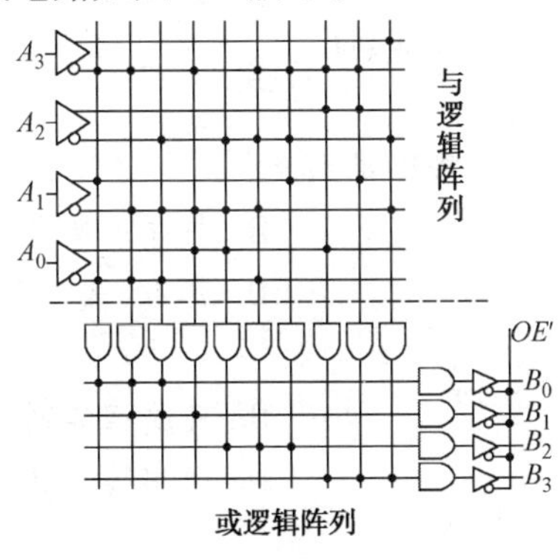

图 8.6 转换电路

习题与答案

习题

一、判断题（正确打√，错误打×）

1. PAL 的每个与项都一定是最小项。（　　）

2. 可编程阵列逻辑 PAL 的基本电路结构是一个可编程的与逻辑阵列和一个可编程的或逻辑阵列。(　　)

3. 逻辑器件 PLA 的与阵列可以编程，PROM 的或阵列可以编程。(　　)

4. 从编程功能来讲 GAL 的与阵列固定，或阵列可编程。(　　)

5. CPLD 是现场可编程逻辑阵列。(　　)

6. CPLD 与 FPGA 在结构上不同，但编程配置方法相同。(　　)

7. GAL 采用 E2CMOS 工艺，可用电信号擦除并可重新编程。(　　)

8. PAL 电路共有 5 种输出结构，即为专用结构，可编辑结构，寄存器结构，异或结构和运算选通反馈结构。(　　)

9. 在系统可编程逻辑器件将写入/擦除控制电路及读/写脉冲发生电路集成于 PLD 内，可以不从系统板上拔下，“在系统”进行编程。(　　)

二、填空题

1. PLD 器件的基本结构包括(　　　　)和(　　　　)两部分。

2. 简单可编程逻辑器件中，“与阵列”和“或阵列”都可编程的是(　　　　)。

3. 可编程逻辑器件按结构特点可分为“与或阵列”器件和(　　　　)器件两类。

4. GAL 器件由(　　　　)、(　　　　)和(　　　　)三个主要部分组成。

5. GAL 是(　　)可编程，GAL 中的 OLMC 称为(　　　　)。

6. GAL 中的 OLMC 可组态为专用输入、(　　　　)、寄存反馈输出等几种工作模式。

7. PAL 是(　　　　)可编程，EPROM 是(　　　　)可编程。

8. GAL 器件的全称是(　　)，与 PAL 相比，GAL 器件有可编程的输出结构，它是通过对(　　)进行编程设定其(　　)的工作模式来实现的，而且由于采用了(　　)的工艺结构，可以重复编程，使它的通用性很好，使用更为方便灵活。

9. 时序 PLA 由(　　　　)、(　　　　)和(　　　　)三个主要部分组成。

10. PAL 电路是与阵列可编程，或阵列(　　　　)。

三、单项选择题

1. 用 PLA 进行逻辑设计时，应将逻辑函数表达式变换成(　　)。

A. 异或表达式　　B. 与非表达式

C. 最简”与或”表达式　　D. 标准”或与”表达式

2. GAL 是指(　　)。

A. 专用集成电路　　B. 可编程阵列逻辑

C. 通用集成电路　　D. 通用阵列逻辑

3. PROM 和 PAL 的结构是(　　)。

A. PROM 的与阵列固定，不可编程　　B. PROM 与阵列、或阵列均不可编程

C. PAL 与阵列、或阵列均可编程　　D. PAL 的与阵列不可编程

4. 当用异步 *I/O* 输出结构的 PAL 设计逻辑电路时，它们相当于(　　)。

A. 组合逻辑电路　　B. 时序逻辑电路

C. 存储器　　D. 数模转换器

5. 下列可编程逻辑器件哪个是可编程阵列逻辑器件(　　)。

A. PLA　　B. HDPLD　　C. PROM　　D. PAL

6. PLA 是指(　　)。

A. 可编程逻辑阵列　　B. 可编程阵列逻辑

C. 通用阵列逻辑　　D. 只读存储器

7. PROM、PLA 和 PAL 三种可编程器件中，(　　)是可编程的。

A. PROM 的与门阵列　　B. PAL 的或门阵列

C. PLA 的与门阵列和或门阵列　　D. PROM 的与门阵列

8. GAL16 V8 的最多输入输出端个数为(　　)。

A. 8 输入 8 输出　　B. 10 输入 10 输出

C. 16 输入 8 输出　　D. 16 输入 1 输出

9. PAL 是一种(　　)的可编程逻辑器件。

A. 与阵列可编程、或阵列固定　　B. 与阵列固定、或阵列可编程

C. 与、或阵列固定　　D. 与、或阵列都可编程

10. FPLA 的特点是(　　)。

A. 与、或阵列均可编程　　B. 与阵列可编程，或阵列不可编程

C. 与、或阵列均不可编程　　D. 与阵列不可编程，或阵列可编程

11. 可编程逻辑阵列是由(　　)组成。

A. 可编程与阵列和可编程或阵列　　B. 可编程与阵列和固定或阵列

C. 固定与阵列和可编程或阵列　　D. 固定与阵列和固定或阵列

12. 在 ISP-LSI1032 中，巨块是(　　)。

A. 逻辑宏单元　　B. 输出布线

C. 时钟设置网络　　D. GLB 及其对应的 ORP，IOC 等的总称

13. 在 ISP-LSI 器件中，GRP 是指(　　)。

A. 通用逻辑块　　B. 输出布线区　　C. 输入输出单元　　D. 全局布线区

14. ISP-LSI 器件中的 GLB 是指(　　)。

A. 全局布线区　　B. 通用逻辑块　　C. 输出布线区　　D. 输出控制单元

四、问答题

1. 简述可编程逻辑器件的特点，可编程逻辑器件有哪些种类？

2. PLD 包括哪几种类型的器件，它们之间有什么相同点和不同点？

3. PAL 器件输出电路结构有哪些类型？各种输出电路结构 PAL 器件分别用于什么场合？

4. 简述 GAL 的基本结构、工作原理与特点。

5. 常见可编程逻辑器件有哪几种编程工艺？哪些工艺便于可编程逻辑器件擦除与改写？

6. CPLD 与 FPGA 在结构上有何区别？

7. 试比较可编程只读存储器(PROM)和可编程阵列逻辑(PAL)的与阵列和或阵列有何异同。

8. 相对于其他可编程逻辑器件，通用阵列逻辑(Generic Array Logic，简称 GAL)的突出优点是什么？

9. 试说明在下列应用场合下选用哪种类型的最为合适 PLD？

① 小批量定型产品中的中规模集成逻辑电路。

② 产品研制过程中需要不断修改的中、小规模集成逻辑电路。

③ 少量的定型产品中需要的规模较大的集成逻辑电路。

④ 需要经常改变逻辑功能的规模较大的集成逻辑电路。

⑤ 要求能够以遥控方式改变其逻辑功能的逻辑电路。

五、分析题

1. 如图题 8.5-1 所示，逻辑电路由 FPLA 构成，写出输出与输入之间的逻辑关系式，列写真值表，并分析电路的功能。

2. 分析图题 8.5-2 所示 FPLA 构成的逻辑电路，写出输出与输入之间的逻辑关系式，并化成最简与或式。

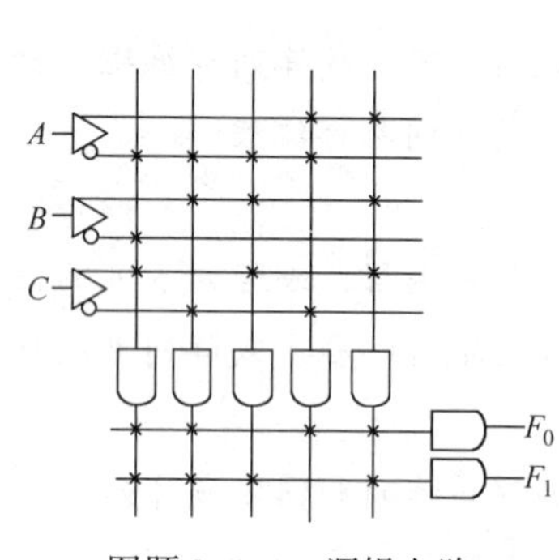

图题 8.5-1　逻辑电路

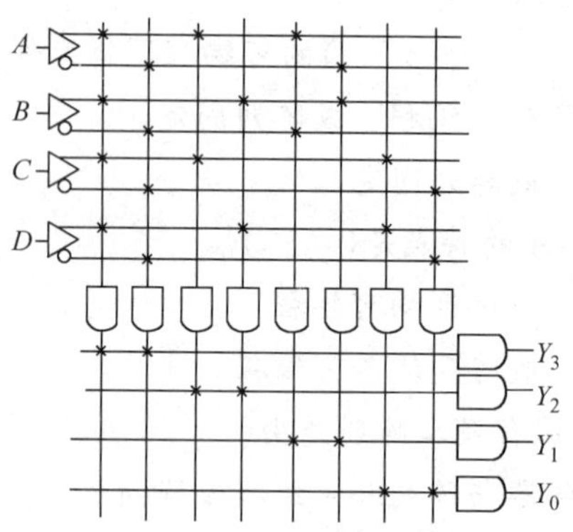

图题 8.5-2　FPLA 构成的逻辑电路

六、设计题

试用现场可编程逻辑阵列(FPLA)设计一个组合逻辑电路，用来产生下列一组逻辑函数。

$Y_1=A'B'C'D'+A'BC'D+AB'CD'+ABCD$

$Y_2=A'BD+B'CD'$

$Y_3=BD+B'D'$

答案

一、判断题

1. ×；2. ×；3. √；4. ×；5. ×；6. ×；7. √；8. √；9. √

二、填空题

1. 与门阵列；或门阵

2. 现场可编程逻辑阵列(FPAL)

3. 在系统可编程

4. 与门阵列；输出逻辑宏单元(OLMC)；输入输出缓冲器

5. 与门阵列；输出逻辑宏单元

6. 可编辑结构

7. 与阵列；或阵列

8. 通用阵列逻辑；结构控制字；输出逻辑宏单元；E_2CMOS

9. 与门阵列；或门阵列；触发器

10. 可编程

三、单项选择题

1. C；2. D；3. A；4. A；5. D；6. A；7. C；8. C；9. A；10. A；11. B；12. D；

13. D；14. B

四、问答题

1. 答：可编程逻辑器件共同的特点：是按通用器件来生产的，可以通过用户编辑的方法设置其逻辑功能。

按照集成密度与结构特点，可编程逻辑器件(PLD)分为低密度PLD，高密度PLD，在系统可编程逻辑器件ISP-PLD。

低密度PLD又可分为可编程只读存储器PROM，现场可编程逻辑阵列FPLA，可编程阵列逻辑PAL，能用阵列逻辑GAL；高密度PLD又可分为可擦除可编程逻辑器件EPLD，复杂的可编程逻辑器件CPLD，现场可编程门阵列FPGA；在系统可编程逻辑器件ISP-PLD又可分为高密度ISP-PLD和低密度ISP-PLD。

2. 答：典型的PLD器件包括现场可编程逻辑阵列(Field Programmable Logic Array，简称FPLA)、可编程阵列逻辑(Programmable Array Logic，简称PAL)、通用阵列逻辑(Generic Array Logic，简称GAL)、可擦除的可编程逻辑器件(Erasable Programmable Logic Device，简称EPLD)、复杂的可编程逻辑器件(CPLD)、现场可编程门阵列(FPGA)、在系统可编程逻辑器件(ISP-PLD)。

3. 答：PAL电路共有5种输出结构，即为专用结构，可编辑结构，寄存器结构，异或结构和运算选通反馈结构。

专用输出结构：只能用来产生组合逻辑函数。

可编程输入/输出结构：用于用PAL设计组合逻辑电路时遇到求反函数的情况。

寄存器输出结构：可以存储与或逻辑阵列输出的状态，并可以方便地组成各种时序逻辑电路。

异或输出结构：便于对与或逻辑阵列输出的函数求反，并可实现对寄存器状态进行保持操作。

运算选通反馈结构：产生A和B的16种自述运算和逻辑求和逻辑运算的结果。

4. 答：通用阵列逻辑GAL器件由可编程与阵列，固定的或阵列，可编程输出电路(输出逻辑宏单元OLMC结构)三个主要部分组成。

工作原理：GAL器件通过对结构控制字进行编程，设定输出逻辑宏单元的工作模式来对可编程输出电路可编，实现其逻辑功能。

特点：由于采用了E^2CMOS的工艺结构，可用电信号擦除并可重新编程；另外，GAL的输出结构采用的输出逻辑宏单元(OLMC)是可编程的，用户可以自行定义所需的输出结构和功能，使它的通用性很好，使用更为方便灵活。

5. 答：PAL、采用FPLA熔丝式、双极型或UVCMOS(CMOS与UVEPROM)工艺。

通用阵列逻辑(GAL)采用了E^2CMOS的工艺。

可擦除的可编程逻辑器件(EPLD)采用了CMOS与UVEPROM工艺。

复杂的可编程逻辑器件(CPLD)多数采用了E^2CMOS的工艺。

现场可编程门阵列(FPGA)CMOS-SRAM工艺。

UVCMO与E^2CMOS工艺便于可编程逻辑器件的擦除与改写。

6. 答：FPGA电路结构为逻辑单元阵列形式。利用可编程的逻辑单元阵列可组成规模不大的组合或时序电路，没有与或阵列结构的局限性。由于采用了CMOS-SRAM工艺，掉电后数据丢失，每次工作时重新装载编程数据。逻辑单元连成复杂系统时，不同的传输系统传输延迟时间不同。

CPLD由若干个大的可编程逻辑模块、输入/输出模块和可编程的连线阵列构成。每个可编程逻辑模块类似于 PAL 或 GAL。CPLD 有很长的固定在芯片上的寻址单元，彼此之间转换矩阵相连接。多数采用了 E^2CMOS 的工艺，可做成在系统可编程逻辑器件。

GPLD 比 FPGA 速度更快，性能也更可靠。

7. 答：PROM 的与阵列是固定的 N 选 1 译码器，或阵列由用户进行编程输入。PAL 或阵列固定，PAL 除了具有与阵列和或阵列之外，还具有位于输出端不同的输出电路和反馈电路。

8. 答：GAL 的输出端设置了由或门、D 触发器、数据选择器和一些门电路组成的逻辑宏单元(OLMC)，用户可以通过编程将逻辑宏单元设置成多种工作模式；GAL 设置了电子标签和加密位。

9. 答：①PAL；②GAL；③EPLD；④FPGA；⑤ISP-PLD。

五、分析题

1. ① 输出与输入之间的逻辑关系式：

$F_0=A'_2A'_1A_0+A'_2A_1A'_0+A_2A'_1A'_0+A_2A_1A_0=A_2\oplus A_1\oplus A_0$

$F_1=A'_2A'_1A_0+A'_2A_1A'_0+A'_2A_1A_0+A_2A_1A_0=(A_2\oplus A)'A_0+A'_2A$

② 列写真值表，如表题 8.5-1(答)所示。

表题 8.5-1(答)　真值表

A_2	A_1	A_0	F_0	F_1
0	0	0	0	0
0	0	1	1	1
0	1	0	1	1
0	1	1	0	1
1	0	0	1	0
1	0	1	0	0
1	1	0	0	0
1	1	1	1	1

③ 根据逻辑关系式真值表可以判断该逻辑电路是全减器。

2. $Y_3=ABCD+A'B'C'D'$，$Y_2=AC+BD$，$Y_1=AB'+A'B$，$Y_0=CD+C'D'$

六、设计题

用现场可编程逻辑阵列(FPLA)设计一个组合逻辑电路，如图题 8.6-1 所示。

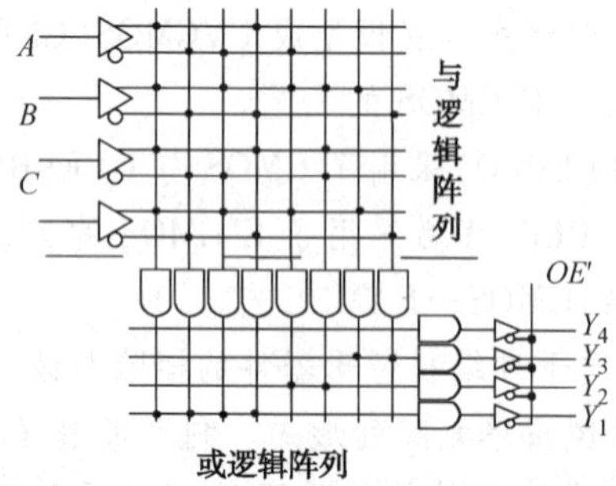

图题 8.6-1　由 FPLA 构成的组合逻辑电路

❖第 9 章　脉冲波形的产生和整形❖

9.1　教学内容及要求

本章介绍用于矩形脉冲波形的产生、整形和变换的脉冲电路，即施密特触发器、单稳态触发器和多谐振荡器。尤其介绍由 CMOS 门电路构成的基本单元电路、相应的各种电路的集成电路芯片以及由 555 定时器构成的各种电路。

本章的教学内容及要求如下：了解矩形脉冲的主要参数；理解施密特触发器的特点，由门电路组成的施密特触发器的工作原理、电压传输特点，施密特触发器的应用，了解集成施密特触发器的结构；理解单稳态触发器的工作原理，各点波形和相关参数计算，了解集成单稳态触发器；理解多谐振荡器的特点，环形振荡器、对称式多谐振荡器的工作原理、各点波形和相关参数计算，由施密特触发器构成的多谐振荡器的工作原理及参数计算；理解 555 定时器的电路结构和电路功能；了解压控振荡器电路；熟练掌握由 555 定时器构成的施密特触发器、单稳态触发器和多谐振荡器电路的分析和相关参数的计算。

9.2　内容综述

矩形脉冲信号作为时钟信号控制着时序电路的工作，脉冲信号的特性直接决定着电路系统能否正常的工作，定量描述脉冲信号特性的几个参数如下：

冲周期 T/频率 f，脉冲幅度 V_m，脉冲宽度 t_W，上升时间 t_r，下降时间 t_f，占空比 $q=t_W/T$。

9.2.1　施密特触发器

施密特触发器是一种用于波形变换的电路，具有如下两个特点：

① 输入信号上升的过程中电路状态转换时对应的输入电平，与输入信号下降过程中对应的输入转换电平不同。

② 在电路状态转换时，通过电路内部的正反馈过程使输出电压波形的边沿变得很陡。

由门电路构成的施密特触发器的电路如图 9.1(a)所示，图形符号如图 9.1(b)所示。

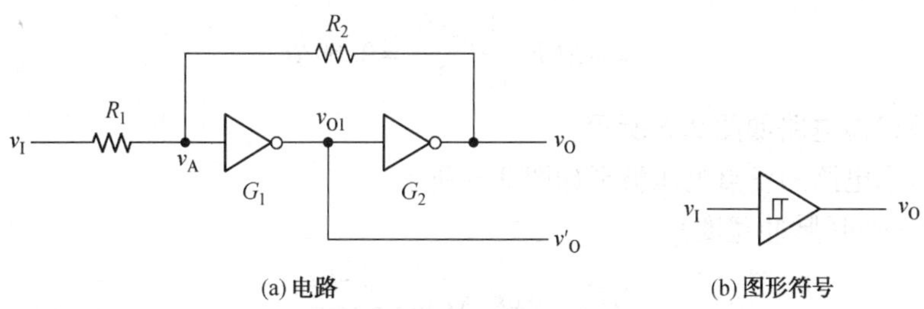

图 9.1　用 CMOS 反相器构成的施密特触发器

正向阈值电压 $V_{T+}=\left(1+\frac{R_1}{R_2}\right)V_{TH}$

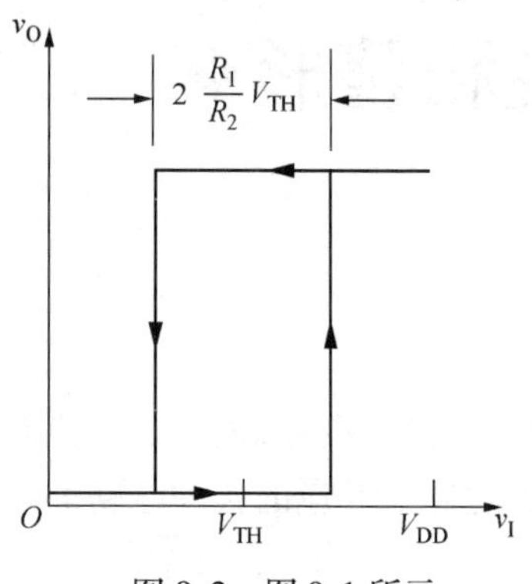

图 9.2　图 9.1 所示电路的电压传输特性

负向阈值电压 $V_{T-}=\left(1-\frac{R_1}{R_2}\right)V_{TH}$

回差电压 $\Delta V_T=V_{T+}-V_{T-}$

其中，$V_{TH}=\frac{1}{2}V_{DD}$。

同相电压传输特性如图 9.2 所示。

施密特触发器主要应用于波形变换、脉冲整形、脉冲鉴幅的用途。

9.2.2　单稳态触发器

单稳态触发器具有如下特点：

① 有稳态和暂稳态两个不同的工作状态。

② 在外界触发信号作用下，能从稳态翻转到暂稳态，在暂稳态维持一段时间后，再自动返回稳态。

③ 暂稳态维持时间的长短取决于电路本身的参数，与触发信号的宽度无关。

由门电路构成的微分型单稳态触发器如图 9.3 所示。

图 9.3 所示电路的各点电压波形如图 9.4 所示。

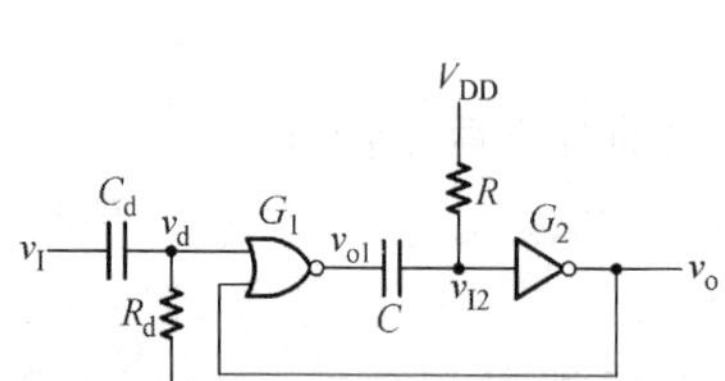

图 9.3　微分型单稳态触发器

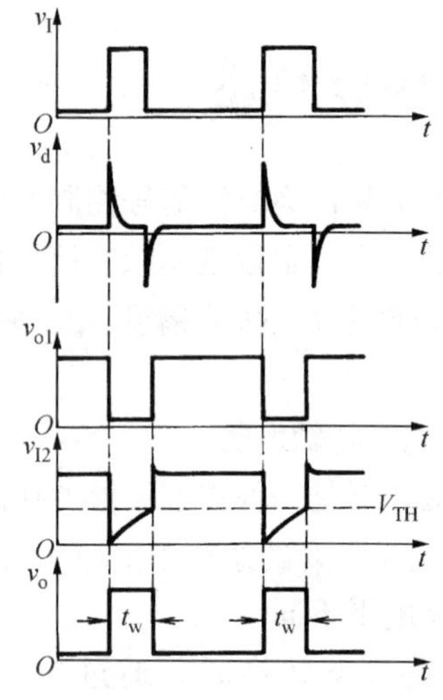

图 9.4　图 9.3 所示电路的电压波形

暂态持续时间(脉冲宽度)：

$$t_W=RC\ln\frac{V_{DD}-0}{V_{DD}-V_{TH}}=0.69RC$$

积分型单稳态电路如图 9.5 所示。

图 9.5 所示电路的各点电压波形如图 9.6 所示。

暂态持续时间(脉冲宽度)：

$$t_W=(R+R_O)C\ln\frac{V_{OL}-V_{OH}}{V_{OL}-V_{TH}}$$

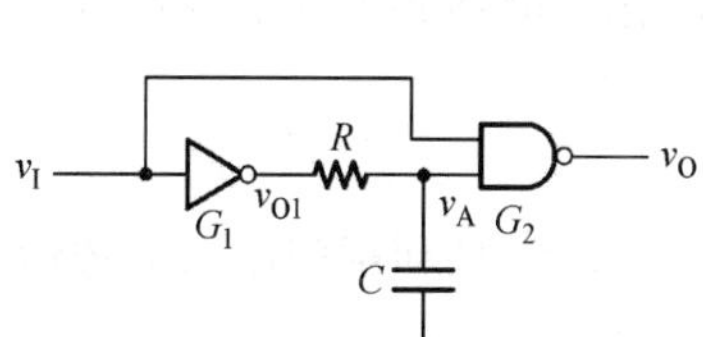

图 9.5　积分型单稳态触发器

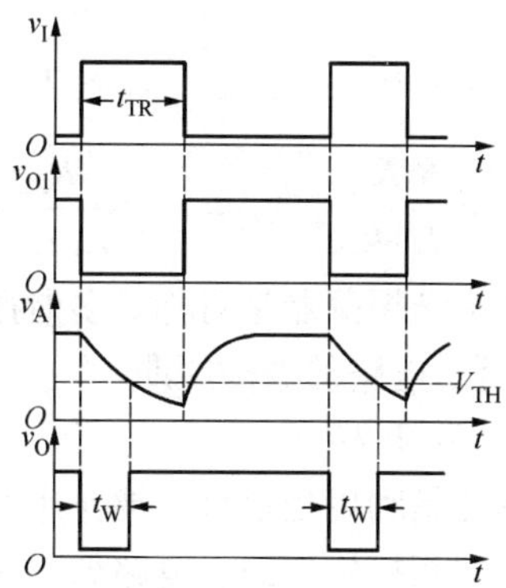

图 9.6　图 9.5 所示电路的电压波形

集成单稳态触发器 74121 的外部连接方法如图 9.7 所示。

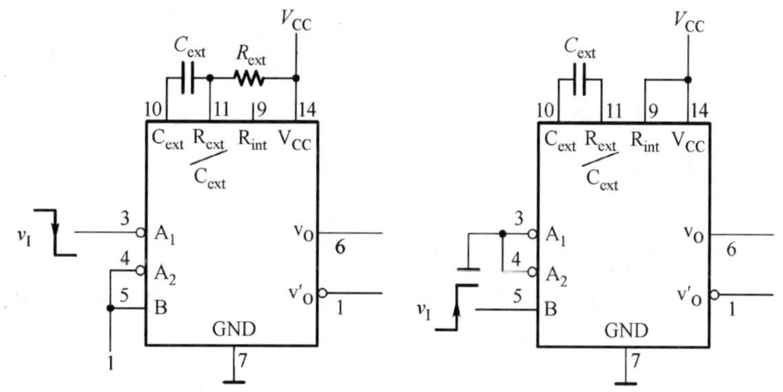

图 9.7　集成单稳态触发器 74121 的外部连接方法

单稳态触发器主要应用于脉冲整形、延时、定时等用途。

9.2.3　多谐振荡器

多谐振荡器是一种自激振荡电路。对称式多谐振荡器的电路如图 9.8 所示。图 9.8 所示电路各点电压波形如图 9.9 所示。

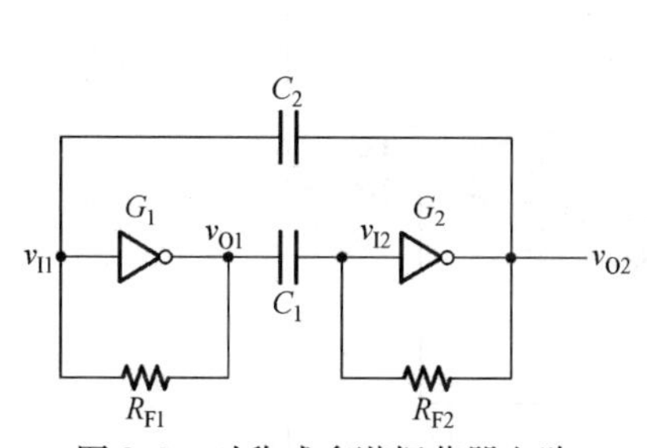

图 9.8　对称式多谐振荡器电路

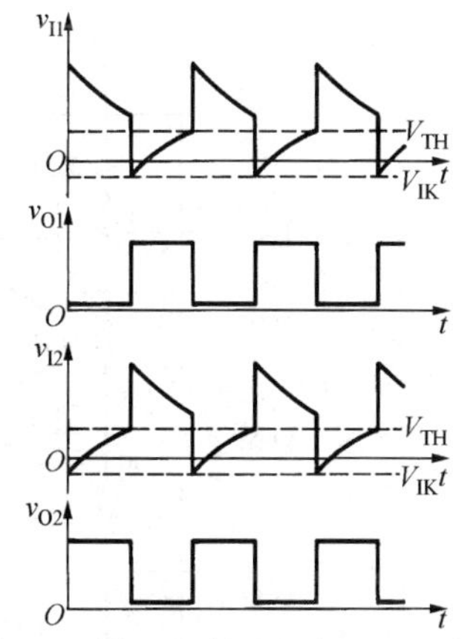

图 9.9　图 9.8 所示电路的电压波形

图 9.8 所示电路输出信号的振荡周期

$$T=2R_E C\ln\frac{V_E-V_{IK}}{V_E-V_{TH}}$$

其中，$R_E=\frac{R_1R_{F2}}{R_1+R_{F2}}$，$V_{E1}=V_{OH}+\frac{R_{F2}}{R_1+R_{F2}}(V_{CC}-V_{OH}-V_{BE})$

非对称式多谐振荡器是对称式多谐振荡器的简化，电路如图 9. 10 所示：

图 9. 10 所示电路的振荡周期

$T\approx 2R_F C\ln 3=2.2R_F C$

环形振荡器是利用延迟负反馈作用产生自激振荡。它是利用门电路的传输延迟时间将奇数个反相器首尾相接构成的。电路如图 9. 11 所示。

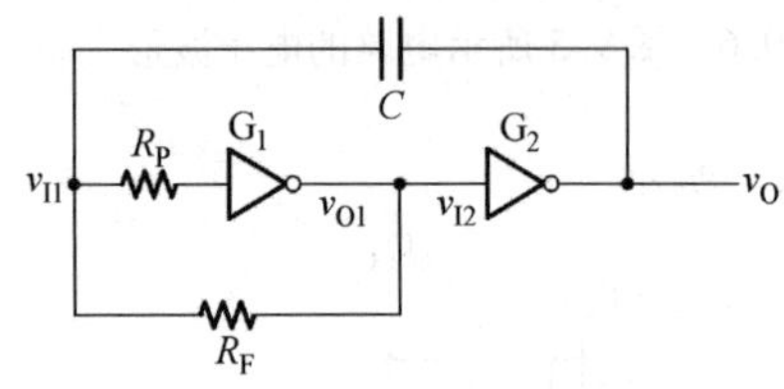

图 9. 10　非对称式多谐振荡器电路

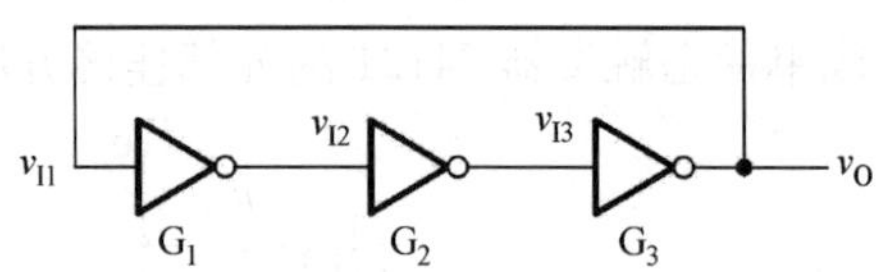

图 9. 11　最简单的环形振荡器

图 9. 11 电路的振荡周期：

$$T=2nt_{pd}$$

式中，n 为串联反相器的个数，t_{pd} 为门电路的传输延迟。

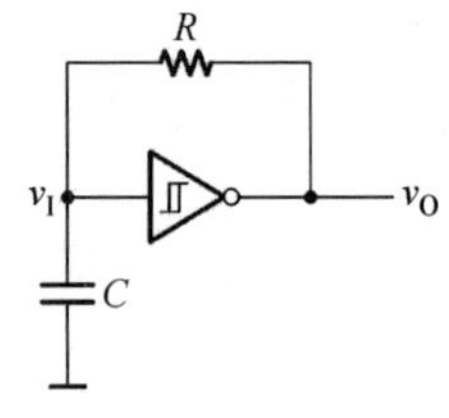

图 9. 12　用施密特触发器构成的多谐振荡器

用施密特触发器也可以构成多谐振荡器，电路如图 9. 12 所示：

图 9. 12 所示电路的振荡周期：

$$T=T_1+T_2=RC\ln\frac{V_{DD}-V_{T-}}{V_{DD}-V_{T+}}+RC\ln\frac{V_{T+}}{V_{T-}}$$

石英晶体多谐振荡器的振荡频率取决于石英晶体的固有谐振频率，与外接的电阻、电容无关。由于石英晶体的谐振频率由晶体的结晶方向和外形尺寸所决定，所以具有很高的频率稳定性。

多谐振荡器主要用于产生矩形脉冲的用途。

9. 2. 4　555 定时器及其应用

555 定时电路的结构如图 9. 13 所示。

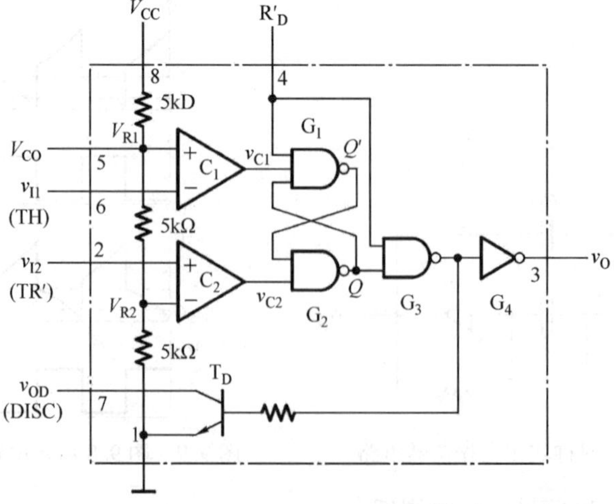

图 9. 13　CB555 的电路结构

555 定时电路的功能表如表 9.1 所示。

表 9.1　CB555 的功能表

输　入			输　出	
R'_D	V_{I1}	V_{I2}	V_O	T_D
0	×	×	0	导通
1	$>\frac{2}{3}V_{CC}$	$>\frac{1}{3}V_{CC}$	0	导通
1	$<\frac{2}{3}V_{CC}$	$>\frac{1}{3}V_{CC}$	不变	不变
1	$<\frac{2}{3}V_{CC}$	$<\frac{1}{3}V_{CC}$	1	截止
1	$>\frac{2}{3}V_{CC}$	$<\frac{1}{3}V_{CC}$	1	截止

利用 555 定时器构成施密特触发器电路如图 9.14 所示。

当电源电压 V_{CC}，无外接控制电压 V_{CO}时，施密特触发器的正向阈值电压 $V_{T+}=\frac{2}{3}V_{CC}$，负向阈值电压 $V_{T-}=\frac{1}{3}V_{CC}$，回差电压 $\Delta V_T=\frac{1}{3}V_{CC}$。

当电源电压 V_{CC}，外接控制电压为 V_{CO}时，施密特触发器的正向阈值电压 $V_{T+}=V_{CO}$，负向阈值电压 $V_{T-}=\frac{1}{2}V_{CO}$，回差电压 $\Delta V_T=\frac{1}{2}V_{CO}$。

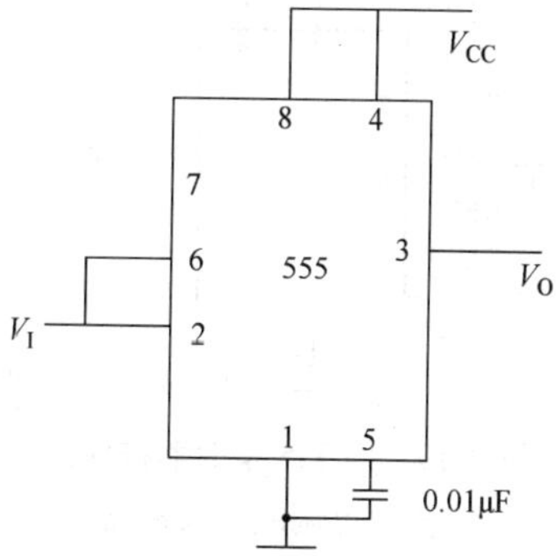

图 9.14　用 555 定时器接成的施密特触发器

由 555 定时器构成的施密特触发器为反相输出施密特触发器。

利用 555 定时器构成单稳态触发器电路如图 9.15 所示。

图 9.15 电路各点的电压波形如图 9.16 所示。

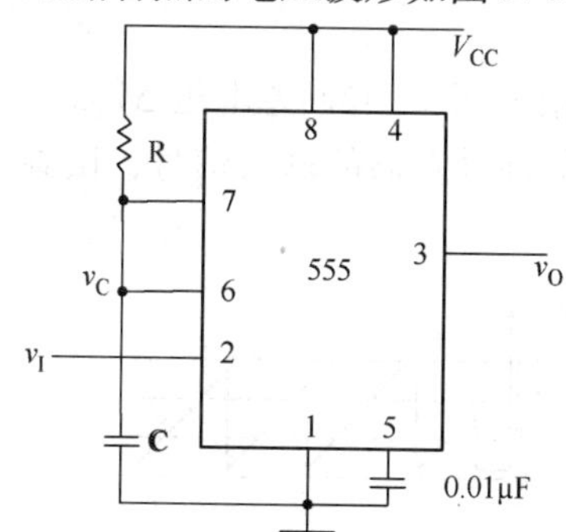

图 9.15　555 定时器接成单稳态触发器

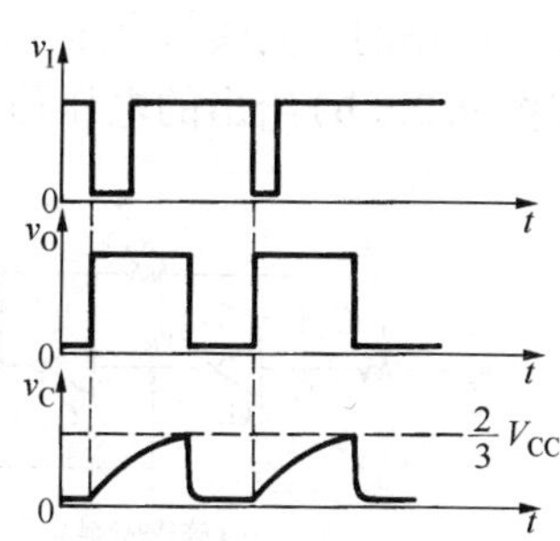

图 9.16　图 9.15 所示电路的电压波形

暂态持续时间/脉冲宽度

$$t_W=RC\ln\frac{V_{CC}-0}{V_{CC}-\frac{2}{3}V_{CC}}=RC\ln3=1.\ 1.\ RC$$

利用 555 定时器构成多谐振荡器电路如图 9. 17 所示。

V_O与 V_C的工作波形如图 9. 18 所示。

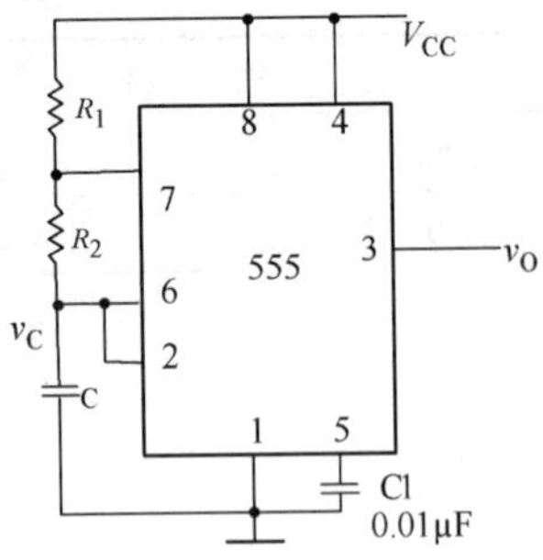

图 9. 17　555 定时器接成的多谐振荡器

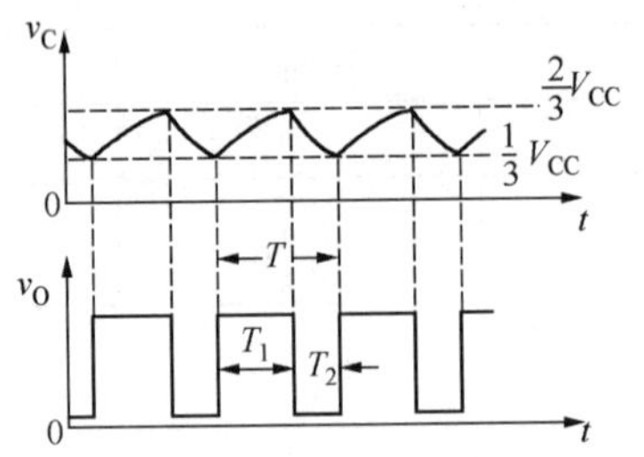

图 9. 18　图 9. 17 所示电路的电压波形

图 9. 17 所示电路输出信号的周期。

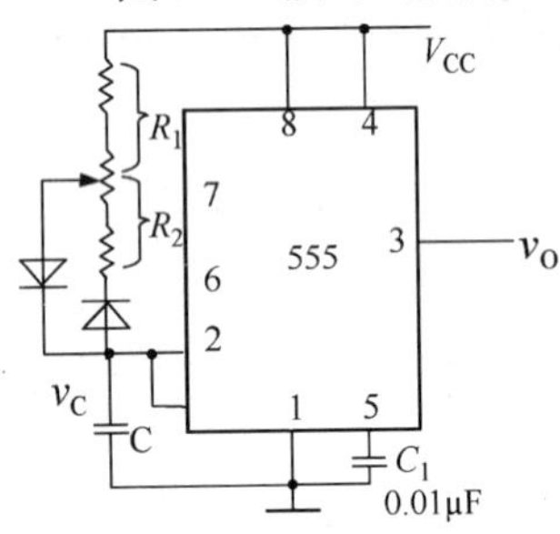

图 9. 19　用 555 定时器接成的占空比可调的多谐振器

$$T=T_1+T_2=(R_1+R_2)C\ln\frac{V_{CC}-V_{T-}}{V_{CC}-V_{T+}}+R_2C\ln\frac{0-V_{T+}}{0-V_{T-}}=(R_1+2R_2)C\ln2$$

占空比

$$q=\frac{T_1}{T}=\frac{R_1+R_2}{R_1+2R_2}$$

此电路的占空比始终大于 50%。占空比任意可调的多谐振荡电路如图 9. 19 所示。

占空比

$$q=\frac{T_1}{T}=\frac{R_1}{R_1+R_2}$$

9. 3　典型题型及例题精解

【例 9. 1】在图 9. 20(a)所示的施密特触发电路中，电阻 $R_1=10\text{k}\Omega$，$R_2=20\text{k}\Omega$，G_1、G_2为 CMOS 反相器，$V_{DD}=15\text{V}$，

(1) 试计算电路的正向阈值电压 V_{T+}，负向阈值电压 V_{T-}和回差电压 ΔV_T。

(2) 若将图 9. 20(b)给出的电压信号做为施密特触发器的输入信号，试画出输出电压波形。

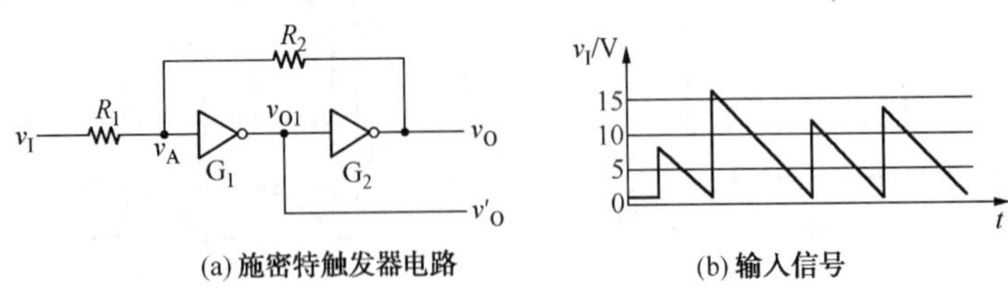

图 9. 20　施密特触发器电路及输入信号

【解题思路】

根据由门电路构成的施密特触发器的正向阈值电压及负向阈值电压的计算公式，带入具体数值即可计算。

(1) $V_{T+}=\left(1+\frac{R_1}{R_2}\right)V_{TH}=\left(1+\frac{10}{30}\right)\times\frac{15}{2}\text{V}=10\text{V}$

$V_{T-}=\left(1-\frac{R_1}{R_2}\right)V_{TH}=\left(1-\frac{10}{30}\right)\times\frac{15}{2}\text{V}=5\text{V}$

$\Delta V_T=V_{T+}-V_{T-}=5\text{V}$

(2)输出波形见图 9.21。

【例 9.2】图 9.22 所示的单稳态触发器电路中，为加大输出脉冲宽度所采取得下列措施哪些的对的，哪些是错的？请在对的括号内画√。

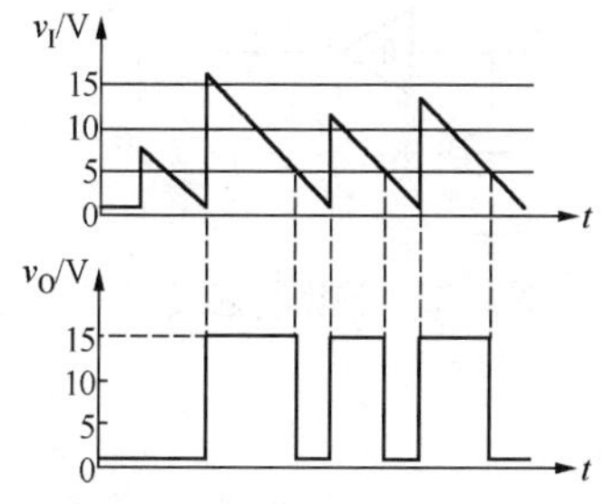

图 9.21　输入信号及对应的输出信号波形

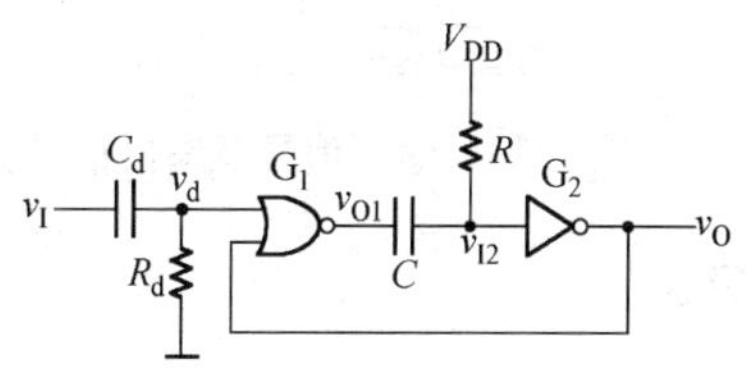

图 9.22　单稳态电路

(1)增大 R_d(　　)；(2)减小 R(　　)；(3)增大 C(　　)；(4)提高 V_{DD}(　　)；(5)增加输入触发脉冲的宽度(　　)。

【解题思路】

微分型单稳态触发器的脉冲宽度为 $t_W=RC\ln\frac{V_{DD}}{V_{DD}-V_{TH}}=0.69RC$，所以，判断结果依次为：

(1)错；(2)错；(3)对；(4)错；(5)错。

【例 9.3】图 9.23(a)是用两个集成电路单稳态触发电器 74121 所组成的脉冲变换电路，外接电阻和外接电容的参数如图 9.23(a)中所示。试计算在输入触发信号 v_I 作用下 v_{O1}、v_{O2}输出脉冲的宽度，并画出与 v_1 波形相对应的 v_{O1}、v_{O2}的电压波形。v_I 的波形如图 9.23(b)中所示。

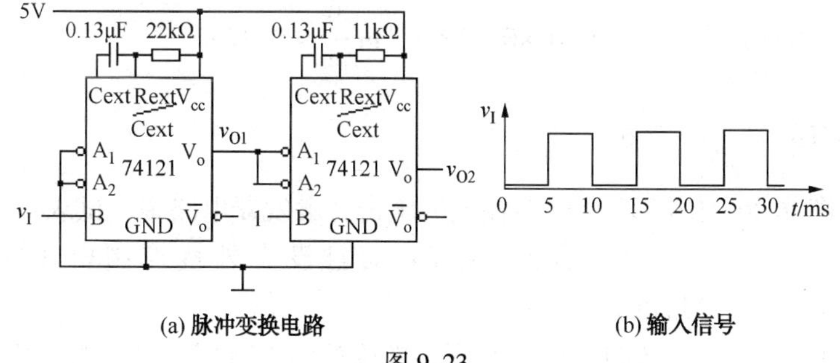

(a) 脉冲变换电路　　(b) 输入信号

图 9.23

【解题思路】

单稳态触发器的暂态持续时间为 $t_W=0.69RC$

v_{O1}、v_{O2}输出脉冲的宽度 T_{W1}、T_{W2}分别为

$$T_{W1}=0.69\times22\times10^3\times0.13\times10^{-6}\text{s}\approx2\text{ms}$$

$$T_{W2}=0.69\times11\times10^3\times0.13\times10^{-6}\text{s}\approx1\text{ms}$$

v_{O1}、v_{O2}的波形如图 9.24 所示。

【例 9.4】在图 9.25 中，已知 CMOS 集成施密特触发器的电源电压 $V_{DD}=15V$，$V_{T+}=9V$，$V_{T-}=4V$。试问：

（1）为了得到占空比为 $q=50\%$的输出脉冲，R_1与 R_2的比值应取多少？

（2）若给定 $R_1=3k\Omega$，$R_2=8.2k\Omega$，电路的振荡频率为多少？输出脉冲的占空比是多少？

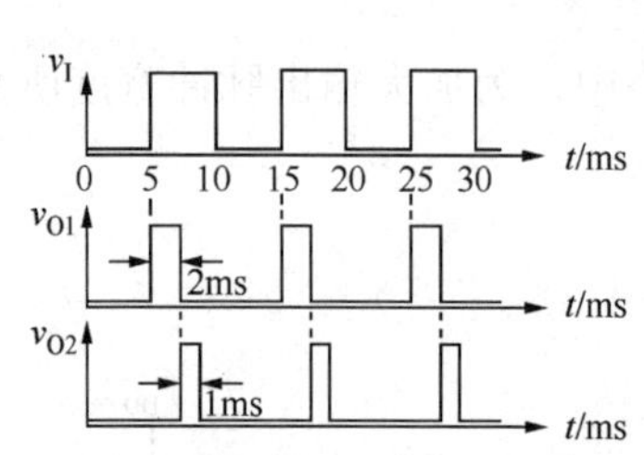

图 9.24 输入信号及输出信号波形

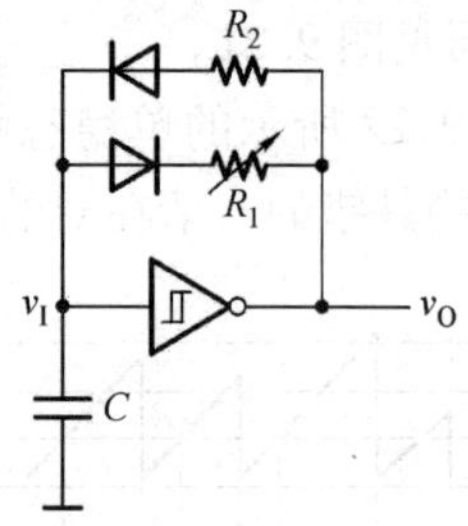

图 9.25 施密特触发器

【解题思路】

输出脉冲信号高电平持续时间为电容 C 充电时间 $T_1=R_2C\ln\dfrac{V_{DD}-V_{T-}}{V_{DD}-V_{T+}}$；低电平持续时间为电容 C 放点时间 $T_2=R_1C\ln\dfrac{0-V_{T+}}{0-V_{T-}}$，占空比 $q=\dfrac{T_1}{T_1+T_2}$

（1）$q=50\%$，则$\dfrac{T_1}{T_2}=1$，即

$$\frac{R_2C\ln\dfrac{V_{DD}-V_{T-}}{V_{DD}-T_{T+}}}{R_1C\ln\dfrac{V_{T+}}{V_{T-}}}=1 \quad \therefore \frac{R_1}{R_2}=\frac{\ln\dfrac{11}{6}}{\ln\dfrac{9}{4}}\approx\frac{3}{4}$$

（2）$T=R_2C\ln\dfrac{V_{DD}-V_{T-}}{V_{DD}-V_{T+}}+R_1C\ln\dfrac{V_{T+}}{V_{T-}}$

$$=8.2\times10^3\times0.05\times10^{-6}\ln\frac{11}{6}+3\times10^3\times0.05\times10^{-6}\ln\frac{9}{4}\approx0.37\text{ms}$$

$$f=\frac{1}{T}\approx2.7\text{kHz} \quad q=\frac{t_1}{T}\approx0.67$$

【例 9.5】在图 9.26 中用 555 定时器接成的施密特触发器电路中，试求：

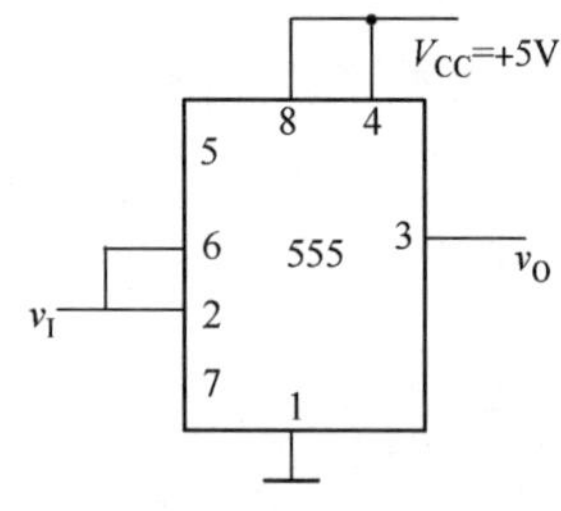

图 9.26 555 定时器接成的施密特触发器

（1）当 $V_{CC}=12V$ 而且没有外接控制电压时，V_{T+}、V_{T-}及ΔV_T值。

（2）当 $V_{CC}=9V$，外接控制电压 $V_{CO}=5V$ 时，V_{T+}、V_{T-}、ΔV_T各为多少。

【解题思路】

（1）$V_{T+}=\dfrac{2}{3}V_{CC}=8V$，$V_{T-}=\dfrac{1}{3}V_{CC}=4V$，$\Delta V_T=V_{T+}-V_{T-}=4V$

（2）$V_{T+}=V_{CO}=5V$，$V_{T-}=\dfrac{1}{2}V_{CO}=2.5V$，$\Delta V_T=V_{T+}-V_{T-}=2.5V$

【例 9.6】由 555 定时器构成的脉冲电路如图 9.27(a)和输入波形 v_I 如图 9.27(b)所示，试画出所对应的电容上的电压 v_C 输出电压 v_O 的工作波形，并求出输出波形的脉冲宽度。

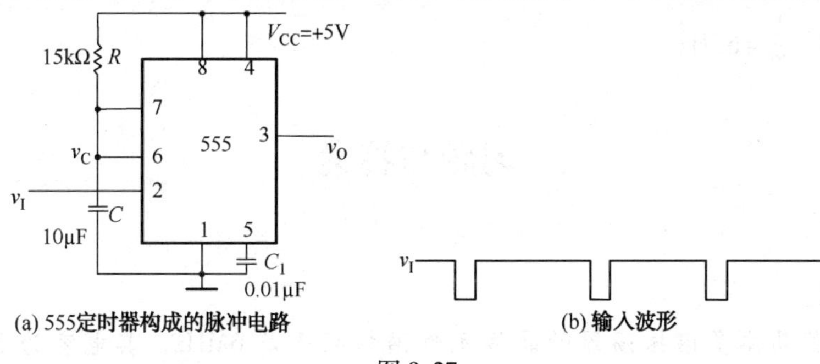

(a) 555定时器构成的脉冲电路　　(b) 输入波形

图 9.27

【解题思路】

此电路构成了单稳态触发器，当输入信号 v_I 有触发的低电平信号到来时，555 定时器内部的三极管 T 截止，输出 V_O为高电平，进入暂稳态，V_{CC}经过电阻 R 给电容 C 充电，电容电压 V_C指数上升，当 V_C达到$\frac{2}{3}V_{CC}$时，输出信号 V_O为低电平回到稳态。三极管 T 导通，C 放电，电容电压 V_C下降。V_C与 V_O的工作波形如图 9.28 所示：

脉冲宽度

$$t_W = RC\ln\frac{V_{CC}-0}{V_{CC}-\frac{2}{3}V_{CC}} = RC\ln 3 = 1.1RC$$

【例 9.7】利用 555 定时器构成的多谐振荡器如图 9.29，试画出 V_O 和 V_C 的工作波形，并求出振荡频率。

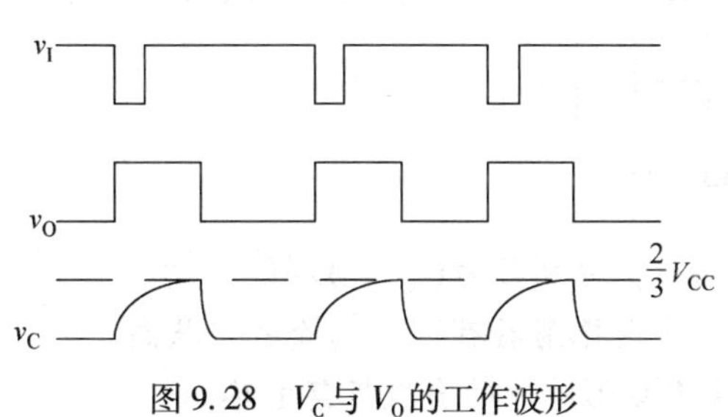

图 9.28　V_C与 V_O的工作波形

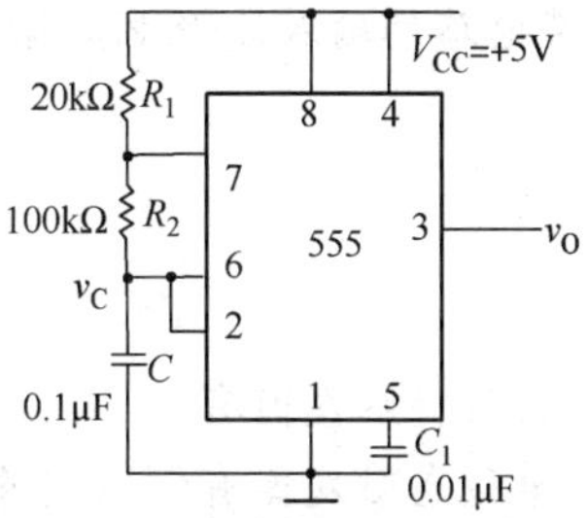

图 9.29　555 定时器构成的多谐振荡器

【解题思路】

V_{CC}经过电阻 R_1，R_2给电容 C 充电。当 V_C上升到$\frac{2}{3}V_{CC}$时，输出 V_O为低电平。555 定时器内部的三极管 T 导通，电容 C 经过 R_2，T 放电，电压 V_C下降，当 V_C下降到$\frac{1}{3}V_{CC}$时，输出 V_O为高电平。重复 C 充电过程。因此电容 C 上电压 V_C就是一个周期性的充电、放电的指数曲线。V_O、V_C工作波形如图 9.30 所示。

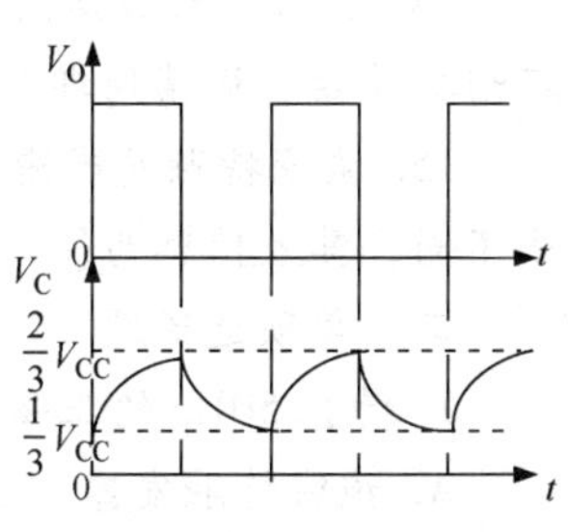

图 9.30　V_O、V_C工作波形

充电脉宽 $t_{WH}=0.69(R_1+R_2)C=0.69\times(20+100)\times0.1\times10^{-3}\approx8.4\text{ms}$

放电脉宽 $t_{WL}=0.69R_2C=0.69\times100\times0.1\times10^{-3}\approx7\text{ms}$

周期 $T=t_{WH}+t_{WL}=15.4\text{ms}$

振动频率 $f=\dfrac{1}{T}=65\text{Hz}$

习题与答案

习题

一、填空题

1. 一个石英晶体多谐振荡器的晶体元件谐振频率是6MHz，其电容为30pF，电阻为1kΩ，则该电路输出信号的频率是(　　　　)。

2. 常见的脉冲产生电路有(　　)，常见的脉冲整形电路有(　　)和(　　)。

3. 为了实现高的频率稳定度，常采用(　　)振荡器；单稳态触发器受到外触发时进入(　　)态。

4. 施密特触发器在波形整形应用中能有效消除叠加在脉冲信号上的噪声信号，是因为它具有(　　　　)特性。

5. 电源电压为+18V的555定时器，无外接控制电压，接成施密特触发器，则该触发器的正向阀值点位 V_{T+}=(　　)；负向阀值点位 V_{T-}=(　　　　　)。

6. 欲把输入的正弦波信号转换成同频的矩形波信号，可采用(　　)电路。

7. 环形振荡器是利用延迟(　　)反馈产生振荡的。它是利用门电路的传输延迟时间将(　　)个反相器首尾相接构成的。

8. 由555定时器构成的单稳态触发器，若已知电阻 $R=500\text{k}\Omega$，电容 $C=10\mu\text{F}$，则该单稳态触发器的脉冲宽度 $t_w\approx$(　　　　)。

9. 某电路的输入波形 V_I 和输出波形 V_O 如图题9.1-9所示，则该电路为(　　　　　)。

图题9.1-9

10. 施密特触发器有(　　　　)个阈值电压，分别称为(　　)和(　　)。

11. 单稳态触发器有(　　)个稳定状态；多谐振荡器有(　　)个稳定状态。

12. (　　　　　　)是一种能自动反复输出矩形脉冲的自激振荡电路。

13. 振荡频率随着输入控制电压的变化而变化的振荡器称为(　　　　　)。

14. 已知环形振荡器是由5个反相器组成，若每个反相器的传输延迟时间均为12ns，则环形振荡器的振荡周期是(　　)。

15. 施密特触发器输出由低电平转换到高电平和由高电平转换到低电平所需输入触发电平不同，其差值称为(　　)电压，该差值电压越大，电路的抗干扰能力越(　　)。

二、单项选择题

1. 为把50Hz的正弦波变成周期性矩形波，应当选用(　　)。

A. 施密特触发器　　B. 单稳态电路　　C. 多谐振荡器　　D. 译码器

2. 多谐振荡器可产生(　　)。

正向阈值电压 $V_{T+}=\left(1+\frac{R_1}{R_2}\right)V_{TH}$

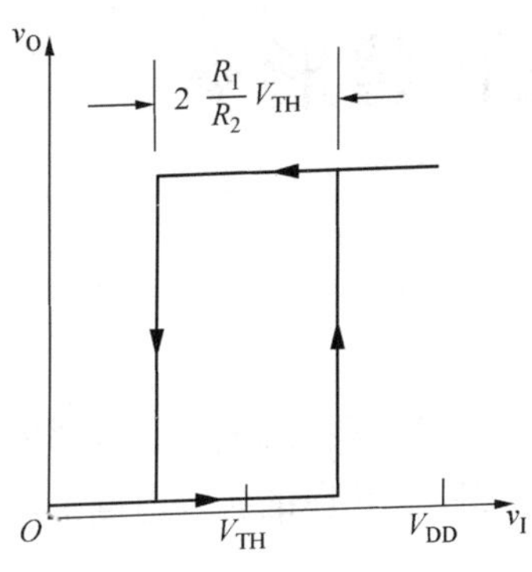

图 9.2　图 9.1 所示电路的电压传输特性

负向阈值电压 $V_{T-}=\left(1-\frac{R_1}{R_2}\right)V_{TH}$

回差电压 $\Delta V_T=V_{T+}-V_{T-}$

其中，$V_{TH}=\frac{1}{2}V_{DD}$。

同相电压传输特性如图 9.2 所示。

施密特触发器主要应用于波形变换、脉冲整形、脉冲鉴幅的用途。

9.2.2　单稳态触发器

单稳态触发器具有如下特点：

① 有稳态和暂稳态两个不同的工作状态。

② 在外界触发信号作用下，能从稳态翻转到暂稳态，在暂稳态维持一段时间后，再自动返回稳态。

③ 暂稳态维持时间的长短取决于电路本身的参数，与触发信号的宽度无关。

由门电路构成的微分型单稳态触发器如图 9.3 所示。

图 9.3 所示电路的各点电压波形如图 9.4 所示。

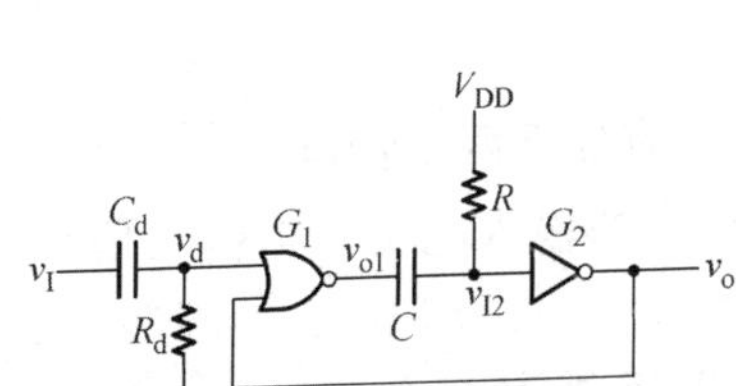

图 9.3　微分型单稳态触发器

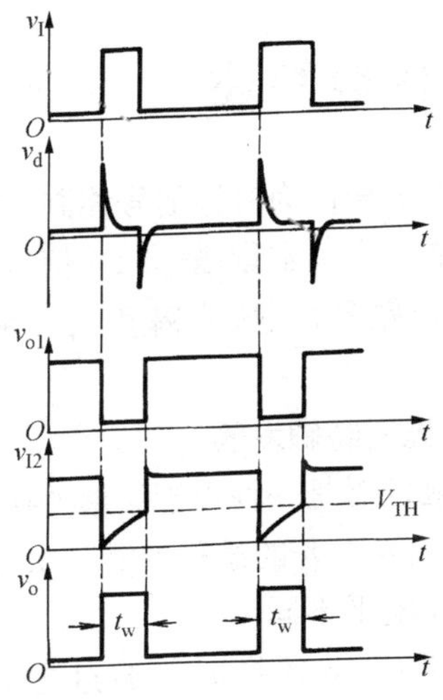

图 9.4　图 9.3 所示电路的电压波形

暂态持续时间(脉冲宽度)：

$$t_W=RC\ln\frac{V_{DD}-0}{V_{DD}-V_{TH}}=0.69RC$$

积分型单稳态电路如图 9.5 所示。

图 9.5 所示电路的各点电压波形如图 9.6 所示。

暂态持续时间(脉冲宽度)：

$$t_W=(R+R_O)C\ln\frac{V_{OL}-V_{OH}}{V_{OL}-V_{TH}}$$

❖第9章　脉冲波形的产生和整形❖

9.1　教学内容及要求

本章介绍用于矩形脉冲波形的产生、整形和变换的脉冲电路，即施密特触发器、单稳态触发器和多谐振荡器。尤其介绍由 CMOS 门电路构成的基本单元电路、相应的各种电路的集成电路芯片以及由 555 定时器构成的各种电路。

本章的教学内容及要求如下：了解矩形脉冲的主要参数；理解施密特触发器的特点，由门电路组成的施密特触发器的工作原理、电压传输特点，施密特触发器的应用，了解集成施密特触发器的结构；理解单稳态触发器的工作原理，各点波形和相关参数计算，了解集成单稳态触发器；理解多谐振荡器的特点，环形振荡器、对称式多谐振荡器的工作原理、各点波形和相关参数计算，由施密特触发器构成的多谐振荡器的工作原理及参数计算；理解 555 定时器的电路结构和电路功能；了解压控振荡器电路；熟练掌握由 555 定时器构成的施密特触发器、单稳态触发器和多谐振荡器电路的分析和相关参数的计算。

9.2　内容综述

矩形脉冲信号作为时钟信号控制着时序电路的工作，脉冲信号的特性直接决定着电路系统能否正常的工作，定量描述脉冲信号特性的几个参数如下：

冲周期 T/频率 f，脉冲幅度 V_m，脉冲宽度 t_W，上升时间 t_r，下降时间 t_f，占空比 $q=t_W/T$。

9.2.1　施密特触发器

施密特触发器是一种用于波形变换的电路，具有如下两个特点：

① 输入信号上升的过程中电路状态转换时对应的输入电平，与输入信号下降过程中对应的输入转换电平不同。

② 在电路状态转换时，通过电路内部的正反馈过程使输出电压波形的边沿变得很陡。

由门电路构成的施密特触发器的电路如图 9.1(a)所示，图形符号如图 9.1(b)所示。

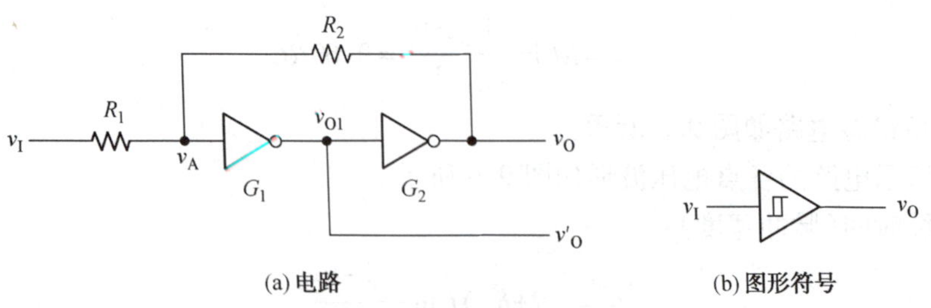

图 9.1　用 CMOS 反相器构成的施密特触发器

A. 正弦波 B. 矩形脉冲

C. 三角波 D. 锯齿波

3. 石英晶体多谐振荡器的突出优点是(　　)。

A. 速度高 B. 电路简单

C. 振荡频率稳定 D. 输出波形边沿陡峭

4. 555 定时器不可以组成(　　)。

A. 多谐振荡器 B. 单稳态触发器

C. 施密特触发器 D. *JK* 触发器

5. 用 555 定时器组成施密特触发器，当输入控制端 V_{CO} 外接 10V 电压时，回差电压为(　　)。

A. 3. 33V B. 5V C. 6. 66V D. 10V

6. 以下各电路中，(　　)可以用于定时。

A. 多谐振荡器 B. 单稳态触发器

C. 施密特触发器 D. 石英晶体多谐振荡器

7. 一个时钟占空比为 1∶4，则一个周期内高低电平持续时间之比为(　　)。

A. 1∶3 B. 1∶4 C. 1∶5 D. 1∶6

8. 555 定时器构成的单稳态触发器输出脉宽 t_w 为(　　)。

A. 1. 3*RC* B. 1. 1*RC* C. 0. 7*RC* D. *RC*

9. 单稳态触发器有(　　)。

A. 两个稳定状 B. 一个稳定状态，一个暂稳态

C. 两个暂稳态 D. 记忆二进制数的功能

10. 555 定时器构成的单稳态触发器，若电源电压为+6V，则当暂稳态结束时，定时电容 *C* 上的电压 V_C 为(　　)

A. 6V B. 0V C. 2V D. 4V

11. 多谐振荡器与单稳态触发器的区别之一是(　　)。

A. 前者有 2 个稳态，后者只有 1 个稳态

B. 前者没有稳态，后者有 2 个稳态

C. 前者没有稳态，后者只有 1 个稳态

D. 两者均只有一个稳态，但后者的稳态需要一定的外界信号维持

12. 下列哪些不是单稳态触发器的用途(　　)。

A. 整形 B. 延时 C. 计数 D. 定时

13. 下面(　　)电路可以将正弦信号转换成与之频率相同的脉冲信号。

A. *T* 触发器 B. 施密特触发器

C. 优先编码器 D. 移位寄存器

14. 施密特触发器常用于对脉冲波形的(　　)。

A. 延时和定时 B. 计数

C. 整形与变换 D. 寄存

15. 555 定时电路 R'_D 端不用时，应当(　　)。

A. 接高电平 B. 接低电平

C. 通过 0. 01μF 的电容接地 D. 通过小于 500Ω 的电阻接地

16. 单稳态触发器可用来(　　)。

A. 产生矩形波　　B. 产生延迟作用

C. 存储器信号　　D. 把缓慢信号变成矩形波

17. 能把三角波转换为矩形脉冲信号的电路为(　　)。

A. 多谐振荡器　　B. ADC

C. DAC　　D. 施密特触发器

18. 下列对555定时器的叙述正确的是(　　)。

A. V_{CO}端的电位不会影响电路的功能

B. 当不需要V_{CO}提供电压时，V_{CO}端可随意处理

C. 当不需要V_{CO}提供电压时，V_{CO}端可接任意容量的滤波电容

D. 滤波电容有利于提高电路的稳定性。

19. 某矩形波信号，脉冲宽度0.1s，占空比1∶5，则此信号的频率为(　　)。

A. 0.1s　　B. 10Hz　　C. 0.5s　　D. 2Hz

20. 某矩形波信号，高低电平持续时间分别为0.1s、0.4s，则此信号的占空比为(　　)。

A. 1∶4　　B. 1∶3　　C. 1∶5　　D. 1∶6

21. 某矩形波信号，占空比为1∶5，1s内重复了100个完整的波形，求此信号的脉冲宽度(　　)。

A. 0.01s　　B. 0.002s　　C. 0.008s　　D. 0.025s

22. 描述矩形脉冲的参数不包括下列哪项(　　)。

A. 脉冲幅度　　B. 传输延迟时间　　C. 脉冲宽度　　D. 上升时间

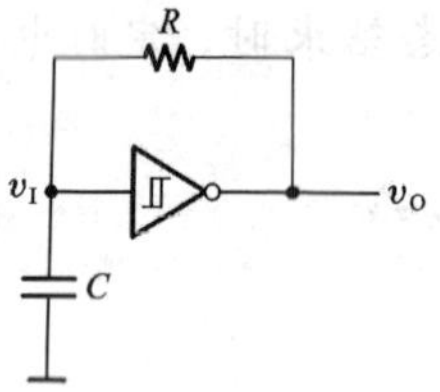

图题9.2-23

23. 如图题9.2-23电路的功能(　　)。

A. 施密特触发器　　B. 多谐振荡器

C. 单稳态触发器　　D. 555定时器

24. 555定时器电源电压$V_{CC}=12V$，外接控制电压$V_{CO}=15V$。若用此555定时器接成施密特触发器，则此施密特触发器的回差电压ΔV_T(　　)。

A. 4V　　B. 6V

C. 8V　　D. 7.5V

25. 下列哪种振荡器是利用延迟负反馈产生振荡的(　　)。

A. 对称式振荡器　　B. 非对称式振荡器

C. 环形振荡器　　D. 石英晶体多谐振荡器

三、判断题(正确打√，错误打×)

1. 施密特触发器可用于将三角波变换成正弦波。(　　)

2. 施密特触发器有两个稳定状态。(　　)

3. 多谐振荡器的输出信号的周期与阻容元件的参数成正比。(　　)

4. 石英晶体多谐振荡器的振荡频率与电路中的R、C成正比。(　　)

5. 单稳态触发器的暂稳态时间与输入触发脉冲宽度成正比。(　　)

6. 单稳态触发器的暂稳态维持时间用t_W表示，与电路中的R、C成正比。(　　)

7. 采用不可重触发单稳态触发器时，若在触发器进入暂稳态期间再次受到触发，输出脉宽可在此前暂稳态时间的基础上再展宽t_W。(　　)

8. 施密特触发器的正向阈值电压一定大于负向阈值电压。(　　)

9. 施密特触发器电路具有两个稳态，而单稳态触发器电路只具有一个稳态。(　　)

10. 多谐振荡器输出的信号为正弦波。(　　)

11. 石英晶体振荡器的特点是其频率稳定性很高。(　　)

12. 单稳态触发器可用来进行脉冲的整形、延迟和定时等。(　　)

13. 单稳态触发器不需要触发信号作用就能进入暂稳态。(　　)

14. 施密特触发器具有记忆功能，因此它也能寄存1为二进制数据。(　　)

四、计算题

1. 试用555定时器设计一个多谐振荡器，要求输出脉冲的振荡频率为500Hz，占空比等于60%，电容等于1000pF。

(1) 画出电路连接图。

(2) 画出 V_O、V_C 工作波形图。

(3) 计算 R_1、R_2 的取值。

2. 试分析图题9.4-2所示电路中输入信号 V_I 的作用并解释电路的工作原理。

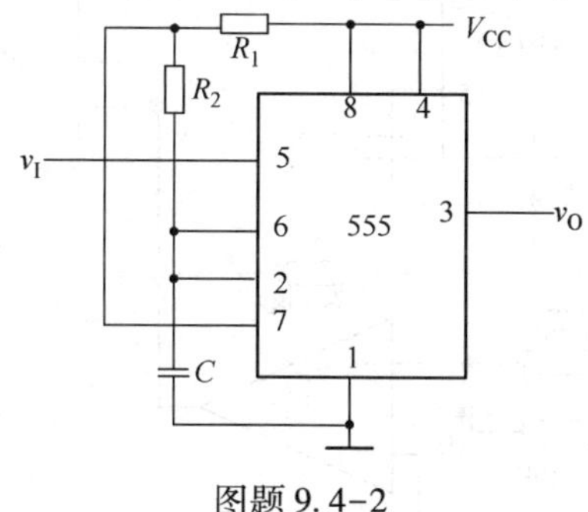

图题9.4-2

3. 利用555定时器芯片构成一个鉴幅电路，实现图题9.4-3所示的鉴幅功能。图中，$V_{R1}=3.2V$，$V_{R2}=1.6V$。要求画出电路图，并标明电路中相关的参数值。

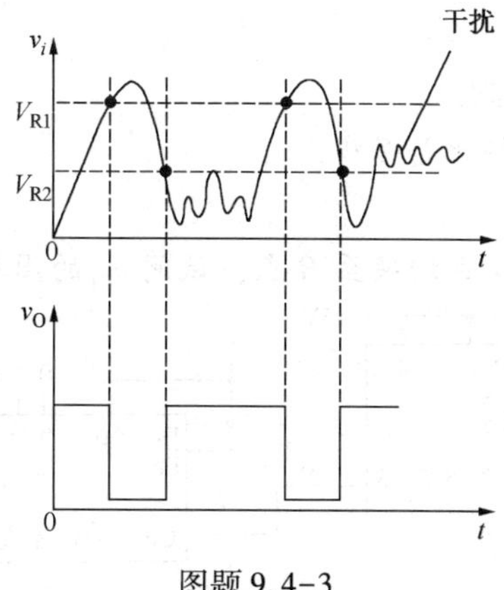

图题9.4-3

4. 已知施密特触发器的输入波形如图题9.4-4所示。其中 $V_T=20V$，电源电压 $V_{CC}=18V$，定时器控制端 V_{CO} 通过电容接地，试画出施密特触发器对应的输出波形；如果定时器控制端 V_{CO} 外接控制电压 $V_{CO}=16V$ 时，试画出施密特触发器对应的输出波形。

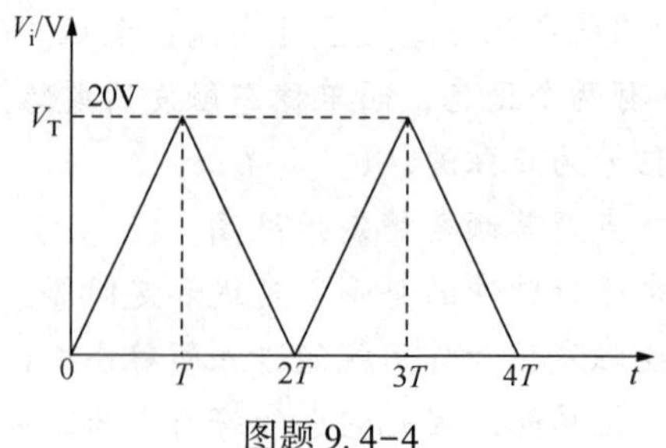

图题 9.4-4

5. 分析图题 9.4-5 所示的电路(B 点电位为 0，$I_3+I_4+I_5=0$)

(1) 说明 555(I)和 555(II)各构成何种类型的电路。

(2) 画出 v_c、v_a、v_o的波形，并标出各点的幅值。

(3) 计算输出 v_o的频率。

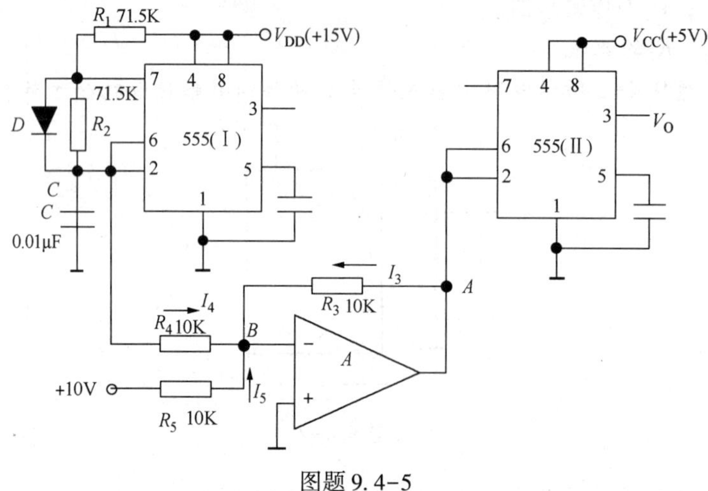

图题 9.4-5

6. 由 555 定时器、集成计数器 74161 组成的电路图题 9.4-6 所示，已知 $R_1=10\text{k}\Omega$，$R_2=20\text{k}\Omega$，$C=0.01$ mF。

(1) 试求输出信号 v_{O1}的周期。

(2) v_O与 CLK 端脉冲的分频比是多少。

(3) 画出 v_{O1}和 v_O的波形。

(4) 如将图中的开关 S 由 a 点切换至 B 点，试问 v_{O1}的周期有何变化。

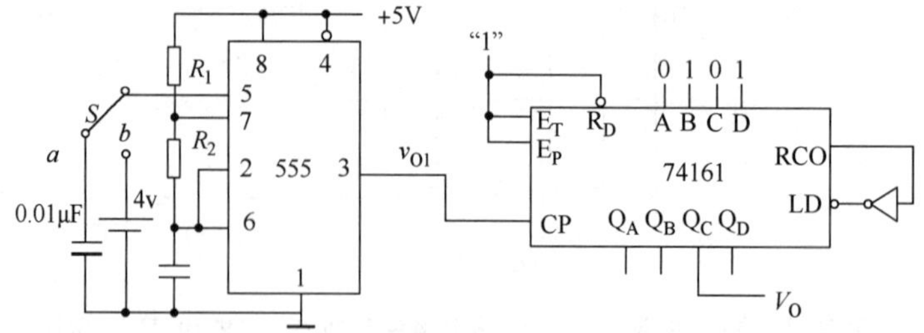

图题 9.4-6

7. “555”组成防盗报警器如图题 9.4-7，A、B 两端为一细铜线接通，并悬于窃者必经之路，当盗者闯入室内将铜线碰断时，扬声器即发出报警信号。回答相关问题。

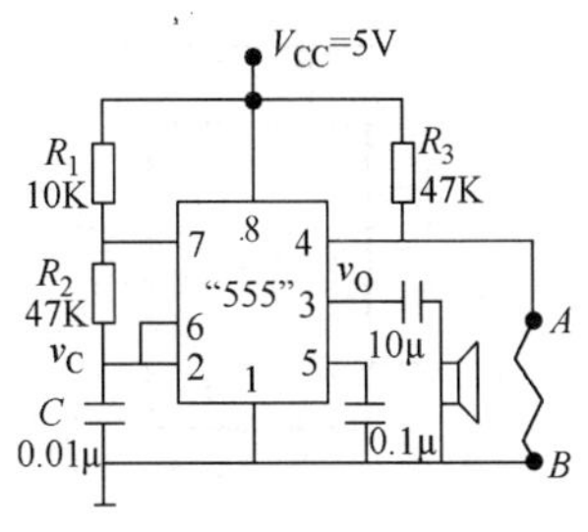

图题 9.4-7

(1) 图中"555"集成定时器所构成电路的名称。

(2) A、B 两点间接通时输出电位。

(3) 若 A、B 两点在 $t=0$ 时刻断开，试画出 v_C 输出的波形，要求体现出高、低电平的持续时间，图中各电阻、电容值均为已知。

8. 试用 555 定时器构成施密特触发器。已知电源电压为 15V，两个触发电平分别为 4V、8V。

(1) 画出电路图。

(2) 画出其电压传输特性。

9. 图题 9.4-9 为用 555 定时器构成的多谐振荡器，其主要参数如下：$V_{DD}=10V$，$C=0.1\mu F$，$R_A=20k\Omega$，$R_B=80k\Omega$。求它的振荡周期，并画出 v_O 的波形。

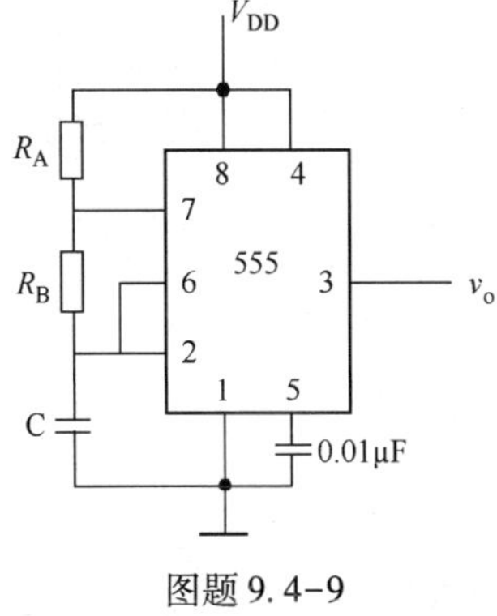

图题 9.4-9

10. 图题 9.4-10 是用反相器接成的环形振荡器电路。某同学在用示波器观察输出电压 v_O 的波形时发现，取 $n=3$ 和 $n=5$ 所测得的脉冲频率几乎相等，试分析其原因。

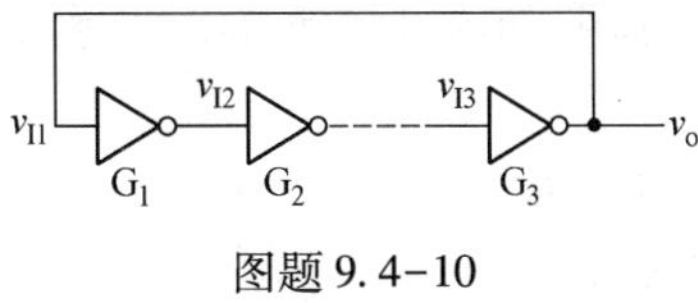

图题 9.4-10

11. 在使用图题 9.4-11 由 555 定时器组成的单稳态触发器电路时对触发脉冲的宽度有无限制？当输入脉冲的低电平持续时间过长时，电路应作何修改？

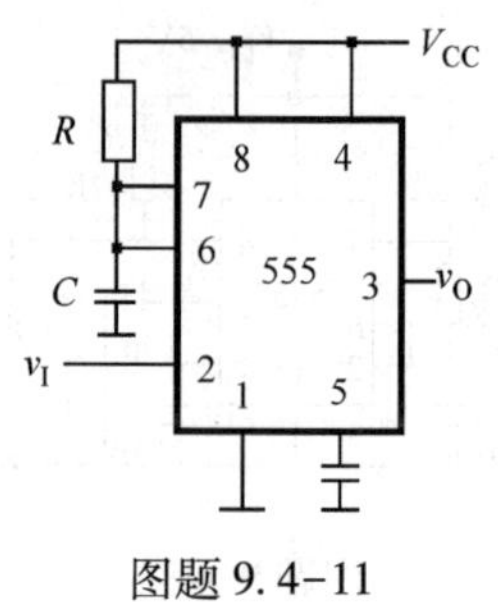

图题 9.4-11

12. 试用 555 定时器设计一个单稳态触发器，要求输出脉冲宽度在 1~10s 的范围内可手动调节，给定 555 定时器的电源为 15V。触发信号来自 TTL 电路，高低电平分别为 3.4V 和 0.1V。

13. 观察图题 9.4-13(a)给出的由 555 定时器组成的电路，电路参数如图题 4.13(a)所注，试分析：

(1) 说明电路的功能，判断未触发时 v_O 的输出电平。

(2) 根据图题 9.4-13(b)给出的输入信号的波形，绘出节点 v_{I1} 处的电压波形，以及输出信号 V_O 的波形。

(3) 计算输出的脉冲宽度。

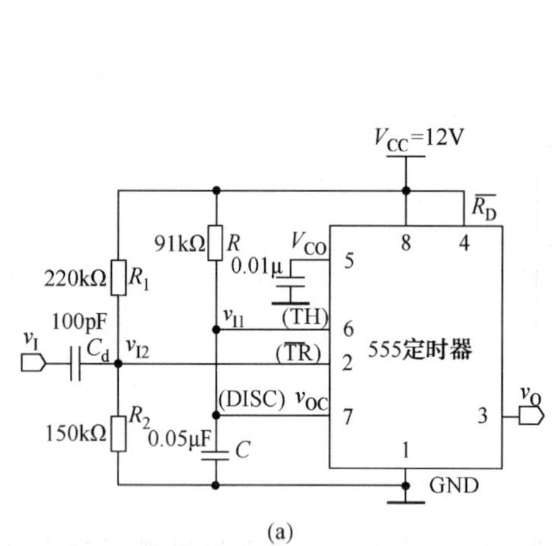

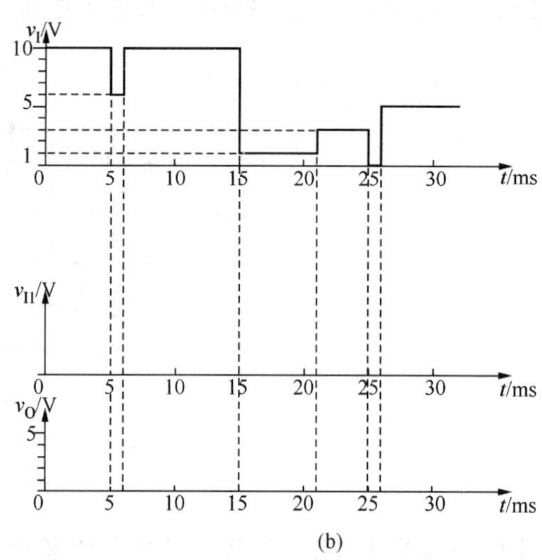

图题 9.4-13 电路图及波形图

14. 图题 9.4-14 中电路是一简易触摸开关电路，当手摸金属片时，发光二极管亮，经过一定时间，发光二极管熄灭。

(1) 试问 555 定时器接成何种电路。

(2) 发光二极管能亮多长时间。

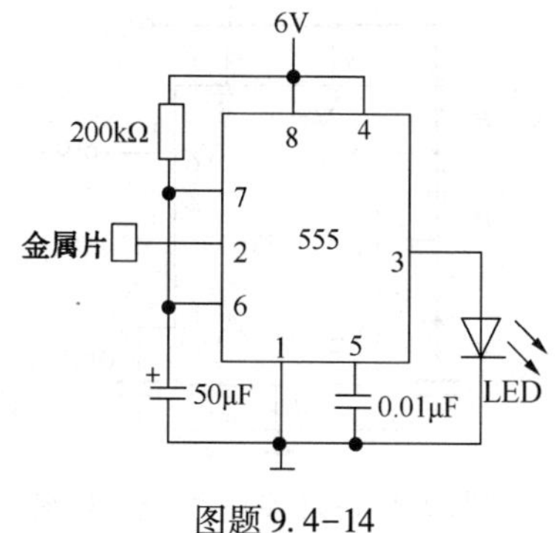

图题 9. 4-14

答案

一、填空题

1. 6MHz

2. 多谐振荡器，施密特触发器，单稳态触发器

3. 石英晶体多谐振荡器，暂稳态

4. 滞回特性

5. 12V；6V

6. 施密特触发器

7. 负；奇数

8. 5. 5s

9. 单稳态触发器

10. 2 个；正向阈值电压；负向阈值电压

11. 1 个；0 个

12. 多谐振荡器

13. 压控振荡器

14. 120ns

15. 回差电压，强

二、单项选择题

1. A；2. B；3. C；4. D；5. B；6. B；7. A；8. B；9. B；10. D；11. C；12. C；13. B；14. C；15. A；16. B；17. D；18. D；19. D；20. C；21. B；22. B；23. B；24. D；25. C

三、判断题

1. ×；2. √；3. √；4. ×；5. ×；6. √；7. ×；8. √；9. √；10. ×；11. √；12. √；13. ×；14. ×

四、计算题

1. (1) 电路连接图如图题 9. 4-1-1(答) 所示。

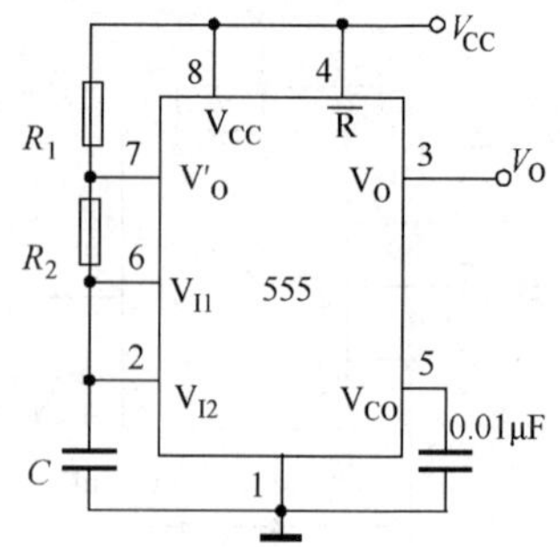

图题 9.4-1-1(答)　电路连接图

(2) 电路工作波形图如图题 9.4-1-2(答)所示。

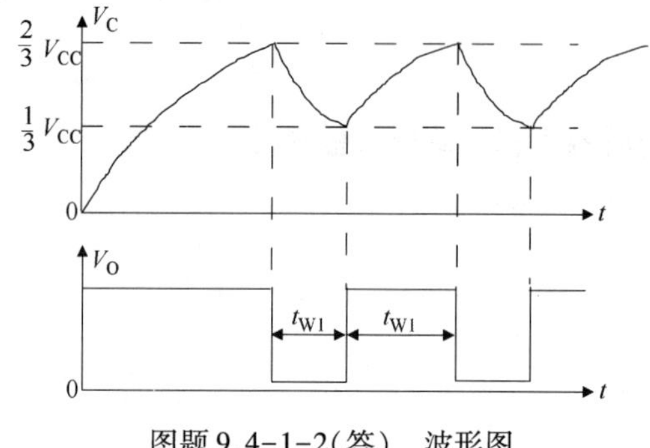

图题 9.4-1-2(答)　波形图

(3) $t_{W1}=0.7(R_1+R_2)C$

$t_{W2}=0.7R_2C$

由题意:

$0.7(R_1+R_2)+0.72R_2C=1/500$

$$\frac{0.7(R_1+R_2)C}{0.7(R_1+R_2)C+0.7R_2C}=\frac{R_1+R_2}{R_1+2R_2}=0.6$$

解得: $R_2=2R_1$

$R_1=571.4\text{k}\Omega$, 则 $R_2=1142.9\text{k}\Omega$

2. 此电路构成多谐振荡电路，输入信号 V_I 的变化能够影响输出信号的频率。即为压控振荡器。

输入信号 V_I 的变化，直接影响 555 定时器内部的两个电压比较器的参考电压 V_{R1}，V_{R2}，也就影响了电容 C 充电和放电的时间。从而影响了输出信号的频率。当 V_I 增加时，输出信号频率变小；当 V_I 减小时，输出信号频率变大。

3. 电路图如图题 9.4-3(答)所示

其中 $V_{CC}=4.8\text{V}$

4. 波形图如图题 9.4-4(答)所示。

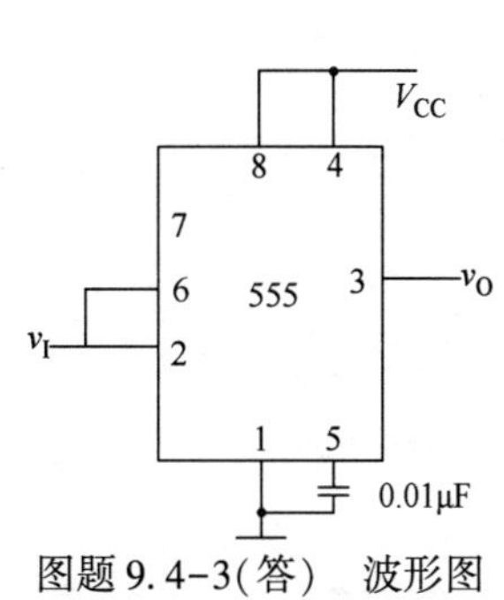

图题 9.4-3(答) 波形图

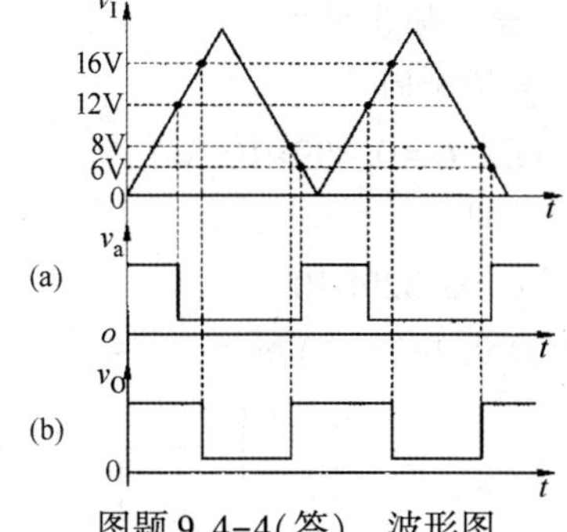

图题 9.4-4(答) 波形图

5. (1) 555(Ⅰ)构成多谐振荡器

555(Ⅱ)构成施密特触发器

(2) 设 555 定时器由 TTL 电路构成，则 V_C、V_A、V_O 波形图如图题 9.4-5(答)所示。

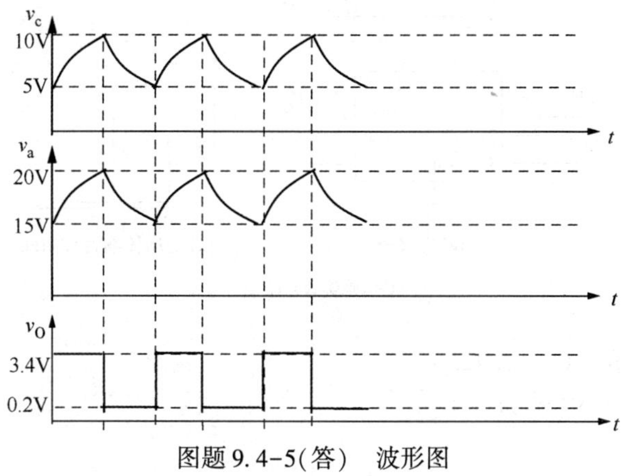

图题 9.4-5(答) 波形图

(3) $T=0.69(R_1+R_2)C=0.69\times2\times71.5\times10^3\times0.01\times10^{-6}=0.9867\text{ms}$

$f=\dfrac{1}{T}=1.01\text{kHz}$

6. (1) $v_{O1}=0.69(R_1+2R_2)C=0.345\text{ms}$

(2) $f_{vo}:f_{cp}=1:6$

(3) 波形图如图题 9.4-6(答)所示。

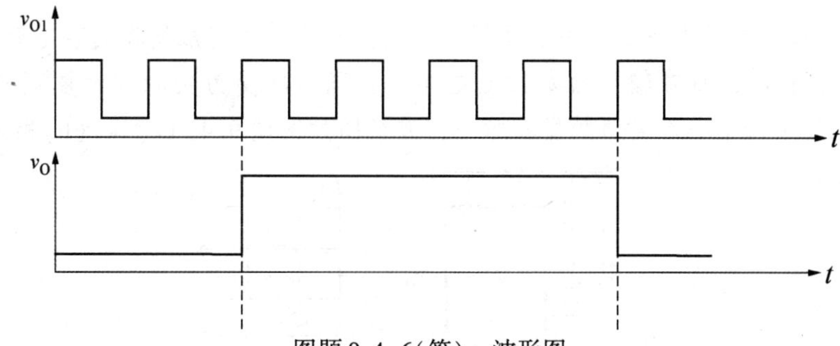

图题 9.4-6(答) 波形图

(4) v_{O1}周期增大，波形

7. (1) 多谐振荡器

(2) A、B 接通，输出低电平

(3) 高电平持续时间

$T_1=0.7(R_1+R_2)C=0.399\times10^{-3}$s

低电平持续时间

$T_2=0.7(R_2)C=0.329\times10^{-3}$s

波形图如图题 9.4-7(答)所示。

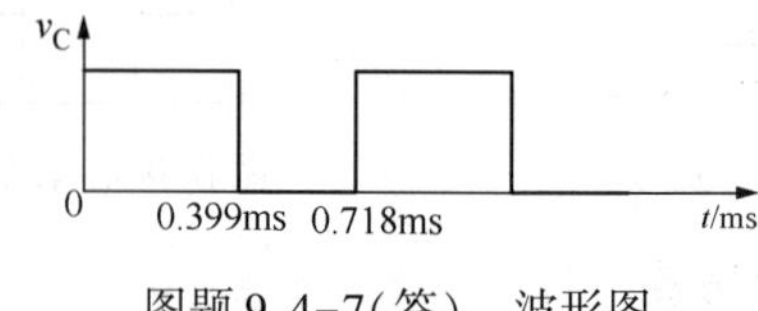

图题 9.4-7(答)　波形图

8. 电路图及特性曲线如图题 9.4-8(答)所示。

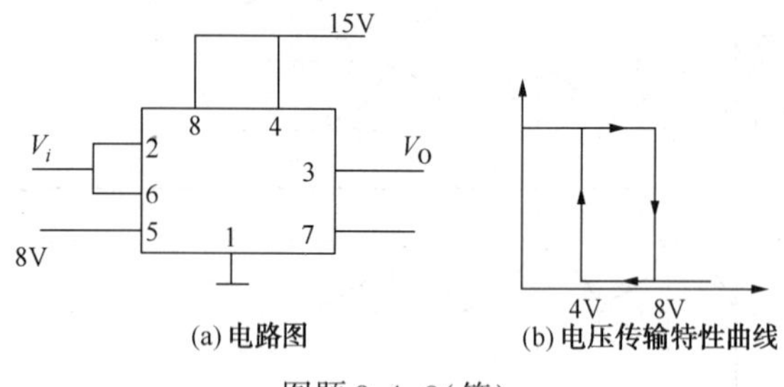

(a) 电路图　(b) 电压传输特性曲线

图题 9.4-8(答)

9. $T=0.69(R_A+2R_B)C=12.42$ms

v_O 波形如图题 9.4-9(答)所示。

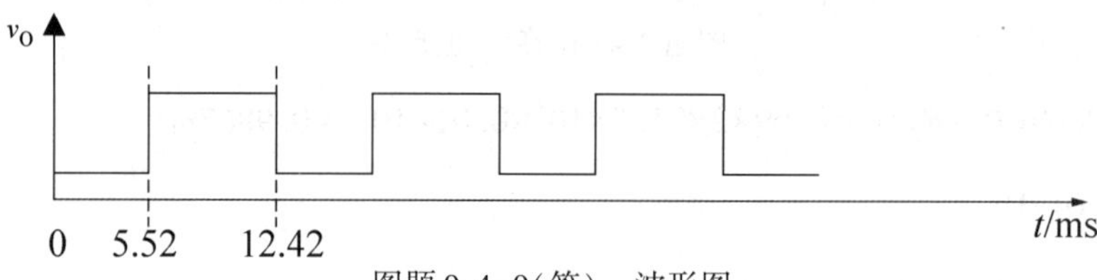

图题 9.4-9(答)　波形图

10. 当示波器的输入电容和接线电容所造成的延迟时间远大于每个门电路本身的传输延迟时间时，就会导致这种结果。

11. 对输入触发脉冲宽度有限制，负脉冲宽度应小于单稳态触发器的暂态时间 T_w，当输入低电平时间过长时，可在输入端加微分电路，将宽脉冲变为尖脉冲如图题 9.4-11(答)(a)所示，以 v'_I 做为单稳态电路触发器脉冲，波形图如图题 9.4-11(答)(b)所示。

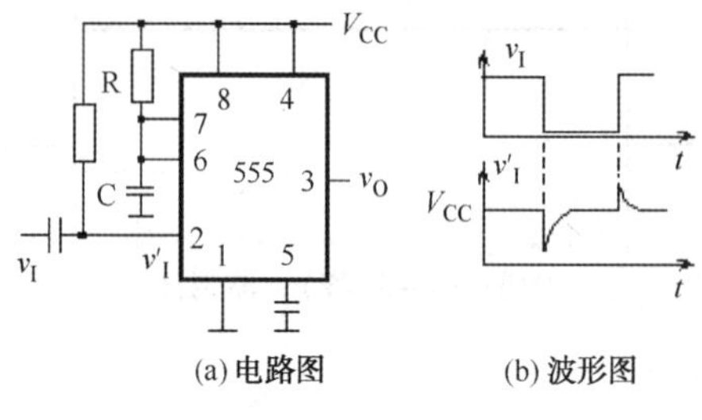

(a) 电路图　(b) 波形图

图题 9.4-11(答)

12. 电路图如图题 9.4-12(答)所示，取电容 C 的值为 $100\mu F$。

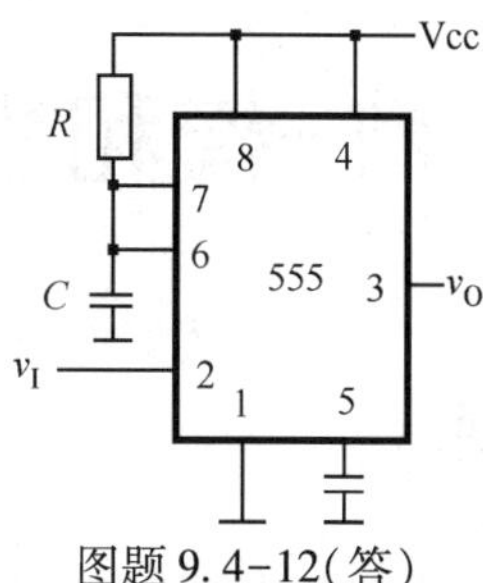

图题 9.4-12(答)

根据 $T_W \approx 1.1RC$，为使 $T_W = 1 \sim 10s$ 可调，可将 R 分为两部分，一部分为固定电阻 R'，一部分为电位器 R_W。

$$R_{min} = \frac{T_{W\,min}}{1.1C} = \frac{1}{1.1 \times 100 \times 10^{-6}} \approx 9.1k\Omega$$

$$R_{max} = \frac{T_{W\,max}}{1.1C} = \frac{10}{1.1 \times 100 \times 10^{-6}} \approx 91k\Omega$$

所以可取 $R' = 8.2k\Omega$，$R_W = 100k\Omega$

13. (1) 电路功能：单稳态触发器。未触发时，V_O 输出为低电平。

(2) 波形图如图题 9.4-13(答)所示。

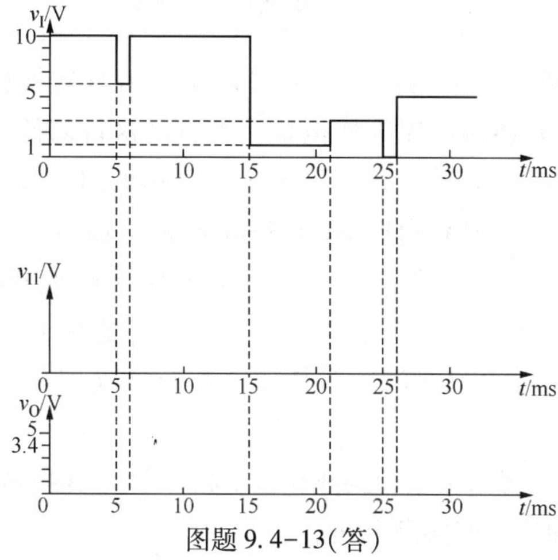

图题 9.4-13(答)

说明：

$$v_{I2} = \frac{150}{220+150} \times V_{CC} \approx 0.4V_{CC} > \frac{V_{CC}}{3}$$

(3) 参数计算

$$T_W = \tau \ln \frac{v(\infty) - v(0)}{v(\infty) - v(t)} = \tau \ln \frac{V_{CC} - 0}{V_{CC} - \frac{2}{3}V_{CC}}$$

$$= \ln 3 \cdot \tau \approx 1.1 \cdot RC = 1.1 \times 91 \times 10^3 \times 0.05 \times 10^{-6} \approx 5ms$$

14. (1) 单稳态触发器

(2) $t = 1.1RC = 1.1 \times 200 \times 10^3 \times 50 \times 10^{-6} \approx 11s$

❖第 10 章　数-模和模-数转换❖

10.1　教学内容及要求

一般来说，自然界中存在的物理量大都是连续变化的物理量，如温度、时间、角度、速度、流量、压力等。由于数字电子技术的迅速发展，尤其是计算机在控制、检测以及许多其他领域中的广泛应用，用数字电路处理模拟信号的情况非常普遍。这就需要将模拟量转换为数字量，这种转换称为模-数转换，用 A/D 表示(Analog to Digital)；而将数字信号变换为模拟信号叫做数-模转换，用 D/A 表示(Digital to Analog)。带有模-数和数-模转换电路的测控系统大致可用图 10.1 所示的框图表示。

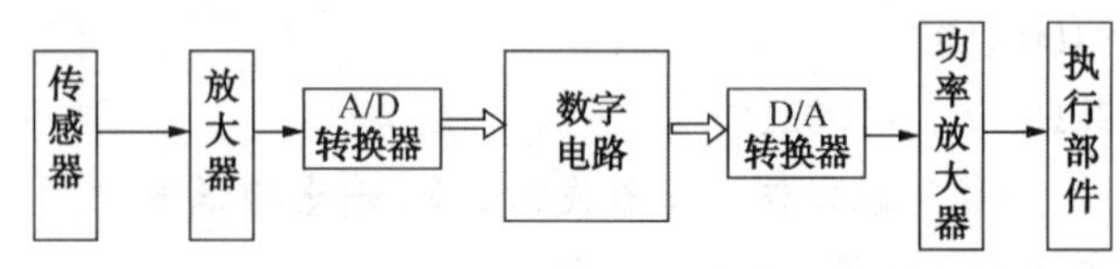

图 10.1　一般测控系统框图

图中模拟信号由传感器转换为电信号，经放大送入 A/D 转换器转换为数字量，由数字电路进行处理，再由 D/A 转换器还原为模拟量，去驱动执行部件。图中将模拟量转换为数字量的装置称为 A/D 转换器，简写为 ADC(Analog to Digital Converter)；把实现数模转换的电路称为 D/A 转换器，简写为 DAC(Digital to Analog Converter)。

为了保证数据处理结果的准确性，A/D 转换器和 D/A 转换器必须有足够的转换精度。同时，为了适应快速过程的控制和检测的需要，A/D 转换器和 D/A 转换器还必须有足够快的转换速度。因此，转换精度和转换速度乃是衡量 A/D 转换器和 D/A 转换器性能优劣的主要标志。

本章介绍了数-模转换(将数字量转换成相应的模拟量)和模-数转换(将模拟量转换成相应的数字量)的基本原理和常见的典型电路。

要求掌握：数-模转换的基本原理及典型电路；模-数转换的基本原理及典型电路；数-模和模-数转换的转换精度和转换速度概念，衡量 DAC、ADC 的标准，即 DAC、ADC 转换精度、转换速度；集成 BC7520 应用、权电阻网络 D/A 转换器、倒 T 形电阻网络 D/A 转换器工作原理，会计算输出电压及输出电压范围；具有双极性输出的 D/A 转换器、取样-保持电路，直接转换器(并联比较型 A/D 转换器、反馈比较型 A/D 转换器)特点，间接转换器(双积分型 A/D 转换器)工作原理、特点。

要求了解：数-模转换器 DAC 和模-数转换器 ADC 的分类、权电流型 D/A 转换器、取样定理。

10.2 内容综述

数-模转换即将数字量转换为模拟电量(电压或电流)，使输出的模拟电量与输入的数字量成正比。实现数-模转换的电路称数-模转换器。

模-数转换即将模拟电量转换为数字量，使输出的数字量与输入的模拟电量成正比。实现模-数转换的电路称模数转换器。

数-模与模-数转换器是一种连接模拟电路和数字电路的信号变换电路，它是能将模拟、数字这两类电路联系在一起的接口电路。

10.2.1 D/A 转换器

数模转换器(DAC)是将一组输入的二进制数转换成相应数量的模拟电压或电流输出的电路，工作原理是将每一位二进制数按其权的大小转换成相应的模拟量，然后将代表各位的模拟量相加，使所得的总模拟量与数字量成正比。数模转换器实质上是由二进制数字量控制模拟电子开关，再由模拟电子开关控制电阻网络与运算放大器组成的模拟加法运算电路。

(1) 常用 DAC 的类型

常用 DAC 主要有权电阻网络 DAC、$R-2R$ 倒 T 形电阻网络 DAC 和权电流网络 DAC。其中，后两者转换速度快，性能好，因而被广泛采用，权电流网络 DAC 转换精度高，性能最佳。

① 权电阻网络 DAC

一个多位二进制数中每一位的 1 所代表的数值大小称为这一位的权。如果一个 n 位二进制数用 $D_n=d_{n-1}d_{n-2}\cdots d_1d_0$ 表示，则最高位(MSB)到最低位(LSB)的权依次为 2^{n-1}，2^{n-2}，$\cdots 2^1$，2^0。

图 10.2 是 4 位权电阻网络 D/A 转换器的原理图，它由权电阻网络、4 个模拟开关和 1 个求和放大器组成。

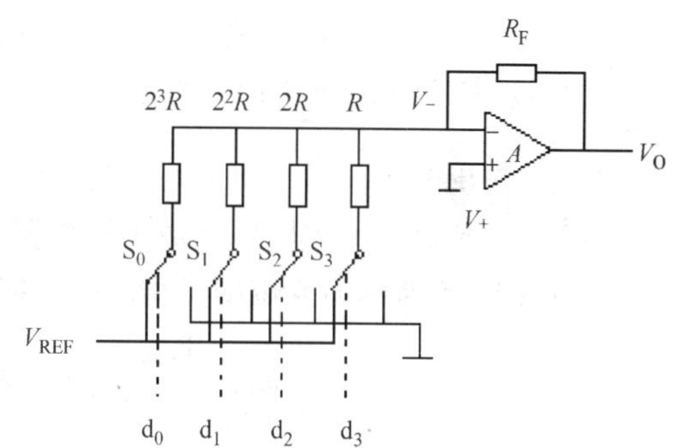

图 10.2 权电阻网络 D/A 转换器

$S_0\sim S_3$ 为模拟开关，它们的状态分别受输入代码 d_i 的取值控制，$d_i=1$ 时开关接参考电压 V_{REF}上，此时有支路电流 I_i 流向求和放大器；$d_i=0$ 时开关接地，此时支路电流为零。

求和放大器是一个接成负反馈的运算放大器。为了简化分析计算，可以把运算放大器近似地看成理想放大器，即它的开环放大倍数为无穷大，输入电流为零(输入电阻为无穷大)，输出电阻为零。当同相输入端 V_+的电位高于反相输入端 V_-的电位时，输入端对地电压 v_O 为正；当 V_-高于 V_+时，v_O 为负。

当参考电压经电阻网络加到 V_-时，只要 V_-稍高于 V_+时，便在 v_O 产生很负的输出电压。v_O 经 R_F 反馈到 V_-端使 V_-降低，其结果必然使 $V_-\approx V_+=0$。

在认为运算放大器输入电流为零的条件下可以得到

$$v_O=-R_F i_{\sum}=-R_F(I_3+I_2+I_1+I_0)$$

由于 $V_-\approx 0$，因而各支路电流分别为

$I_3=\frac{V_{REF}}{R}d_3$（$d_3=1$ 时 $I_3=\frac{V_{REF}}{R}$，$d_3=0$ 时，$I_3=0$）

$I_2=\frac{V_{REF}}{2R}d_2$

$I_1=\frac{V_{REF}}{2^2R}d_1$

$I_0=\frac{V_{REF}}{2^3R}d_0$

将它们代入输出 v_o 中并取 $R_F=\frac{R}{2}$，则得到

$$v_O=-\frac{V_{REF}}{2^4}(d_3 2^3+d_2 2^2+d_1 2^1+d_0 2^0)$$

对于 n 位的权电阻网络 D/A 转换器，当反馈电阻取为 $R/2$ 时，输出电压的计算公式可写成

$$v_O=-\frac{V_{REF}}{2^n}(d_{n-1}2^{n-1}+d_{n-2}2^{n-2}+\cdots+d_1 2^1+d_0 2^0)=-\frac{V_{REF}}{2^n}D_n$$

上式表明，输出的模拟电压正比于输入的数字量 D_n，从而实现了从数字量到模拟量的转换。

当 $D_n=0$ 时 $v_O=0$；当 $D_n=11\cdots11$ 时 $v_O=-\frac{2^n-1}{2^n}V_{REF}$，所以 v_O 的最大变化范围是 $0\sim-\frac{2^n-1}{2^n}V_{REF}$。从上面的分析计算可以看到，在 V_{REF} 为正电压时输出电压 v_O 始终为负值。要想得到正的输出电压，可以将 V_{REF} 取为负值。

② $R-2R$ 倒 T 型电阻网络数模转换器

如图 10.3 所示为 4 位倒 T 型电阻网络数模转换器电路，输出电压为

$$v_O=-\frac{V_{REF}R_f}{2^4R}(d_3\cdot 2^3+d_2\cdot 2^2+d_1\cdot 2^1+d_0\cdot 2^0)$$

如果输入的是 n 位二进制数，且 $R_f=R$，则：

$$v_O=-\frac{V_{REF}}{2^n}(d_{n-1}\cdot 2^{n-1}+d_{n-2}\cdot 2^{n-2}+\cdots+d_1\cdot 2^1+d_0\cdot 2^0)$$

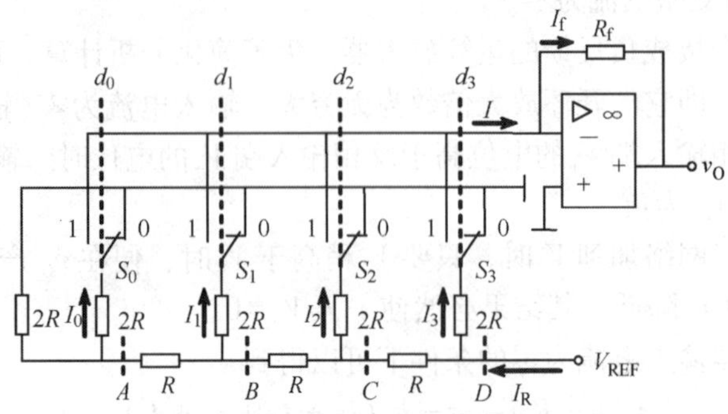

图 10.3　倒 T 型电阻网络数模转换器

（2）主要参数

分辨率：指 D/A 转换器模拟输出所能产生的最小电压变化量与满刻度输出电压之比。

$$分辨率=\frac{1}{2^n-1}$$

DAC 的位数越多，分辨率值就越小，能分辨的最小输出电压值也越小。

转换精度：指 DAC 实际输出模拟电压与理想输出模拟电压间的最大误差。

它是一个综合指标，不仅与 DAC 中元件参数的精度有关，而且与环境温度、求和运算放大器的温度漂移以及转换器的位数有关。要获得较高精度的 D/A 转换结果，除了正确选用 DAC 的位数外，还要选用低漂移高精度的求和运算放大器。

转换时间：指 DAC 在输入数字信号开始转换，到输出的模拟信号达到稳定值所需的时间。转换时间越小，转换速度就越高。

10.2.2 A/D 转换器

模数转换器（ADC）的功能是将输入的模拟电压转换为输出的数字信号，即将模拟量转换成与其成比例的数字量。一个完整的 A/D 转换过程，必须包括采样、保持、量化、编码四部分电路。在具体实施时，常把这四个步骤合并进行。例如，采样和保持是利用同一电路连续完成的。量化和编码是在转换过程中同步实现的，而且所用的时间又是保持的一部分。

（1）采样定理

如图 10.4 是某一输入模拟信号经采样后得出的波形。为了保证能从采样信号中将原信号恢复，必须满足条件

$$f_s \geqslant 2f_{i(\max)} \qquad (10.1)$$

其中 f_s 为采样频率，$f_{i(\max)}$ 为信号 v_i 中最高次谐波分量的频率。这一关系称为采样定理。

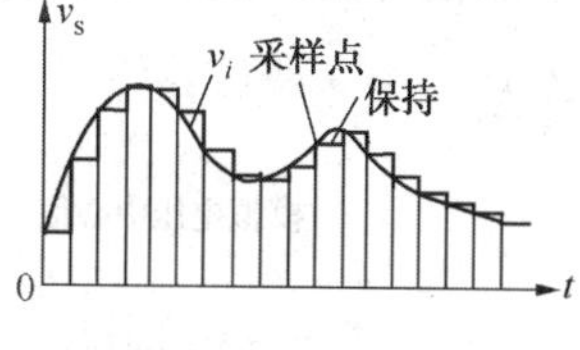

图 10.4　模拟信号采样

A/D 转换器工作时的采样频率必须大于等于式（10.1）所规定的频率。采样频率越高，留给每次进行转换的时间就越短，这就要求 AD 转换电路必须具有更高的工作速度。因此，采样频率通常取 $f_s=(3\sim5)f_{i(\max)}$ 已能满足要求。

（2）量化与编码

为了使采样得到的离散的模拟量与 n 位二进制码的 2^n 个数字量一一对应，还必须将采样后离散的模拟量归并到 2^n 个离散电平中的某一个电平上，这样的一个过程称之为量化。

量化后的值再按数制要求进行编码，以作为转换完成后输出的数字代码。量化和编码是所有 A/D 转换器不可缺少的核心部分之一。

数字信号具有在时间上离散和幅度上断续变化的特点。这就是说，在进行 A/D 转换时，任何一个被采样的模拟量只能表示成某个规定最小数量单位的整数倍，所取的最小数量单位叫做量化单位，用 Δ 表示。若数字信号最低有效位用 LSB 表示，1LSB 所代表的数量大小就等于 Δ，即模拟量量化后的一个最小分度值。把量化的结果用二进制码，或是其他数制的代码表示出来，称为编码。这些代码就是 A/D 转换的结果。

既然模拟电压是连续的，那么它就不一定是 Δ 的整数倍，在数值上只能取接近的整数倍，因而量化过程不可避免地会引入误差。这种误差称为量化误差。将模拟电压信号划分为不同的量化等级时通常有以下两种方法，如图 10.5 所示，它们的量化误差相差较大。

图 10.5（a）的量化结果误差较大，例如把 0~1V 的模拟电压转换成 3 位二进制代码，取

最小量化单位 $\Delta=\frac{1}{8}$V，并规定凡数模拟量数值在 $0\sim\frac{1}{8}$V 之间时，都用 0Δ 来替代，用二进制数 000 来表示；凡数值在 $\frac{1}{8}\sim\frac{2}{8}$V 之间的模拟电压都用 1Δ 代替，用二进制数 001 表示，……等等。这种量化方法带来的最大量化误差可能达到 Δ，即 $\frac{1}{8}$V。若用 n 位二进制数编码，则所带来的最大量化误差为 $\frac{1}{2^n}$V。

为了减小量化误差，通常采用图 10.5(b)所示的改进方法来划分量化电平。在划分量化电平时，基本上是取第一种方法 Δ 的 1/2，在此取量化单位 $\Delta=\frac{2}{15}$V。将输出代码 000 对应的模拟电压范围定为 $0\sim\frac{1}{15}$V，即 $0\sim\frac{1}{2}\Delta$；$\frac{1}{15}\sim\frac{3}{15}$V 对应的模拟电压用代码用 001 表示，对应模拟电压中心值为 $1\Delta=\frac{2}{15}$V；依此类推。这种量化方法的量化误差可减小到 $\frac{1}{2}\Delta$，即 $\frac{1}{15}$V。这是因为在划分的各个量化等级时，除第一级 $\left(0\sim\frac{1}{15}\text{V}\right)$ 外，每个二进制代码所代表的模拟电压值都归并到它的量化等级所对应的模拟电压的中间值，所以最大量化误差自然不会超过 $\frac{1}{2}\Delta$。

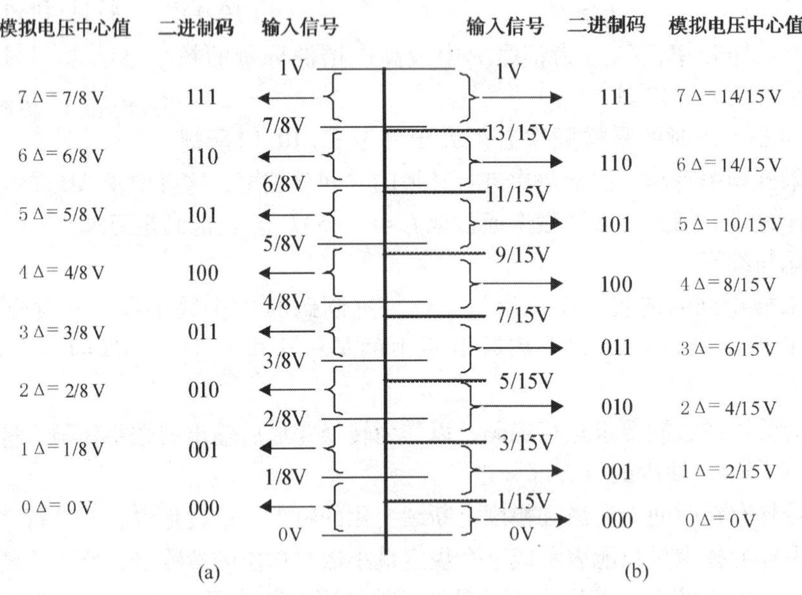

图 10.5　划分量化电平的两种方法

(3) A/D 转换器的分类

按转换过程，A/D 转换器可大致分为直接型 A/D 转换器和间接 A/D 转换器。直接型 A/D 转换器能把输入的模拟电压直接转换为输出的数字代码，而不需要经过中间变量。常用的电路有并行比较型和反馈比较型两种。

间接 A/D 转换器是把待转换的输入模拟电压先转换为一个中间变量，例如时间 T 或频

率 F，然后再对中间变量量化编码，得出转换结果。A/D 转换器的大致分类如图 10.6 所示。

A/D 转换器
- 直接型
  - 并行比较型
  - 反馈比较型
    - 计数型
    - 逐次逼近型
- 间接型
  - 电压-时间型(VT)型——双积分型
  - 电压-频率型(VF)型

图 10.6　转换器分类

（4）主要参数

分辨率：指 ADC 输出数字量的最低位变化一个数码时，对应输入模拟量的变化量。分辨率也可用 ADC 的位数表示。位数越多，能分辨的最小模拟电压值就越小。

相对精度(又称转换误差)：指 ADC 实际输出数字量与理想输出数字量之间的最大差值。通常用最低有效位 LSB 的倍数来表示。

转换时间：指 ADC 完成一次转换所需要的时间，即从转换开始到输出端出现稳定的数字信号所需要的时间。转换时间越小，转换速度越高。

转换速度比较：并联比较型>逐次逼近型>双积分型

DAC 和 ADC 的分辨率和转换精度都与转换器的位数有关，位数越多，分辨率和精度越高。基准电压 V_{REF}是重要的应用参数，要理解基准电压的作用，尤其是在 A/D 转换中，它的值对量化误差、分辨率都有影响。一般应按器件手册给出的范围确定 V_{REF}值，并且保证输入的模拟电压最大值不大于 V_{REF}值。

10.3　典型题型及例题精解

【例 10.1】一个 8 位的 T 型电阻网络数模转换器，$R_f=3R$，若 $d_7\sim d_0$为 11111111 时的输出电压 $v_O=5V$，则 $d_7\sim d_0$分别为 11000000、00000001 时 v_O各为多少？

【解题思路】

因为当 $d_7\sim d_0=11111111$ 时有：

$$v_O=-\frac{V_{REF}}{2^8}(1\times2^7+1\times2^6+1\times2^5+1\times2^4+1\times2^3+1\times2^2+1\times2^1+1\times2^0)\approx-V_{REF}=5V$$

所以参考电压 $V_{REF}=-5V$。

当 $d_7\sim d_0=11000000$ 时有：$v_O=-\frac{-5}{2^8}(1\times2^7+1\times2^6)=3.75V$

当 $d_7\sim d_0=00000001$ 时有：$v_O=-\frac{-5}{2^8}\times1\times2^0=0.0195V$

【例 10.2】如图 10.7 所示电路是 4 位二进制数权电阻网络数模转换器的原理图，已知 $V_{REF}=10V$，$R=10k\Omega$，$R_f=5k\Omega$。试推导输出电压 v_o与输入的数字量 d_3、d_2、d_1、d_0的关系式，并求当 $d_3d_2d_1d_0$为 0110 时输出模拟电压 v_o的值。

【解题思路】

（1）求转换的数字输出状态

因其 D/A 转换器的最大输出电压 $v_{O(max)}$已知，而且知道此 DAC 为 10 位，故其最低位为“1”时输出为：$v_{O(min)}=\frac{V_{O(max)}}{2^n-1}=\frac{14.322V}{2^{10}-1}=0.014V$

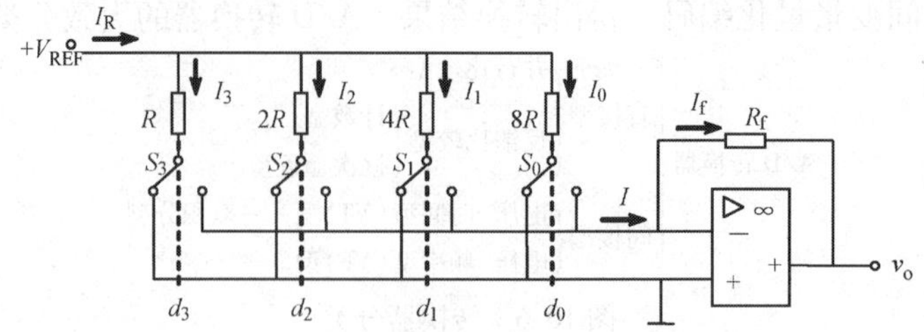

图 10.7　权电阻网络数模转换器

故当输入电压 $v_I=9.45V$ 时的数字输出状态为：$\dfrac{9.45V}{0.014V}=(675)_{10}=(1010100011)_2$

即 $d_9\sim d_0=1010100011$

（2）求完成此次转换所需的时间 t

由逐次渐近型 A/D 的过程可知，无论输入信号 v_I 的大小，其最后的数字输出状态都必须在第 $n+2$ 个时钟脉冲到后才能输出，所以转换时间与输入信号的大小无关，只与转换的位数有关，故

$$t=(n+2)\frac{1}{f_C}=(10+2)\times\frac{1}{1\times10^6}\text{s}=12\mu\text{s}$$

习题与答案

习题

一、单项选择题

1. 输入为 10 位二进制（$n=10$）的倒 T 型电阻网络 DAC 电路中，基准电压 V_{REF} 提供电流为（　　）。

A. $\dfrac{V_{REF}}{2^{10}R}$　　B. $\dfrac{V_{REF}}{2\times2^{10}R}$　　C. $\dfrac{V_{REF}}{R}$　　D. $\dfrac{V_{REF}}{(\Sigma 2^i)R}$

2. 权电阻网络 DAC 电路最小输出电压是（　　）。

A. $\dfrac{1}{2}V_{LSB}$　　B. V_{LSB}　　C. V_{MSB}　　D. $\dfrac{1}{2}V_{MSB}$

3. 在 D/A 转换电路中，输出模拟电压数值与输入的数字量之间（　　）关系。

A. 成正比　　B. 成反比　　C. 无

4. ADC 的量化单位为 S，用舍尾取整法对采样值量化，则其量化误差 $\varepsilon_{max}=$（　　）。

A. 0.5S　　B. 1S　　C. 1.5S　　D. 2S

5. 在 D/A 转换电路中，当输入全部为“0”时，输出电压等于（　　）。

A. 电源电压　　B. 0　　C. 基准电压

6. 在 D/A 转换电路中，数字量的位数越多，分辨输出最小电压的能力（　　）。

A. 越稳定　　B. 越弱　　C. 越强

7. 在 A/D 转换电路中，输出数字量与输入的模拟电压之间（　　）关系。

A. 成正比　　B. 成反比　　C. 无

8. 双积分型 ADC 的缺点是（　　）。

A. 转换速度较慢　　　　　　　　　　　　B. 转换时间不固定

C. 对元件稳定性要求较高　　　　　　　　D. 电路较复杂

二、填空题

1. 理想的 DAC 转换特性应是使输出模拟量与输入数字量成(　　)。转换精度是指 DAC 输出的实际值和理论值(　　)。

2. 将模拟量转换为数字量，采用(　　)转换器，将数字量转换为模拟量，采用(　　)转换器。

3. A/D 转换器的转换过程，可分为采样、保持及(　　)和(　　)4 个步骤。

4. A/D 转换电路的量化单位为 S，用四舍五入法对采样值量化，则其 ε_{max} = (　　)。

5. 在 D/A 转换器的分辨率越高，分辨(　　)的能力越强；A/D 转换器的分辨率越高，分辨(　　)的能力越强。

6. A/D 转换过程中，量化误差是指(　　)，量化误差是(　　)消除的。

三、常见的数模转换器有那几种？其各自的特点是什么？

四、某个数模转换器，要求 10 位二进制数能代表 0~50V，试问此二进制数的最低位代表几伏？

五、在如图题 10.5 所示的电路中，若 V_{REF} = +5V，$R_f = 3R$，其最大输出电压 v_0是多少？

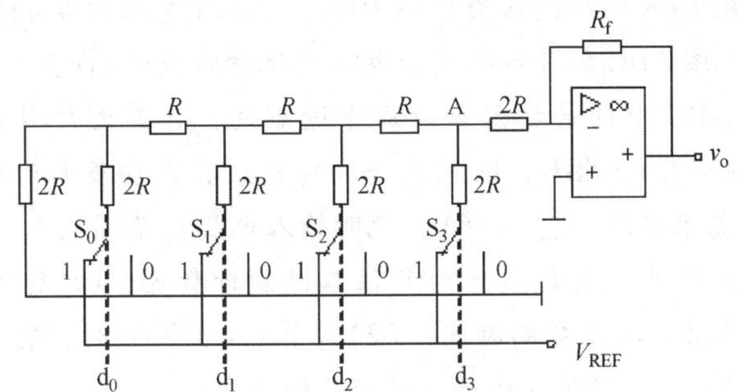

图题 10.5　T 型电阻网络数模转换器

六、一个 8 位的 T 型电阻网络数模转换器，设 V_{REF} = +5V，$R_f = 3R$，试求 $d_7 \sim d_0$分别为 11111111、11000000、00000001 时的输出电压 v_0。

七、在权电阻网络 D/A 转换器中，若取 V_{REF} = 5V，试求当输入数字量为 $d_3d_2d_1d_0$ = 0101 时输出电压的大小。

八、倒 T 形电阻网络 D/A 转换器中，已知 V_{REF} = −8V，试计算当 d_3，d_2，d_1，d_0 每一位输入代码分别为 1 时在输出端产生的模拟电压。

九、要求某 DAC 电路输出的最小分辨电压 V_{LSB}约为 5mV，最大满度输出电压 V_m = 10V，试求该电路输入二进制数字量的位数 N 应是多少？

十、由 CB7520 所组成的 D/A 转换器中，给定 V_{REF} = 5V，试计算

(1) 输入数字量的 $d_9 \sim d_0$ 每一位为 1 时在输出端产生的电压值。

(2) 输入全为 1，全为 0 和 1000000000 时对应的输出电压值。

十一、已知某 DAC 电路输入 10 位二进制数，最大满度输出电压 V_m = 5V，试求分辨率和最小分辨电压。

十二、电路如图题 10.12 所示，试画出输出电压 v_0随计数脉冲 C 变化的波形，并计算 v_0的最大值。

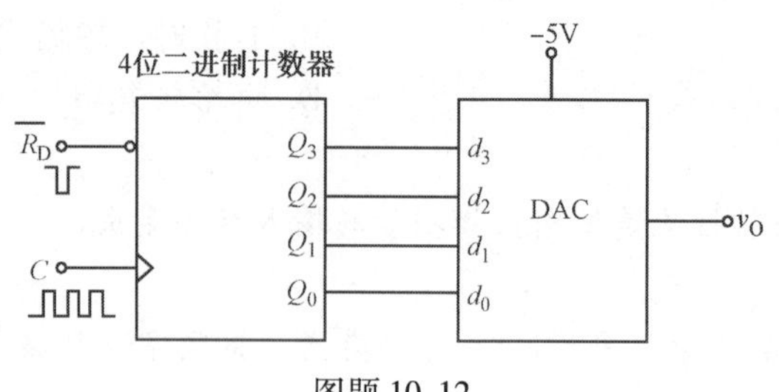

图题 10.12

十三、D/A 转换器和 A/D 转换器的分辨率说明了什么?

十四、在 4 位逐次逼近型模数转换器中，D/A 转换器的基准电压 $V_{REF}=10V$，输入的模拟电压 $v_i=6.92V$，试说明逐次比较的过程，并求出最后的转换结果。

十五、V_{REF}和 v_i的值与上题相同，如果采用 8 位逐次逼近型模数转换器，试计算转换结果，并与上题结果进行比较。

十六、已知在逐次渐近型 A/D 转换器中的 10 位 D/A 转换器的最大输出电压 $V_{O(max)}=14.322V$，时钟频率 $f_C=1$ MHz。当输入电压 $v_I=9.45V$ 时，求电路此时转换输出的数字状态及完成转换所需要的时间。

十七、某 8 位 ADC 输入电压范围为 0～+10V，当输入电压为 4.48V 和 7.81V 时，其输出二进制数各是多少? 该 ADC 能分辨的最小电压变化量为多少 mV?

十八、双积分型 ADC 中的计数器若做成十进制的，其最大计数容量 $N_1=(1999)_{10}\approx(2000)_{10}$，时钟脉冲频率 $f_C=10kHz$，则完成一次转换最长需要多长时间? 若已知计数器的计数值 $N_2=(369)_{10}$，基准电压$-V_{REF}=-6V$，此时输入电压 v_i 有多大?

十九、双积分型 ADC 中，若计数器为 8 位二进制计数器，CP 脉冲的频率 $f_C=10$ kHz，$-V_{REF}=-10V$。(1)计算第一次积分的时间; (2)计算 $v_i=3.75V$ 时，转换完成后，计数器的状态; (3)计算 $v_i=2.5V$ 时，转换完成后，计数器的状态。

答案

一、单项选择题

1. C; 2. B; 3. C; 4. B; 5. B; 6. C; 7. A; 8. A

二、填空题

1. 正比; 之差

2. A/D; D/A

3. 量化; 编码

4. 0.5s

5. 最小输出模拟量; 最小输入模拟量

6. 1 个 LSB 的输出所对应的模拟量的范围; 不可以

三、解: 数模转换器可分为二进制权电阻网络数模转换器和 T 型电阻网络数模转换器(包括倒 T 型电阻网络数模转换器)两大类。权电阻网络数模转换器的优点是电路结构简单，可适用于各种有权码，缺点是电阻阻值范围太宽，品种较多，要在很宽的阻值范围内保证每个电阻都有很高的精度是极其困难的，因此在集成数模转换器中很少采用权电阻网络。T 形电阻网络数模转换器的优点是它只需 R 和 $2R$ 两种阻值的电阻，这对选用高精度电阻和提高转换器的精度都是有利的。

四、分析　数模转换器输入二进制数的最低位代表最小输出电压。数模转换器最小输出电压(对应的输入二进制数只有最低位为1)与最大输出电压(对应的输入二进制数的所有位全为1)的比值为数模转换器的分辨率。

解：由于该数模转换器是10位数模转换器，根据数模转换器分辨率的定义，最小输出电压 $v_{O(\min)}$ 与最大输出电压 $v_{O(\max)}$ 的比值为：

$$\frac{v_{O(\min)}}{v_{O(\max)}}=\frac{1}{2^{10}-1}=\frac{1}{1023}\approx 0.001$$

由于 $v_{O(\max)}=50V$，所以此10位二进制数的最低位所代表的电压值为：

$v_{O(\min)}\approx 0.001\times 50=0.05V$

五、分析　数模转换器的最大输出电压是输入二进制数的所有位全为1时所对应的输出电压。

解：如图11.5所示电路是4位T型电阻网络数模转换器，当 $R_f=3R$ 时，其输出电压 v_O 为：

$$v_O=-\frac{V_{REF}}{2^4}(d_3\cdot 2^3+d_2\cdot 2^2+d_1\cdot 2^1+d_0\cdot 2^0)$$

显然，当 d_3、d_2、d_1、d_0 全为1时输出电压 v_O 最大，为：

$$v_{O(\max)}=-\frac{5}{2^4}(2^3+2^2+2^1+2^0)=-4.6875V$$

六、分析　当 $R_f=3R$ 时，8位T型电阻网络数模转换器数的输出电压 v_O 为：

$$v_O=-\frac{V_{REF}}{2^8}(d_7\cdot 2^7+d_6\cdot 2^6+d_5\cdot 2^5+d_4\cdot 2^4+d_3\cdot 2^3+d_2\cdot 2^2+d_1\cdot 2^1+d_0\cdot 2^0)$$

解：当 $d_7\sim d_0=11111111$ 时有：

$$v_o=-\frac{5}{2^8}(1\times 2^7+1\times 2^6+1\times 2^5+1\times 2^4+1\times 2^3+1\times 2^2+1\times 2^1+1\times 2^0)=-4.98V$$

当 $d_7\sim d_0=11000000$ 时有：

$$v_O=-\frac{5}{2^8}(1\times 2^7+1\times 2^6)=-3.75V$$

当 $d_7\sim d_0=00000001$ 时有：

$$v_o=-\frac{5}{2^8}\times 1\times 2^0=-0.0195V$$

七、解：由公式，$v_O=-\frac{V_{RER}}{2^4}(d_3\cdot 2^3+d_2\cdot 2^2+d_1\cdot 2^1+d_0\cdot 2^0)$

$$=-\frac{5}{2^4}(1\times 2^2+1\times 2^0)$$

$$=-1.5625V$$

八、解：由公式，$v_O=-\frac{V_{RER}}{2^4}(d_3\cdot 2^3+d_2\cdot 2^2+d_1\cdot 2^1+d_0\cdot 2^0)$

$$=\frac{1}{2}(d_3\times 2^3+d_2\times 2^2+d_1\times 2^1+d_0\times 2^0)$$

则当 d_3，d_2，d_1，d_0 每一位输入代码分别为1时在输出端产生的模拟电压分别为4V，

2V，1V，0.5V。

九、解：

$$V_{LSB}=10\times\frac{1}{2^{10}-1}=10\times\frac{1}{1023}\approx 0.010(V)$$

$$2^N-1=\frac{10}{0.005}=2000$$

$$2^N\approx 2000$$

$$N\approx 11$$

所以，该电路输入二进制数字量的位数 N 应是 11。

十、解：$v_O=-\frac{V_{RER}}{2^n}D_n=$

$$-\frac{5}{2^{10}}(d_9\times 2^9+\cdots d_2\times 2^2+d_1\times 2^1+d_0\times 2^0)$$

（1）根据上式即得 $d_9\sim d_0$ 每一位为 1 时在输出端产生的电压分别为−2.5V，−1.25V，−0.625V，−0.313V，−0.156V，−78.13mV，−39.06mV，−19.53mV，−9.77mV，−4.88mV。

（2）输入全为 1，全为 0 和 1000000000 时对应的输出电压为−4.995V，0V，−2.5V。

十一、解：其分辨率为

$$\frac{1}{2^{10}-1}=\frac{1}{1023}\approx 0.001=0.1\%$$

因为最大满度输出电压为 5V，所以，10 位 DAC 能分辨的最小电压为：

$$V_{LSB}=5\times\frac{1}{2^{10}-1}=5\times\frac{1}{1023}\approx 0.005V=5mV$$

十二、分析　题中所示电路是将 4 位二进制计数器的输出送至 4 位数模转换器，然后经数模转换器转换为模拟电压输出，欲画出输出电压 v_O 随计数脉冲 C 变化的波形，只要计算出随着计数脉冲 C 的变化输出电压 v_O 的各个值即可。

解：数模转换器的输出电压 v_O 为：

$$v_O=-\frac{V_{REF}}{2^4}(d_3\cdot 2^3+d_2\cdot 2^2+d_1\cdot 2^1+d_0\cdot 2^0)$$

式中 $d_3=Q_3$，$d_2=Q_2$，$d_1=Q_1$，$V_R=-5V$，随着计数脉冲 C 的变化，输出电压 v_O 的值如表题 10.12(答)所示。由表可知输出电压 v_O 的最大值为 4.6875V，输出电压 v_O 随计数脉冲 C 变化的波形图如图题 10.12(答)所示。

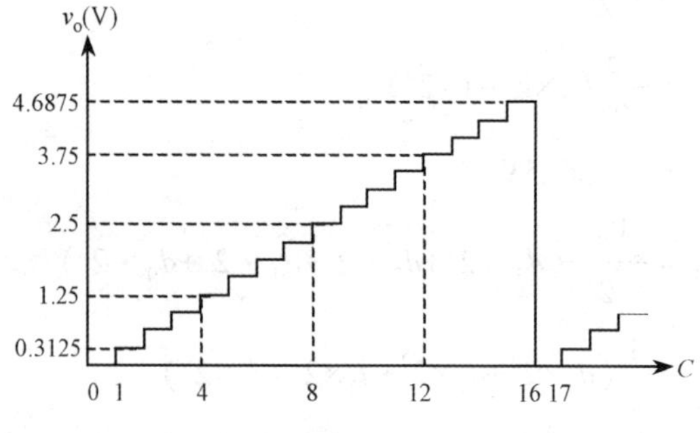

图题 10.12(答)　波形图

表题 10.12(答)

C	d_3	d_2	d_1	d_0	v_O/V
0	0	0	0	0	0
1	0	0	0	1	0.3125
2	0	0	1	0	0.625
3	0	0	1	1	0.9375
4	0	1	0	0	1.25
5	0	1	0	1	1.5625
6	0	1	1	0	1.875
7	0	1	1	1	2.1875
8	1	0	0	0	2.5
9	1	0	0	1	2.8125
10	1	0	1	0	3.125
11	1	0	1	1	3.4375
12	1	1	0	0	3.75
13	1	1	0	1	4.0625
14	1	1	1	0	4.375
15	1	1	1	1	4.6875
16	0	0	0	0	0

十三、解:

D/A 转换器的分辨率用输入二进制数的位数 n 表示，或者用最小输出电压(对应的输入二进制数只有最低位为 1)与最大输出电压(对应的输入二进制数的所有位全为 1)的比值来表示。而最小输出电压为:

$$v_{O(\min)}=\frac{V_{REF}}{2^n}$$

显然，$v_{O(\min)}$就是输出电压增量。所以，D/A 转换器的分辨率说明了对输出电压微小变化的敏感程度。

A/D 转换器的分辨率用输出二进制数的位数 n 表示，能分辨的最小模拟电压是最大输入模拟电压的$\frac{1}{2^n}$，所以，A/D 转换器的分辨率说明了转换精度的高低。

十四、解：逐次比较过程可列表如表题 10.14(答)所示。表中各次 v_o 计算如下:

(1) $v_O=\frac{V_{REF}}{2^4}(d_3\cdot 2^3+d_2\cdot 2^2+d_1\cdot 2^1+d_0\cdot 2^0)=\frac{10}{16}\times 8=5\text{V}$

(2) $v_O=\frac{V_{REF}}{2^4}(d_3\cdot 2^3+d_2\cdot 2^2+d_1\cdot 2^1+d_0\cdot 2^0)=\frac{10}{16}\times(8+4)=7.5\text{V}$

(3) $v_O=\frac{V_{REF}}{2^4}(d_3\cdot 2^3+d_2\cdot 2^2+d_1\cdot 2^1+d_0\cdot 2^0)=\frac{10}{16}\times(8+2)=6.25\text{V}$

(4) $v_O=\frac{V_{REF}}{2^4}(d_3\cdot 2^3+d_2\cdot 2^2+d_1\cdot 2^1+d_0\cdot 2^0)=\frac{10}{16}\times(8+2+1)=6.875\text{V}$

表题 10.14(答)

转换顺序	d_3	d_2	d_1	d_0	v_O/V	比较判断	该位数码 1 是否保留
1	1	0	0	0	5	$v_O<v_i$	保留
2	1	1	0	0	7.5	$v_O>v_i$	除去
3	1	0	1	0	6.25	$v_O<v_i$	保留
4	1	0	1	1	6.875	$v_O<v_i$	保留

十五、解：逐次比较过程可列表如表题 10.15(答)所示。

表题 10.15(答)

转换顺序	d_7	d_6	d_5	d_4	d_3	d_2	d_1	d_0	v_O/V	比较判断	该位数码 1 是否保留
1	1	0	0	0	0	0	0	0	5	$v_O<v_i$	保留
2	1	1	0	0	0	0	0	0	7.5	$v_O>v_i$	除去
3	1	0	1	0	0	0	0	0	6.25	$v_O<v_i$	保留
4	1	0	1	1	0	0	0	0	6.875	$v_O<v_i$	保留
5	1	0	1	1	1	0	0	0	7.1875	$v_O>v_i$	除去
6	1	0	1	1	0	1	0	0	7.0313	$v_O>v_i$	除去
7	1	0	1	1	0	0	1	0	6.9531	$v_O>v_i$	除去
8	1	0	1	1	0	0	0	1	6.914	$v_O<v_i$	保留

表中各次 v_O 计算如下：

(1) $v_O=\frac{10}{2^8}\times2^7=5\text{V}$

(2) $v_O=\frac{10}{2^8}\times(2^7+2^6)=7.5\text{V}$

(3) $v_O=\frac{10}{2^8}\times(2^7+2^5)=6.25\text{V}$

(4) $v_O=\frac{10}{2^8}\times(2^7+2^5+2^4)=6.875\text{V}$

(5) $v_O=\frac{10}{2^8}\times(2^7+2^5+2^4+2^3)=7.1875\text{V}$

(6) $v_O=\frac{10}{2^8}\times(2^7+2^5+2^4+2^2)=7.03125\text{V}$

(7) $v_O=\frac{10}{2^8}\times(2^7+2^5+2^4+2^1)=6.9531\text{V}$

(8) $v_O=\frac{10}{2^8}\times(2^7+2^5+2^4+2^0)=6.914\text{V}$

上题的绝对误差为：

$$\Delta v_O=6.875-6.92=-0.045\text{V}$$

相对误差为：

$$\gamma=\frac{6.875-6.92}{6.92}\times100\%=-0.65\%$$

本题的绝对误差为：

$$\Delta v_o = 6.914-6.92=-0.006\text{V}$$

相对误差为：

$$\gamma=\frac{6.914-6.92}{6.92}\times100\%=-0.087\%$$

可见，对于同样大小的输入电压，采用 8 位模数转换器的误差比采用 4 位模数转换器时要小得多。

十六、解：(1)求转换的数字输出状态

因其 D/A 转换器的最大输出电压 $v_{O(max)}$ 已知，而且知道此 DAC 为 10 位，故其最低位为“1”时输出为：$v_{O(min)}=\frac{V_{O(max)}}{2^n-1}=\frac{14.322\text{V}}{2^{10}-1}=0.014\text{V}$

故当输入电压 $v_I=9.45\text{V}$ 时的数字输出状态为：$\frac{9.45\text{V}}{0.014\text{V}}=(675)_{10}=(1010100011)_2$

即 $d_9 \sim d_0=1010100011$

(2) 求完成此次转换所需的时间 t

由逐次渐近型 A/D 的过程可知，无论输入信号 v_I 的大小，其最后的数字输出状态都必须在第 n+2 个时钟脉冲到后才能输出，所以转换时间与输入信号的大小无关，只与转换的位数有关，故

$$t=(n+2)\frac{1}{f_C}=(10+2)\times\frac{1}{1\times10^6}\text{s}=12\mu\text{s}$$

十七、解：因为 $N_2=\frac{v_i}{V_{REF}}\cdot N=\frac{v_i}{V_{REF}}\cdot 2^n=\frac{v_i}{V_{REF}}\cdot 2^n$

所以，当输入电压为 4.48V 时，

$$N_2=\frac{4.48}{10}\times2^8=0.448\times256\approx114.7\approx115(\text{采用四舍五入法})$$

转换成二进制数为 01110011。

当输入电压为 7.81V 时，

$$N_2=\frac{7.81}{10}\times2^8=0.781\times256\approx199.9\approx200(\text{采用四舍五入法})$$

转换成二进制数为 11001000。

十八、解：双积分型 ADC 完成一次转换最长需要的时间是第一次积分时间 T_1 的 2 倍，而 $T_1=NT_C$(式中，T_C 为时钟脉冲的周期，N 为计数器的最大容量)。

因为 $T_C=\frac{1}{f_c}=\frac{1}{10}=0.1\text{ms}$，所以完成一次转换最长需要的时间

$T_{max}=2T_1=2NT_C=2\times2000\times0.1=400\text{ms}=0.4\text{s}$

因为 $T_2=\frac{v_i}{V_{REF}}\cdot N\cdot T_C$，$T_2=N_2T_C$，所以 $N_2=\frac{v_i}{V_{REF}}\cdot N$

$$v_i=\frac{V_{REF}}{N}\cdot N_2=\frac{6}{2000}\times369=1.107\text{V}$$

可见完成一次转换最长需要的时间为 0.4s；若已知计数器的计数值 $N_2=(369)_{10}$，基准

电压$-V_{REF}=-6V$，此时输入电压 v_i 为 1. 107 伏。

十九、解：

(1) 第一次积分时间 $T_1=NT_C$(式中，T_C 为时钟脉冲的周期，N 为计数器的最大容量)。所以，$T_1=NT_C=2^8\cdot\frac{1}{f_C}=256\times\frac{1}{10}=25.6ms$。

(2) 因为 $N_2=\frac{v_i}{V_{REF}}\cdot N=\frac{v_i}{V_{REF}}\cdot 2^n=\frac{v_i}{V_{REF}}\cdot 2^n$，所以当 $v_i=3.75V$ 时，转换完成后，计数器的状态为 $N_2=\frac{v_i}{V_{REF}}\cdot 2^n=\frac{3.75}{10}\times 2^8=0.375\times 256=96$

转换成二进制数为 01100000。

(3) 当 $v_i=3.75V$ 时，转换完成后，计数器的状态为：

$$N_2=\frac{v_i}{V_{REF}}\cdot 2^n=\frac{2.5}{10}\times 2^8=0.25\times 256=64$$

转换成二进制数为 01000000。

参 考 文 献

1. 阎石．数字电子技术基础[M]．第五版．北京：高等教育出版社，2006.
2. 阎石，王红．数字电子技术基础习题解答[M]．第五版．北京：高等教育出版社，2006.
3. 王美玲．数字电子技术基础学习指导及习题解答[M]．北京：机械工业出版社，2012.
4. 杨春玲，陶隽源．数字电子技术基础学习指导及习题解答[M]．北京：高等教育出版社，2013.
5. 罗杰，彭容修．数字电子技术基础(第3版)习题解答[M]．北京：高等教育出版社，2010.
6. 伍时和，吴友宇．数字电子技术基础习题与解答[M]．北京：清华大学出版社，2010.
7. 张志良．数字电子技术学习指导与习题解答[M]．北京：机械工业出版社，2007.